Unity 3D ShaderLab

开发实战详解

第3版

郭浩瑜
张 鹤 ◎编著

人民邮电出版社
北京

图书在版编目（CIP）数据

Unity 3D ShaderLab开发实战详解 / 郭浩瑜，张鹤编著. -- 3版. -- 北京 : 人民邮电出版社，2019.11
ISBN 978-7-115-50540-8

Ⅰ. ①U… Ⅱ. ①郭… ②张… Ⅲ. ①游戏程序－程序设计 Ⅳ. ①TP311.5

中国版本图书馆CIP数据核字(2018)第299000号

内 容 提 要

本书全面讲解了 Unity Shader 渲染的实用技术，分为 5 篇，共 31 章。主要内容有着色器的概念和渲染流水线，渲染原理和图形存储器，Unity 中着色器的形态，着色器中用到的各种空间概念，基本的光照模型，通道，前向渲染路径，基于光照贴图的烘焙照明，柔和的低频照明，各种阴影，通道的通用指令开关，固定流水线，表面着色器，常用的材质，雾的计算，物体的分割，自定义光源，高级效果，以及着色器的组织和复用，渲染优化等。

本书适合移动开发者、游戏开发者、程序员阅读，也可作为大专院校相关专业的师生用书以及培训学校的教材。

◆ 编　　著　郭浩瑜　张　鹤
　责任编辑　张　涛
　责任印制　马振武

◆ 人民邮电出版社出版发行　　北京市丰台区成寿寺路 11 号
　邮编　100164　　电子邮件　315@ptpress.com.cn
　网址　http://www.ptpress.com.cn
　固安县铭成印刷有限公司印刷

◆ 开本：787×1092　1/16
　印张：16.75　　　　2019 年 11 月第 3 版
　字数：427 千字　　　2024 年 7 月河北第 2 次印刷

定价：79.00 元

读者服务热线：(010)81055410　印装质量热线：(010)81055316
反盗版热线：(010)81055315
广告经营许可证：京东市监广登字20170147号

序　一

Unity 在渲染方面越做越好，当然，版本更新也很频繁，尤其是在从 Unity 4.x 到 Unity 5.x 再到 Unity 2017.x 版本的演进中，以前的很多代码的写法行不通了。在对本书进行改版时，我感觉自己有点力不从心，这时恰好遇到了技术很不错的伙伴张鹤。在他的协助下，我才有了更大的信心来更新本书。

相对于第 2 版，第 3 版主要增加了对基础概念的解释，如着色器的概念、渲染流水线以及图形存储器。这部分内容主要是由张鹤编写的。我的工作主要是更新以前的工程文件，使之能够在 Unity 2017 中正确运行。此外，第 3 版还扩充了一些内容，主要是在阴影批处理和渲染优化方面。同时，这一版还修改了一些内容，让知识点更容易理解，比如在体积阴影和体积光部分，前两版是在灯光空间内实现的，操作起来很不直观，这一版改成了在世界坐标空间内实现，代码很直观，便于读者理解。第 3 版删减了一些内容，如前两版中对 Unity 光源存放方式的验证，因为内容太难懂，且没有什么实践意义。

本书前两版的内页都是黑白印刷的，虽然有工程文件可供读者验证，但是依然不够直观，因此，第 3 版会把所有章节中相关的彩图和工程文件一起放在 GitHub 上供读者下载。

郭浩瑜

序　二

我是从大学期间学的一门 Cocos2d-x 课程开始接触游戏引擎的。从那时起，我就一发不可收拾地喜欢上了游戏编程。在大学课余时间，出于学习和研究的目的，我尝试用 Cocos2d-x 改写了一款 2D 沙盒类的游戏。虽然由于种种原因没有完成，但正是这次尝试，使我和腾讯公司“结缘”并幸运地进入了该公司。

而接触到图形知识，是因为我当时使用的计算机没有独立显卡（计算机自带的 HD 4000 显卡性能不理想），但是计算机中的处理器 i7-3610QM 性能很好，这就使得我不得不经常尝试解决游戏运行过程中的性能和兼容性问题。在这个时期我逐渐地对图形方面的知识产生了兴趣。后来，为了学习 Unity 引擎，我购买了《Unity 3D ShaderLab 开发实战详解》，并有幸结识了这本书的作者郭浩瑜。但我在阅读这本书第 2 版时，发现其中使用的 Unity 引擎仍然是 4.x 版的，很多内容和 Unity 5.x 有很大的差异，而且书中的很多概念已经过时，很多代码已经失效。经过多次交流，我们俩决定共同升级这本书到第 3 版，以使书中的知识能够得到更新并继续传承下去。

不论是项目实战能力，还是图书编写经验，郭浩瑜都胜于我。我深表佩服。所以早期我的任务是把所有 Unity 4.x 版本的代码升级到 Unity 5.x 版本，修复和升级脚本中与 Shader 代码不兼容的部分，使其至少能在 Unity 5.x 当中运行，之后主要进行理论知识的修正和完善。在本书修订期间，我们也一直关注新的引擎版本，到出版的时候，新版本就要发布了，但是再将代码迁移过去已经来不及了，因此我们在本书中只更新了部分新版本的概念。后续代码的升级工作会在 GitHub 上进行。读者可以在 GitHub 上通过选择分支来下载合适版本的工程。

引擎技术的发展日新月异，软硬件协同进步带来的画质提升也越来越令人激动。我相信，随着 Unity 的发展，有朝一日，本书第 4 版、第 5 版……也会和读者见面。无论如何，能够帮助读者在图形设计的领域更进一步，让本书在项目实战当中能够起到越来越大的作用，是我们所期待的。我自己也在不断努力学习和提升自己的开发水平，希望和读者共同学习与进步。

另外，本书偏重于实战，比较适合希望提升实战能力和深入了解相关原理的读者。对于初学者来说，本书可能是有一定难度的。希望读者在阅读本书之前，能够对 Unity Shader 开发有一定的了解或者有一定的 Unity Shader 编程基础，这样更容易深入理解本书。

张鹤

前　言

本书版本介绍

第 3 版

第 3 版主要增加了对着色器的概念、渲染流水线以及图形存储器的解释，扩展了在阴影批处理和渲染优化方面的内容。同时，针对不好理解的体积阴影和体积光，改成了在世界坐标空间内实现的程序。第 3 版删减了一些难懂且没有实际意义的内容。

第 2 版

本书第 1 版出版之后，受到广大读者的喜爱，对此我深表感谢。但是也有不少读者认为，该书的知识起点太高，不少内容讲解得不够细致，场景过于粗糙，对此我深表歉意。在第 2 版中，我补充了一些自己认为还能讲解得更详细的内容。相对于第 1 版，第 2 版增加了对 NDC 的验证、平面阴影的拓展等内容。此外，书中增加了几个关于渲染队列、混合操作、透明材质的例子，还介绍了蒙版、用 Shader 切割物体以及自定义材质编辑器。

第 1 版

在研究 Unity Shader 的过程中，我发现，虽然 Unity 的官方文档在某些方面的介绍相当详细，文档庞大，但是并非没有遗漏。比如，关于如何用 Unity 渲染不同类型的着色器、光源如何存取等一些非常重要和基础的知识，官方文档就没有给出详细的技术说明。其中一些技术疑问虽可以在 Unity 的官方论坛中找到答案，但找到的都是世界各地 Unity 开发者汇编的答案，文档很分散且不正式，在数万条各种各样的条目中寻找答案很不容易，甚至有些解答也不完全正确，不能很好地解决读者的问题。所以，对于那些希望全面了解 Unity 的渲染框架的开发者来说，一次全面而系统的知识讲解是非常有用的。因此，我就产生了写一本专门介绍 Unity 渲染的图书的想法。

GitHub 工程文件使用说明

本书在写作过程中，针对每一章、每一节甚至每一节的不同话题，都分别创建了不同的场景、Shader 文件和帮助脚本，因此，读者打开工程文件后，会发现许多目录和场景文件，这些文件都用目录加以组织。下面简单说明其使用方法。

本书总共分为 5 篇，因此 GitHub 上的工程文件有相应的 5 个顶级目录。

第 1 篇　初识庐山真面目——Unity 3D 着色器	Assets/NewBie
第 2 篇　让应用更炫彩——Unity 中的照明	Assets/Lighting
第 3 篇　使应用更逼真——Shadows（阴影）	Assets/Shadow
第 4 篇　Unity 中的各种着色器	Assets/Shader
第 5 篇　着色器的组织和优化	Assets/Organize_Optimize

除了上面 5 个顶级目录外，还有其他几个目录，下面简单说明。

- Assets/_Models：主要存放本书用到的模型资源。
- Assets/_Textures：主要存放一些贴图资源。

每一章的开始都会声明本章所使用的工程文件存放的目录，如在第 19 章的开始，就指出“本章用到的所有文件和场景，都可以在工程文件中的 Assets/Shader/Toon 目录中找到”。再如 19.1 节中提到“打开 Outline/Lab_1 文件夹下的 Lab_1 场景”，这个场景就对应 19.1 节的内容，因此，完整路径应该是“Assets/Shader/Toon/Outline/Lab_1”。

本书的工程文件放在 GitHub 上（具体地址可从本书答疑 QQ 群（246817781）中获得），包括每章的彩色插图，并且之后的代码升级和更新都将在这上面进行。

致谢

在本书出版之际，首先感谢 ShaderLab 官方论坛上的各位朋友，谢谢他们对我们在论坛上的提问给予热心回答。感谢 Unity 圣典论坛和纳金网的版主，谢谢他们在本书写作过程中给予的支持。感谢人民邮电出版社的编辑在本书出版过程中给予的专业指导和帮助，虽然这些指导意见经常导致我们不得不把书稿重新审读一遍，但他们专业的意见对我们写好本书很有帮助。最后，感谢广大网友，谢谢他们在我们写本书的过程中给予的支持和建议。

读者反馈

由于时间仓促，加之我们水平有限，书中难免存有不足之处，望读者批评指正。本书编辑邮箱为 zhangtao@ptpress.com.cn。如果读者对本书内容的某一部分或者其他问题还有疑问，或者希望联系作者，更正本书中出现的错误或者希望作者增加某些知识点，可以发送邮件到 hpmlo@outlook.com，以供再版时参考。读者也可以在 Unity 圣典社区中提问，我们会在社区开设一个相关版块，用于回答读者的问题。

作者

服务与支持

本书由异步社区出品，社区（https://www.epubit.com/）为您提供后续服务。

提交勘误

作者和编辑尽最大努力来确保书中内容的准确性，但难免会存在疏漏。欢迎您将发现的问题反馈给我们，帮助我们提升图书的质量。

当您发现错误时，请登录异步社区，按书名搜索，进入本书页面，单击“提交勘误”，输入勘误信息，单击“提交”按钮即可（见下图）。本书的作者和编辑会对您提交的勘误进行审核，确认并接受后，您将获赠异步社区的 100 积分。积分可用于在异步社区兑换优惠券、样书或奖品。

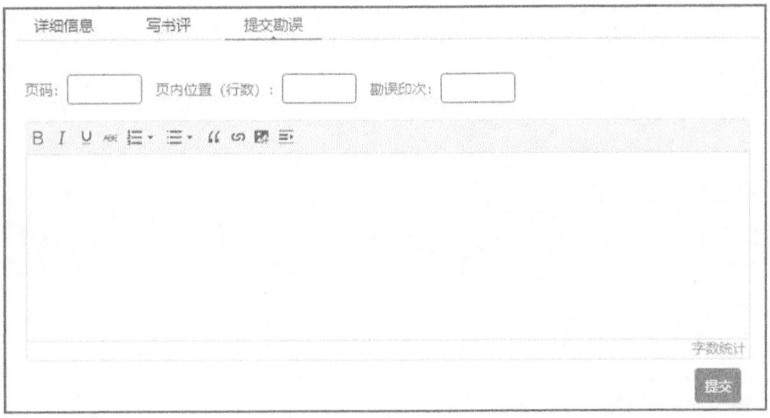

与我们联系

我们的联系邮箱是 contact@epubit.com.cn。

如果您对本书有任何疑问或建议，请您发邮件给我们，并请在邮件标题中注明本书书名，以便我们更高效地做出反馈。

如果您有兴趣出版图书、录制教学视频，或者参与图书翻译、技术审校等工作，可以发邮件给我们；有意出版图书的作者也可以到异步社区在线提交投稿（直接访问 www.epubit.com/selfpublish/submission 即可）。

如果您所在学校、培训机构或企业想批量购买本书或异步社区出版的其他图书，也可以发邮件给我们。

如果您在网上发现有针对异步社区出品图书的各种形式的盗版行为，包括对图书全部或部分内容的非授权传播，请您将怀疑有侵权行为的链接发邮件给我们。您的这一举动是对作者权益的保护，也是我们持续为您提供有价值的内容的动力之源。

关于异步社区和异步图书

“异步社区”是人民邮电出版社旗下 IT 专业图书社区，致力于出版精品 IT 技术图书和相关学习产品，为作译者提供优质出版服务。异步社区创办于 2015 年 8 月，提供大量精品 IT 技术图书和电子书，以及高品质技术文章和视频课程。更多详情请访问异步社区官网 https://www.epubit.com。

“异步图书”是由异步社区编辑团队策划出版的精品 IT 专业图书的品牌，依托于人民邮电出版社近 30 年的计算机图书出版积累和专业编辑团队，相关图书在封面上印有异步图书的 LOGO。异步图书的出版领域包括软件开发、大数据、AI、测试、前端、网络技术等。

异步社区　　　　微信服务号

目　录

第 3 篇 使应用更逼真——阴影

第 4 篇 Unity 中的各种着色器

第 1 篇

初识庐山真面目——Unity 3D 着色器

第 1 章　着色器的概念和渲染流水线

1.1 着色器的概念

1.1.1　虚拟世界中的光明和色彩

着色器是一款运行在 GPU（Graphical Processing Unit，图形处理器）上的程序，用来对三维物体进行着色处理、光与影计算、纹理颜色呈现等，目的是将游戏引擎中一个个作为抽象的几何数据存在的模型、场景和特效，以和真实世界类似的光与影的形式呈现给玩家。无论是《魔兽世界》这样的大型网游，还是《愤怒的小鸟》这类大众小游戏，都是因为着色器的功效，玩家才能观察、体会甚至身临其境般地沉浸在计算机技术所创造的虚拟世界中。因此可以说，着色器就是照亮虚拟世界的“魔法”。

着色器在 GPU 上所做的工作，的的确确能够称得上是一种“魔法”，因为它能够实现人们所能想象出的各种变化。通过着色器可以改变物体的形状、大小、位置和旋转等，更进一步，通过游戏引擎提供的支持，着色器还可以用来进行后期处理，功能和 Photoshop 的各种滤镜很相似。虚拟世界中的各种超乎想象和不可思议、美丽与邪恶、奇幻与真实，都是通过着色器呈现给玩家的。没有着色器，也许就没有今天丰富多彩的虚拟世界。

1.1.2　游戏开发人员的巅峰

本书涉及的领域属于实时计算机图形学范畴，所涉及的技术绝大多数属于实时渲染所需的技术，是对程序员理论基础和想象力的考验与挑战，因此有人说，会编写着色器的程序员才是真正的游戏开发高手。可以这样说，各位读者从翻开本书的第一页开始，就已经站在成为游戏开发者高手的起点上了。

当然，图形学只是游戏开发人员的巅峰领域之一。人工智能、网络、引擎、硬件底层等领域，都是值得探索的巅峰领域。技术不分伯仲，最终还是需要服务于产品的。

1.1.3　着色器简史

从专用图形计算卡到固定流水线图形卡，再到可编程图形卡，在图形领域硬件能够做到的事情越来越多。硬件的提升，势必带来驱动和底层 API 的发展，从而引入更多的功能，让游戏开发者实现更加令人激动的效果。

微软公司根据自己所开发的图形软件库 DirectX 系列，定义了一系列的着色器模型（Shader Model，SM），用来描述着色器的特性和能力。SM 1.0 对应于 DirectX 8.0，SM 2.0 对应于 DirectX 9.0b 或 DirectX 11 feature level 9.0+，SM 3.0 对应于 DirectX 9.0c 或 DirectX 11 feature level 10.0+（因为 DirectX 11 feature level 9.1～9.3 只支持到 SM 2.0），SM 4.0 对应于 DirectX 10.0 或 DirectX 11.0

feature level 10.0，SM 5.0 对应于 DirectX 11.0 feature level 11.0+，SM 6.0 对应于 DirectX 12.0。

注意：Unity 自 2017.3 版本开始将逐步取消针对 DirectX 9 版本的支持，并持续加强针对 DirectX 12 的支持。

标准 OpenGL 作为可以与 DirectX 比肩的图形软件库，支持众多厂商，而在制定着色器标准时显得比较“迟钝”。OpenGL 在最初并没有定义着色器标准的明显意愿，仅是通过声明配置文件来表明着色器的指令集所具有的特性和能力。SM 4.0 大致相当于 OpenGL 的 3.3 标准（但其实在 OpenGL 3.2 的时候，已经支持得差不多了，Unity 的定义当中也认为 OpenGL 3.2 是 SM 4.0 最低要求），SM 5.0 相当于 OpenGL 的 4.3 标准。至于 SM 6.0，其部分或全部特性在 OpenGL 4.5 和 OpenGL 4.6 已经支持，但没有文章或者说明（包括 OpenGL 自己的 Wiki）明确地指出这点。

Khronos Group 在 2016 年发布的 Vulkan 图形 API，支持 SM 6.0 标准当中的绝大多数功能与特性。Vulkan 也是一个跨平台的图形 API，目前而言比较新，因此需要考虑目标平台的支持情况（例如 Android 平台，只能在 Android 7.0+才能使用 Vulkan）。

苹果 iOS 系统所采用的 Metal API，其实到 2017 年 7 月已经几乎支持所有 SM 5.0 特性，但是在 Unity 2017.2 版本中，官方文档表示它仍然只支持到 Shader Model 4.0（pragma target 3.5），且不包括几何着色器和曲面细分着色器的支持。如果要在 iMac 或 iOS 平台上使用对应的功能，可开启 OpenGL 的支持，但是否完全支持，仍然取决于对应系统平台上的 OpenGL（ES）的安装情况。

1.1.4 着色器的实例化

CPU（Central Processing Unit，中央处理器）可以处理非常复杂的逻辑、内存调度方法和数据结构。在使用 C#、C++、Java 这些面向对象的编程语言时，有程序员工作经历的读者都知道，大多数情况下需要实例化一个类，以得到此类的对象，通过对象来进行逻辑上不相关的数据处理。其实在 GPU 上也有类似的概念，着色器就相当于编程语言中类的概念。当对某一具体物体使用这个着色器的定义时，需要实例化这个着色器，从而得到它的一个对象。通过这种对象，可以通过把同一个着色器赋予不同的具体内容，比如贴图、颜色等，得到丰富多彩的变化，而无须重新定义，从而大大降低用户的工作强度。和编程语言中的类一样，着色器可以在运行时进行实例化。

1.1.5 着色器的实现语言

作为一款在 GPU 上运行的程序，着色器是和在 CPU 上运行的程序完全不同的。对于 CPU 编程，大部分程序员出身的读者对 C、C++耳熟能详。一名成熟的程序员从一门 CPU 编程语言迁移到另一门 CPU 编程语言，并不会有太大的难度。当然，迁移到 C、C++这种尝试对底层有更多掌控力和操作能力的语言，仍然要注意一些概念上的变化。

但是，GPU 之所以称为 GPU，而不是多核 CPU 中的另一个 CPU，是因为它有着和 CPU 完全不同的本质。这种本质的不同首先体现在硬件的设计结构上，从而导致其有别于 CPU 的处理能力。硬件方面的内容这里不多讨论，但是反映到程序的编写上，GPU 需要一款完全不同的程序语言。

目前，这种面向 GPU 的编程有 3 种高级图像语言可供选择：微软公司提供了高级渲染语言（High Level Shading Language，HLSL），这是通过 Direct3D 图形软件库来编写着色器程序的语言；DirectX 的竞争对手 OpenGL 为用户提供了开放图形库渲染语言（Graphics Library Shading Language，GLSL）来编写着色器程序；NVIDIA 公司研发了 Cg（C for graphics）语言，但该公司现在已经放弃对该语言的维护。NVIDIA 公司开发 Cg 的意图是使显卡上的程序开发独立于 DirectX 和 OpenGL 这类图形软件库，这是一个很美好的愿景。由于 Cg 语言是由 NVIDIA 公司和微软公司共同研发的，其实就是以 HLSL 为基础开发的，因此两者很相似，或者可以说是同一门语言。得益于 NVIDIA 公司在这方面的努力，Cg/HLSL 可以同时兼容 Direct3D 和 OpenGL 图形接口，这意味着 Cg/HLSL 编写的着色器可以编译到 Direct3D 和 OpenGL 都能运行的环境。除了这两者之外，新版本的 Unity 也支持编译到 Metal 和 Vulkan。因此，在用户写 Shader 的时候，只使用这一门语言即可。当然，部分 GLSL 才能支持的高级特性可能难以使用了，毕竟很难想象让微软公司去编写 HLSL 的 OpenGL 编译器。

如果一定要使用 GLSL 来编程，Unity 也是支持的，但是基于 GLSL 的着色器只有编译到基于 OpenGL/OpenGL ES API 的版本才能正常使用。例如，如果操作系统是 Windows，就必须把图形 API 改成 OpenGL，Vulkan 和 DirectX 的任何版本均无法支持，对于其他系统同理。另外，如果发布目标是 Vulkan 和 Metal 这两个 API 的版本，那么截至 Unity 2017.2.0 版本，也不支持基于 GLSL 的着色器。

1.1.6　Unity 中的着色器编程

在本书所要讲解的 Unity 开发环境中，Unity 引擎对着色器编程语言的支持是很全面的，读者可以选择 GLSL 来编写着色器程序。不过为了实现最大化地跨平台支持，Unity 对着色器编程语言的支持重点是 HLSL，因此本书中所有着色器的编程代码都是使用 HLSL 来实现的。HLSL 和 CPU 上的 C 语言是很相似的，只不过有了自己的一套关键字和函数库。如果读者是着色器编程的新手，则可能对 HLSL 很陌生。这个着色器程序语言其实并不难，读者只需要了解它的一套关键字和常用函数就可以了。

有 Unity 平台下着色器编程经验的读者知道，使用 HLSL 首先需要定义 CGPROGRAM/ENDCG。这不应该是 Cg 语言吗？通俗来讲，Cg 语言和 HLSL 是同一门语言，系 NVIDIA 公司和微软公司共同开发，但 NVIDIA 官方已经宣布自 Cg 3.1 版起不再维护和发展 Cg 语言。为了照顾 CGPROGRAM/ENDCG 的入门读者，本章中以 Cg/HLSL 称之。Cg/HLSL 的教程推荐从微软官方网站获取。如果读者以前没有着色器编程的经历，可能需要先花上一两天时间，把微软官网上的 HLSL 入门教程先看一遍，熟悉 Cg/HLSL 的几个关键字和常用函数，也可以找一些着色器的入门图书了解一下，熟悉着色器编程方法和思路。如果读者有着色器编程经验，无论经验丰富与否，使用何种平台和语言，都可以跳过去 HLSL 或着色器入门这一步，按照顺序翻阅本书即可。另外，本书偏重于实战，因此我们假设读者已经具有了一定的编程能力，并至少掌握了一种程序设计语言和一种着色器开发语言。

需要注意的是，Cg/HLSL 中不一定所有的函数和功能都已经在各个平台上实现。如果读者使用的功能和技术比较“冷门”，或者明显增大 GPU 的计算量或对存储空间的需求，这种技术可能未必能在目标平台实现。典型的例子就是很少有 GPU 厂商支持 Cg/HLSL 当中的 noise 函数。

1.2　渲染流水线

本节所有用到的文件和场景，位于工程文件中的 Assets/NewBie/GraphicsPipeline 目录下。

1.2.1　渲染流水线简介

简单来说，渲染流水线就是一个把三维数据（顶点、纹理和纹理坐标等）渲染成一张成型的二维图像并输出到屏幕的功能。在本书中，“渲染”一般是由 GPU 完成的，但这种离线渲染暂时不在本书的讨论范围内。与 GPU 相比，CPU 的指令集更丰富，而且支持的数据类型也更多，但 GPU 充分利用并行处理的优势，计算能力比 CPU 大大提高。必须使用 CPU 渲染的绝大多数情况是为了电影级画质进行的不计成本的离线渲染，从而完全支持所有有助于画面表现力提升的算法，这常见于好莱坞电影大作，而近乎所有游戏运行时的渲染都是从原始模型/数据到画面高速完成的，这称为实时渲染。尽管这对画面质量有影响，但就目前的硬件水平和 3D 游戏玩家的接受度上来看，渲染效果已经足够了。

当然，也有使用硬件（即 GPU）进行离线渲染的，但目前的 GPU 硬件仍然不支持少数渲染特性。例如，Autodesk Maya 2018 的硬件 2.0 渲染器，不支持渲染层，仅支持颜色输出，目前不支持深度通道，但做得比较好的 Redshift 渲染器，可以做到产品级的离线渲染。

针对 CPU 和 GPU 架构的特性，业界设计了一套渲染流水线，可以充分发挥 CPU 调度能力好以及 GPU 并行性和计算能力强的特点，来完成画面的渲染。

渲染流水线大体由应用阶段、几何阶段和光栅化阶段组成。

1.2.2 渲染流水线阶段

1. 应用阶段

应用阶段包括输入装配阶段/顶点信息阶段。但事实上，和渲染流水线相关的应用阶段只包括输入装配/顶点信息阶段，以及上传对应的纹理、编译着色器指令和设置变量（包括光源位置、光线种类、摄像机的视锥体，以及模型信息，如顶点位置、法线）等。广义的应用阶段还可以包括其他的内容，如视锥体裁剪等，以及和渲染关系不大的领域，包括控制器的输入、碰撞检测等（但这些不在本书的探讨范围内，有兴趣的读者可以阅读相关资料）。

图 1.1 和图 1.2 描述了如何进行视锥体裁剪，这是有效减少渲染任务的方法。如图 1.1 和图 1.2 所示，可以将不在视锥体内的物体剔除，从而显著提升性能。该操作由引擎自动完成，无须干预。但 Unity 引擎也提供了 API，可以让游戏开发者自行操作这种剔除。

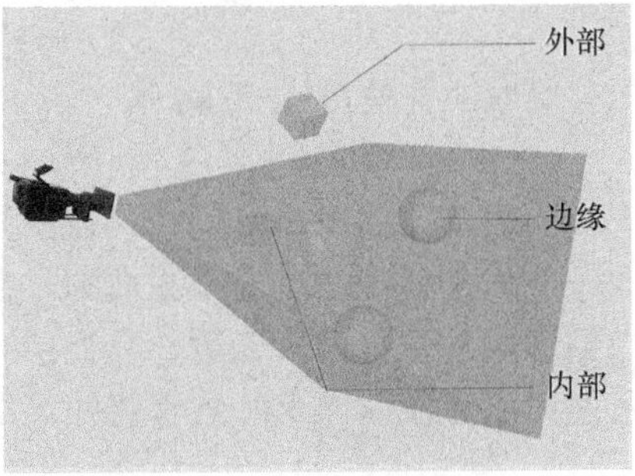

▲图 1.1 视锥体裁剪前

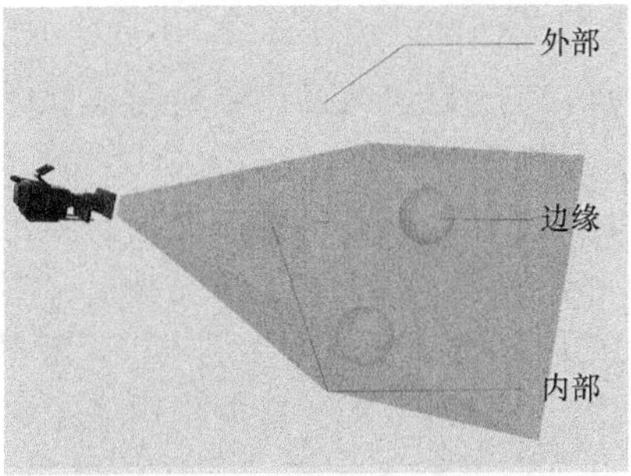

▲图 1.2 视锥体裁剪后（落在视锥体外部的物体被裁剪，不参与流水线计算）

除此之外，有的游戏引擎（如 Unity）为了进一步提升渲染性能，还开发了遮挡剔除技术，以将被遮挡的物体剔除，这会有效减少与 GPU 的数据交换量、顶点处理量和绘制调用次数。遮挡剔除技术可以和视锥体裁剪共同作用。遮挡剔除技术将在本书后面的章节中介绍，这里不再展开。

2. 几何阶段

顾名思义，几何阶段进行的往往是和几何相关的操作。几何阶段的具体步骤如图 1.3 所示。

▲图 1.3　几何阶段的具体步骤

实时渲染的本质是将渲染信息变成最终显示器上的像素，VR 其实也基于同样的道理。因此，我们引入了若干坐标系，包括模型坐标系、世界坐标系、摄像机坐标系、裁剪坐标系、归一化设备坐标系和屏幕坐标系等。在实时渲染当中，一部分计算用于将一个物体从模型坐标系逐一映射到屏幕坐标系来完成图像的渲染。但这个过程并非一蹴而就，我们有的时候有必要变换到一个合适的坐标系，进行相应的渲染操作，例如，将顶点变换到世界坐标系来计算光照和法线的相互作用，因为在世界坐标系下计算更方便。坐标系和空间概念将在后续章节中讲解，这里不再赘述。

在几何阶段要进行顶点裁剪，换句话说，我们要根据物体是否在摄像机的视锥体内，决定是否对其进行裁剪。裁剪之后，物体会在裁剪平面生成新的图元。顶点裁剪前后的对比如图 1.4 和图 1.5 所示。

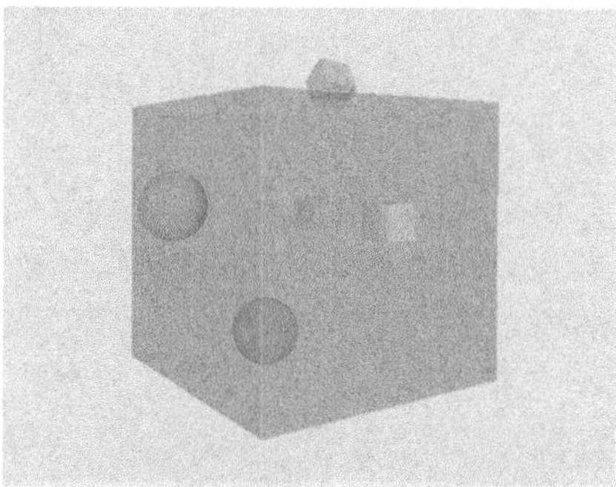

▲图 1.4　顶点裁剪前

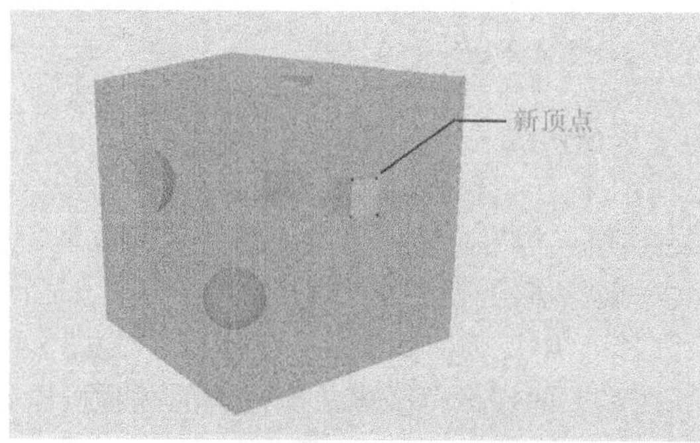

▲图 1.5　顶点裁剪后

如果摄像机的投影当中有近裁剪平面和远裁剪平面所构成的视锥体，则将物体超出这个视锥体的部分裁剪掉，不放入下一步的渲染当中，并且在物体和视锥体所交汇的截面会生成新的图元。

注意：因为这里将物体变换到裁剪空间后再进行裁剪，所以没有使用视锥体。

3. 光栅化阶段

光栅化阶段会将几何阶段传来的图元光栅化，将它们转变成片元。或者可以说，将图元转换成一个个像素点，用于显示在屏幕上。常见的插值着色的过程，也就是在这一步完成的。插值过程由 GPU 专有的光栅化单元进行，运算效率非常高。考虑到逐像素执行的片元着色器调用次数可能非常多，因此涉及的一些剔除也多在这里执行，如隐藏面消除等技术。这些技术将在第 2 章中详述，这里不再赘述。

1.3 渲染流水线执行阶段

1.3.1　输入装配阶段

输入装配阶段负责从 CPU 当中获取图元（点、线、三角形）的基本信息，并且把这些信息组装成其他流水线过程需要使用的图元信息（顶点、坐标和法线等）。如果涉及几何着色器，并且几何着色器需要邻近图元信息，则邻近图元信息也会在这一阶段提交给 GPU 进行处理。

以下是通过 C#代码操纵顶点生成一个网格的相关核心代码，这段代码绘制了一个简单的正方形，有助于查看如何使用脚本来控制添加图元与渲染图像。尽管这里手动设置顶点和三角形拼接，但其实还是 Unity 高度封装的结果。图形 API 真正执行的步骤可以在第 2 章中进行查看，这里先略过。

```
private void GenMesh() {
    verticies.Clear();
    triangles.Clear();

    var zeroPosition = transform.position;

    verticies.Add(zeroPosition + new Vector3(-10f, -10f, 0f));
    verticies.Add(zeroPosition + new Vector3(-10f, 10f, 0f));
    verticies.Add(zeroPosition + new Vector3(10f, 10f, 0f));
    verticies.Add(zeroPosition + new Vector3(10f, -10f, 0f));

    triangles.Add(0);
    triangles.Add(1);
    triangles.Add(2);

    triangles.Add(0);
    triangles.Add(2);
    triangles.Add(3);

    mesh.Clear();
    mesh.vertices = verticies.ToArray();
    mesh.triangles = triangles.ToArray();
    mesh.RecalculateNormals();
}
```

本段程序运行后的效果如图 1.6 和图 1.7 所示。

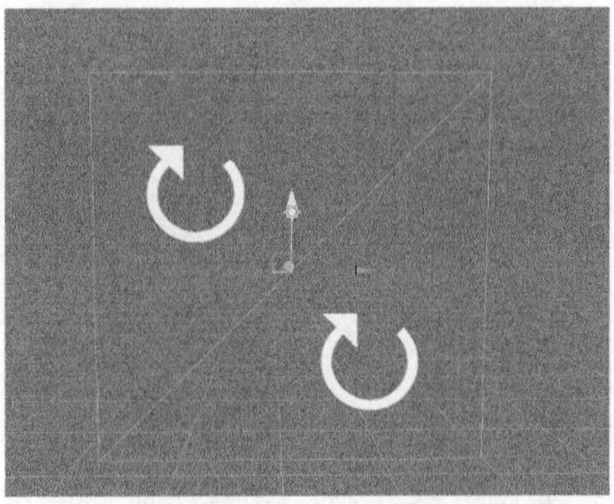

▲图 1.6　编码生成的一张网格（留意顶点以顺时针的方向排序）

▲图 1.7　该网格着色后的效果（这张网格使用默认的标准着色器渲染）

事实上，上述代码只是更加形象地阐述了该阶段准备渲染图元的部分。比如，为什么这个正方形是白色的？为什么这个正方形可以正确地处理环境光照？为什么这个正方形当中的所有三角形都被填充了颜色？这些是其他流水线阶段协同执行之后得到的结果。图元装配阶段之所以可以轻松地使用脚本控制，是因为这个步骤本身就是由 CPU 完成的。我们首先构建了几个顶点，然后把这些顶点组合成三角形，最后把这些内容推送到 GPU 执行渲染。

在进行 Unity 渲染的过程中，也可能涉及批次渲染这个概念，比如，Unity 提倡通过动态、静态和 GPU 实例化来合并渲染批次，通过减少绘制调用次数来提升渲染性能。这是因为合并渲染批次可以通过减少部分应用阶段的重复性工作来有效降低 CPU 的工作负担（但 GPU 的工作负担可能并未降低，相反可能会增加）。我们自己编写着色器的时候可能没有意识到，着色器内部也无须考虑这种变化带来的影响（除了针对 GPU 实例化的优化编写着色器的时候，部分变量的存储、传递和调用方式会有所变化之外）。尽管合并渲染批次在渲染流水线其他环节上的执行方法并无二致，但输入装配阶段会有较大的变动，这点需要注意。

1.3.2　顶点着色器

如果使用着色器，顶点着色器至少必须填充好一个顶点的齐次裁剪空间的位置坐标（尽管我们可能不希望顶点着色器做什么，或者片元着色器也用不到这个坐标，或者可以直接给这个坐标传递一个假的不可用的值）。通常而言，这个事情是由 mul(UNITY_MATRIX_MVP, v.vertex)或者 UnityObjectToClipPos(v.vertex)来完成的。

顶点着色器负责处理输入装配阶段传入的数据，这可能包括顶点空间变换、蒙皮、变形和顶点照明。如果启用了 GPU 实例化技术，那么顶点着色器还可以处理（或者还包含传递，如果片元着色器打算访问每个实例特定的内容）实例 ID，以便每个材质在渲染的时候可以正确地访问特定的变量。

顶点着色器最重要的功能之一就是坐标变换，通常而言，就是将顶点从模型空间变换到齐次裁剪空间。在这个坐标变换的过程中，我们是可以进行一些操作的。例如，使用一个噪声贴图将一个平面变成一个具有一定形状的面（如图 1.8 所示），核心代码如下。

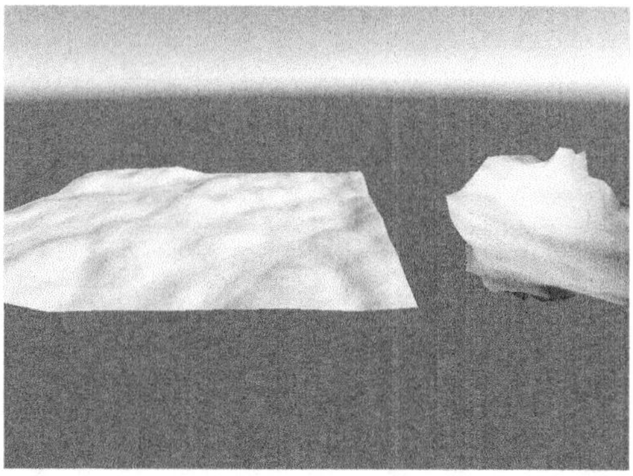
▲图 1.8　使用噪声贴图对一个平面进行顶点变形

```
v2f vert(a2v v)
{
    v2f o;
    v.vertex.y += 2 * tex2Dlod(_NoiseTex,
       float4(TRANSFORM_TEX(v.texcoord, _NoiseTex), 0, 0)).r;
    o.pos = UnityObjectToClipPos(v.vertex);
    return o;
}
```

这是一个简单的着色器，主要工作是通过一个噪声贴图来对一个网格进行变形。在实现水面效果时常会使用这种技术。

1.3.3　细化阶段

细化阶段是可选的，一个着色器可以没有细化阶段。细化阶段分为外壳着色器、细化着色器和域着色器。这 3 个着色器加在一起将一个大的三角形转变成多个三角形，以进行精确渲染，例如，精确控制一个面的颜色、分布以及精确控制形状等（见图 1.9 和图 1.10）。

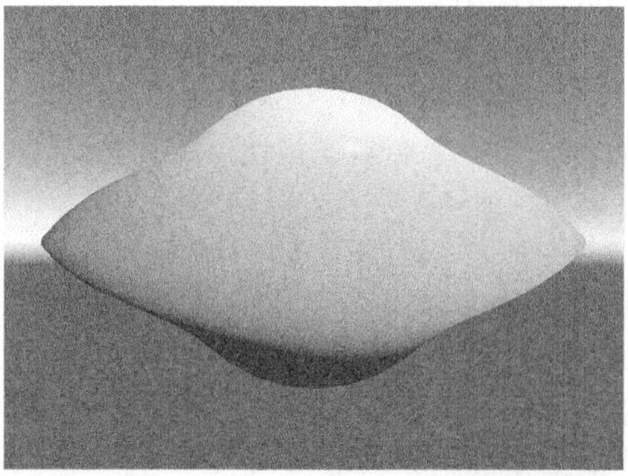
▲图 1.9　使用置换贴图将一个 Unity 默认球体变成一个 UFO 的形状

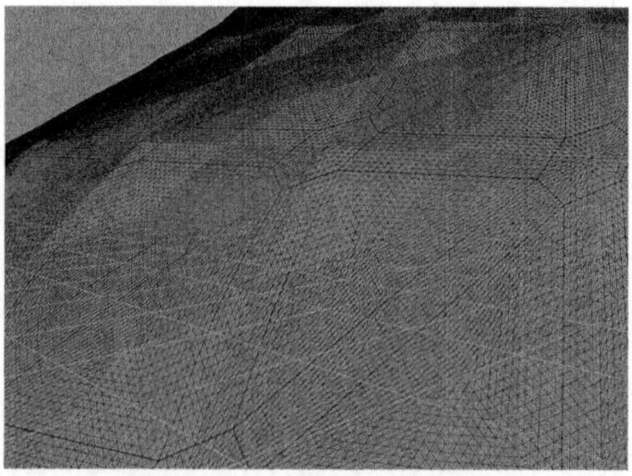
▲图 1.10　使用 Wireframe 视图观察这个球体的网格（从图中可见默认的粗网格已经拆分成一个个更小且更细的三角形）

- 外壳着色器：可编程阶段。它在控制点阶段和修补程序常量阶段运行，可以输出细化控制点以及和这个点相关联的各个常量，供后续计算。
- 细化着色器：创建用于域着色器的采样方式以及较小的图元。
- 域着色器：细化之后输出顶点位置（以及完成细化之后的顶点计算）的阶段。

Unity 官方文档只给出了表面着色器上的细化。表面着色器其实比较好用，但由于封装太多，在遇到问题时解决起来会比较麻烦，这里给出顶点/片元着色器支持细化的例子。表面着色器相当于调用了 Unity 中根据距离来进行细化的函数，详见着色器里的注释以及官方文档“Surface Shaders with DX11/OpenGL Core Tessellation”。

细化阶段对平台版本有一定限制，如在 Windows 操作系统下，用户必须使用支持 DirectX 11 版本的操作系统（Windows 操作系统版本不低于 Windows Vista SP2，Windows XP 不支持），以及支持 DirectX 11 版本的显卡及驱动。另外，Vulkan 和 OpenGL 4.1+也支持细化阶段。Metal 至今在 Unity 引擎当中（直到 Unity 2017.2 版）仍不支持，尽管 Metal API 本身已经实现了细化阶段的相关技术。

因为移动平台上很少完全支持细化着色器（尤其是 iOS 平台。截至目前，尽管 Metal API 支持细化着色器，但 Unity 编辑器在 macOS 平台上不支持这个特性，并且基于 iOS 或 macOS 的安装包也不支持该特性，除非在上述平台上将首选图形 API 选择为 OpenGL Core），所以不建议在移动平台上使用。

注意：细化阶段增加的这部分顶点尽管在 GPU 中参与顶点着色器的计算，但不算是输入装配阶段的顶点，详见 Unity 自带的 Profiler 或者 Unity 编辑器的 Game 窗口的输出统计。

1.3.4 几何着色器

除细化阶段之外，一个着色器也可以没有几何着色器阶段。

几何着色器可以处理不同的图元，包括点、线和三角形面，并且可以处理它们的相邻点。几何着色器阶段是可编程的。

几何着色器非常适合如下几个算法：

- 点精灵（Sprite）扩展；
- 动态粒子系统；
- 皮毛/晶粒生成；
- 阴影体生成；
- 从单通道渲染到立方贴图；
- 以图元为单位的材质置换；
- 以图元为单位的材质设置。

总之，几何着色器可以调整当前的图元、创造图元和删除图元，也可以操控图元之间的关系。要慎用几何着色器，否则可能造成模型分裂等用户不希望发生的情况。

图 1.11 是使用几何着色器实现低多边形（Low Poly）的效果。

▲图 1.11 使用几何着色器实现低多边形的效果

默认方式下，一个顶点的法线是通过插值计算出来的，它未必垂直于这个顶点相邻的任何一个面。但为了实现低多边形效果，需要禁止这种插值计算。

但事实上，这种方式未必是最理想的，因为现在移动平台未必支持几何着色器，读者简单了解即可。在移动平台上，如果要实现低多边形效果，建议使用 Maya 等软件，并在导出的时候选择“硬边模式”，模型内部将自动把一个顶点拆成 3 个顶点。具体方法和步骤这里不进行详述。

1.3.5　流输出阶段

流输出阶段可以将顶点数据输出到内存或者显存中，供输入装配阶段、可编程的着色器阶段使用加载功能读取。

流输出功能在 Unity 中使用较少，通常直接交给光栅化阶段处理。一种使用场景就是 Unity 可以使用该功能进行基于 GPU 的骨骼蒙皮。希望进一步了解的读者，可以查阅相关资料。

1.3.6　片元着色器

片元着色器是 Unity 中常用的着色器。片元着色器在 DirectX 中称为像素着色器（Pixel Shader），在 OpenGL 和 Unity 中则称为片元着色器（Fragment Shader）。在查询文档的时候，读者需要知道它们本质上是同一个概念。本书以下统称片元着色器。

片元着色器是可编程的，但并不是一个渲染流水线所必需的阶段。在使用 OpenGL 或 DirectX 进行编程的时候，可以将该着色器置为空来防止生成像素着色器。

这里提供一个示例，这个示例体现了如何在片元着色器的帮助下进行光照处理。该种技术可以让美术设计人员使用图片来有效地提升光影效果（见图 1.12），在实时渲染技术中应用较广，读者不妨一试。

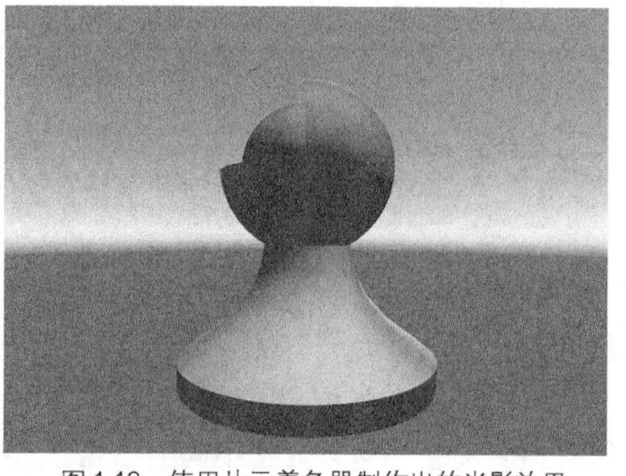

▲图 1.12　使用片元着色器制作出的光影效果

片元着色器示例的核心代码片段如下。

```
fixed4 frag(v2f i) : SV_Target
{
    fixed3 albedo = tex2D(_MainTex, i.uv.xy).rgb * _Color.rgb;
    fixed3 norm = UnpackNormal(tex2D(_Bump, i.uv.zw));
    fixed3 worldViewDir = normalize(i.worldViewDir);
    fixed3 lightDir = normalize(UnityWorldSpaceLightDir(i.worldPos));
    fixed3 worldNormal = normalize(half3(
        dot(float3(i.worldTangent.x, i.worldBinormal.x, i.worldNormal.x), norm),
        dot(float3(i.worldTangent.y, i.worldBinormal.y, i.worldNormal.y), norm),
        dot(float3(i.worldTangent.z, i.worldBinormal.z, i.worldNormal.z), norm)));

    fixed atten = LIGHT_ATTENUATION(i);
    fixed3 ambient = UNITY_LIGHTMODEL_AMBIENT.xyz * albedo;
    fixed rim = saturate(dot(worldNormal, normalize(worldViewDir)));
    fixed lambert = saturate(dot(worldNormal, lightDir));
    fixed3 ramp = tex2D(_BRDFTex, fixed2(lambert * 0.5 + 0.5, rim)).rgb;

    // fixwd3 diffuse = _LightColor0.rgb * albedo * ramp;
    fixed3 diffuse = _LightColor0.rgb * albedo * ramp * lambert;

    return fixed4(ambient + diffuse * atten, 1.0);
}
```

在片元着色器中，我们通过使用入射光方向、视角方向和法线方向等多种参数来计算应用这个着色器的材质上每一个像素应该如何显示。

注意：片元着色器毕竟是每像素执行一次，通常执行次数要远多于顶点着色器，因此在编写片元着色器的时候，需要时刻注意减少计算量，尤其是要杜绝三角函数、开方等计算。

我们知道，贴图的信息并没有在输入装配阶段录入 GPU 中，它们在很多阶段可以被提取到 GPU 纹理缓存并参与渲染。在顶点着色器阶段和细化阶段，我们都采用了特殊的贴图（噪声贴图、置换贴图）来讲解它们的作用，这些贴图同样需要在那些阶段参与渲染。

有关缓存的相关内容，将在第 2 章中详细说明。

1.3.7 输出合并阶段

输出合并阶段会对颜色缓存、深度缓存、多重采样缓存和模板缓存的信息进行加工处理，以决定最终输出像素是什么。

```
Blend SrcAlpha OneMinusSrcAlpha
ZTest Off
ZWrite Off
Stencil
{
   Ref 1
   Comp equal
}
```

换句话说，如果用户在着色器中看见以上等参数，将都是在这个阶段进行处理的，并将颜色缓存的内容输出到最终的帧缓存，显示控制器将按照一定频率读取这块内存的内容并输出给显示器。

除非设置了垂直同步，否则帧缓存的更新是实时的。然而，获取帧缓存的内容是按照特定频率来进行的，比如，常见的 60Hz 显示器每秒读取 60 次。当然，如果用户玩的是很早以前的游戏，计算机配置的显卡却是最新且最强的，FPS 动辄每秒数百帧，用户将不会看见画面“撕裂”，因为就算是“撕裂”，如此大的 FPS 造成一帧和另一帧图像的差距小到肉眼不可见。而垂直同步限制了显卡刷新一帧的速度，显卡必须等到显示器的垂直同步信号才能更新帧缓存。限制 FPS 不能超过显示器显示的速度（也可以设置只有两个垂直同步信号才能更新帧缓存，这种 FPS 会被限制在显示器刷新频率的 1/2），能够显著减少电量消耗，毕竟帧缓存更新速度大于显示器刷新速度其实一点意义也没有，只是 FPS 的数值好看一点而已。

1.4 其他一些细节

1.4.1 延迟渲染和前向渲染

本节所用的场景和代码位于 Assets/NewBie/GraphicsPiepline/Deferred Shading 目录中。

为什么把这些单独拿出来讲呢？因为对于延迟渲染和前向渲染，引擎的处理逻辑有一定的不同。

最重要的不同是光照处理的不同。在前向渲染中，逐顶点光照在顶点着色器阶段就对顶点进行光照着色，这样在片元着色器阶段将不再执行额外的操作（光栅化阶段会自动进行插值处理，使得光照效果尽量平滑）。如果逐像素光照不是平行光，那么会造成渲染额外通道的开销，而且在这个光源的影响范围内，有多少非平行光源将额外执行多少通道，也就是指这个物体被重复绘制了多少次，或者额外执行多少批次且这部分额外的批次不可以合并批次渲染，除非这个物体的着色器不支持这种非平行光逐像素光源的渲染。

对于延迟渲染，所有的光照将会在最后以一种类似后期处理的效果来体现。但是，为了正确处理光照，在此之前需要通过多张贴图收集信息，如图 1.13～图 1.17 所示。下面是 5 张贴图收集的信息，这样才足以支撑延迟渲染。

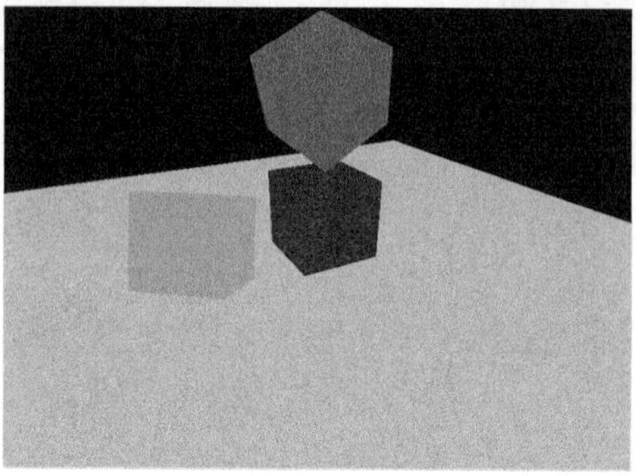

▲图 1.13　简单的不带光照渲染的物体（带物体颜色和纹理）

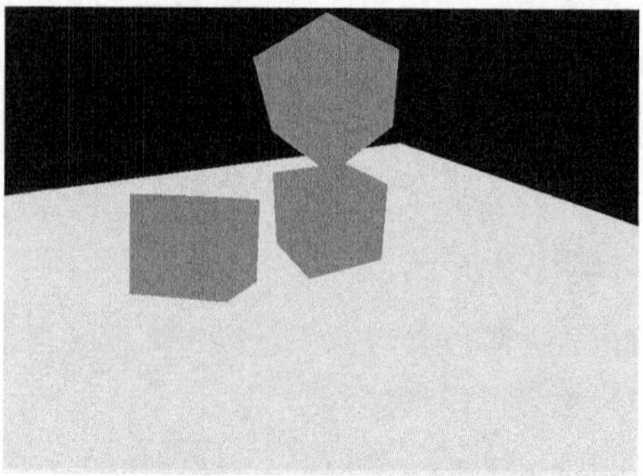

▲图 1.14　物体高光（标准着色器中的 Metallic 参数可调，这里可发现平面和方块高光程度明显不一样）

▲图 1.15　世界空间的法线

▲图 1.16　物体的深度图

当显卡收集到上述所有的信息后就可以完整地渲染出一帧最终效果了。最终渲染效果如图 1.18 所示。

▲图 1.17　开启实时全局光照情况下的预计算光照贴图（烘焙全局光照也会在这一步予以体现。本例场景中的光全部是实时光，没有烘焙贴图）

▲图 1.18　最终叠加光照的效果

延迟渲染既有优点又有缺点，优点是使得光照效果叠加，光源数量带来的额外渲染开销（尤其是渲染批次）较少，仅和渲染总像素多少相关。需要注意的是，每个物体产生的阴影的绘制次数仍然和光源数量有关。

延迟渲染的缺点是显卡必须支持多渲染目标（Multiple Render Target，MRT）、Shader Model 3.0+和深度渲染纹理等，其中 MRT 这一项可能在绝大多的移动设备上不再适用。学习完第 2 章中关于渲染原理的内容后，读者将知道移动 GPU 的渲染特性决定了保留 G 缓冲区是个不可取的方法。

由于 Unity 处理深度图的需求，因此它不支持半透明物体、Alpha 测试、片元着色器中的像素丢弃，以及片元着色器中对深度值修改的物体的渲染（这类物体将自动采用前向渲染处理）。

由于 G 缓冲区中的多个缓冲区像素一一对应，而且不支持 MSAA 缓冲区的渲染，因此无法采用这种多重采样抗锯齿技术，但基于后期处理的抗锯齿技术和基于动态超级分辨率（Dynamic Super Resolution，DSR）的抗锯齿技术不受影响，仍然可用。

延迟渲染仅支持透视相机，不支持正交相机。

无论以上哪一种方法造成延迟渲染不可用，Unity 引擎都会自动回退到前向渲染模式且不会给出警告，但读者需要注意这种变化带来的影响。

1.4.2 批次合并渲染

Unity 支持动态批次合并（Dynamic Batching）、静态批次合并（Static Batching）和 GPU 实例化这 3 种合并批次的方式。用户可以通过 Unity Profiler 窗口查看这 3 种批次合并技术使用情况，如图 1.19 所示。

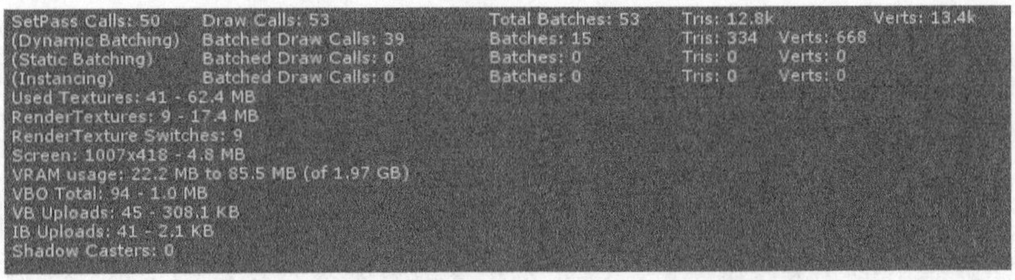

▲图 1.19　Profiler 窗口下的一个示例场景渲染数据

（这个场景并没有经过优化，因此只有自动应用的动态批次合并，而其他合并批次的操作近乎没有）

这些合并批次方式是通过操作顶点缓冲区对象、索引缓冲区对象等数据来操控批次合并的。目前，这些数据结构还没有介绍，在第 2 章介绍完它们之后，读者可以再来回顾。

第 2 章　渲染原理和图形存储器

本章主要介绍硬件，对硬件不感兴趣或者有所了解的读者可以跳过本章。本章所涉及的 DirectX C++编程部分，不需要完全了解，亦不需要读者动手编译，有条件的读者可以尝试编译和阅读代码，没有相应条件的读者不必勉强，一样可以理解本章的知识点。本章涉及的代码是在微软的 DirectX 12 的示例工程基础上去掉了不需要的二次封装库文件并增加了一些特性实现的。

其实在编写本章之前，我是有所顾虑的，既然本书以实战为主，那么所有概念部分需要相应地进行压缩，可是为什么还要编写本章内容呢？因为在实际开发过程中，我个人在游戏渲染性能优化方面遇到过一些问题，而在深刻理解了其中的硬件工作原理之后，发现硬件方面的知识其实是有助于性能优化的。当然，进一步的优化方法将安排在本书后续的章节中，这里先略过不提。

我们知道，PC 的硬件性能往往比较好，所以在 PC 上，用户可以发挥的余地更大一些。而在移动平台上，性能可能与 PC 相差两个数量级，这往往会造成 PC 平台上已设计好的产品，在移植到移动平台时，就会出现显示效果不好、显示不出来或者帧率直接降到个位数等问题。如《纪念碑谷 2》当时迟迟不发布 Android 版本的很大一部分原因是性能优化（iOS 的 Metal API 能更高效地处理绘制调用，有效降低 CPU 端压力，为《纪念碑谷 2》iOS 版本的发布帮了不少忙）。另外，也希望本章的内容可以为游戏图形开发人员在和项目经理/美术探讨需求时提供一些帮助。

本章所用的代码均在“工程文件根目录/DirectX Project”文件夹下。

2.1 渲染原理

2.1.1 立即模式渲染

只要发起一次绘制调用，这个绘制调用就将完整地执行整个图形流水线。渲染结束之后，渲染结果将保存在图形存储器当中，并且进行下一个物体的渲染。早期传统的立即模式渲染（Immediate Mode Rendering，IMR）的渲染流水线大致如图 2.1 所示（图 2.1 来自高通公司，在本书写作时我们进行了修改）。

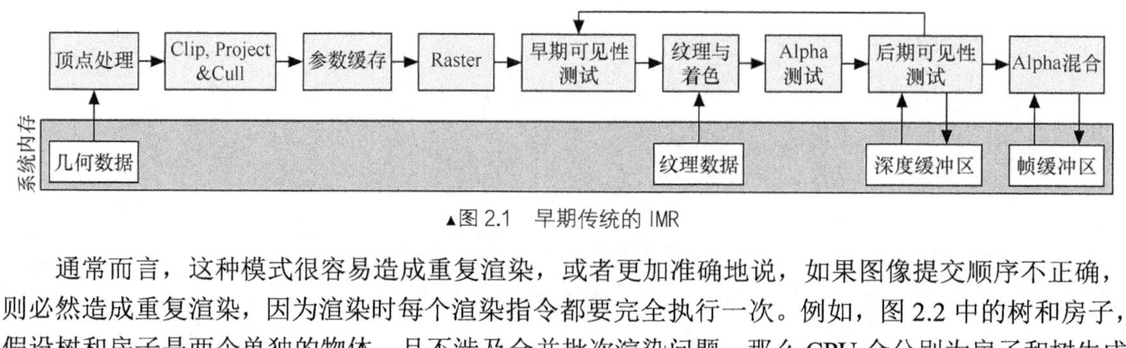

▲图 2.1　早期传统的 IMR

通常而言，这种模式很容易造成重复渲染，或者更加准确地说，如果图像提交顺序不正确，则必然造成重复渲染，因为渲染时每个渲染指令都要完全执行一次。例如，图 2.2 中的树和房子，假设树和房子是两个单独的物体，且不涉及合并批次渲染问题，那么 CPU 会分别为房子和树生成一次绘制调用（假设先树后房子），GPU 执行的效果是，先完整地渲染一遍树，再完整地渲染一遍房子。当在流水线当中的输出合并阶段进行深度检测的时候，GPU 发现一些树的像素在房子的像素的后面，无法看见，则将这些像素丢弃。另外，由于每个渲染请求都要完整执行一遍渲染流水线，因此带来的显存数据交换也是非常可观的，并且对显存带宽要求也非常高。当然，随着技术的发展，部分数据也可以放在片上缓存存储，不需要经过显存了，从而衍生出来基于区块的立即模式渲染（Tile-Based Immediate Mode Rendering，TBIMR），此处略去不提。

▲图 2.2 树和房子的渲染

当然，TBIMR 也有它的好处。由于每个提交的渲染请求都立即执行渲染而无须缓存，因此对整个画面当中各项指标的大小容忍度很高，比如总面数、总顶点数、模型数等，不像 TBR 和 TBDR 需要注意顶点缓冲区（Vertex Buffer Object，VBO）的大小。上面提到的这点对提升三维游戏画面质量有极大的增益，同时也在一定程度上解释了为什么 PC 游戏总体上比手机游戏的画面质量高很多。

但由于执行到输出合并阶段的时候，已经执行过了片元着色器（片元着色器阶段在输出合并阶段之前），因此对树的每一个像素都完整地执行一遍片元着色器的代码，会产生重复绘制（overdraw），对于这部分像素来讲，GPU 的计算能力就浪费了。

在 Unity 引擎的 Scene 窗口中，是可以勾选 Overdraw 模式来查看重复绘制的，如图 2.3 所示。

后来，部分 GPU 厂商研发出了 Early-Z 技术。该项技术可以剔除被遮挡的像素，降低 GPU 的负担。NVIDIA 称之为光速内存架构（Lightspeed Memory Architecture），AMD 则称之为 Hyper-Z。该项技术的大致原理是在光栅化之后、片元着色器之前，先执行深度测试，抛弃深度测试失败的像素，再将剩下的像素通过片元着色器进行处理。但条件是：第一，场景中的物体必须从前往后渲染，也就是所谓的受制于物体的提交顺序；第二，片元着色器执行期间不能进行深度值修改，也不能使用对深度维护很不友好的技术，例如 Alpha 测试，或者其他片元着色器当中存在可能舍弃像素的情况（见图 2.4）。

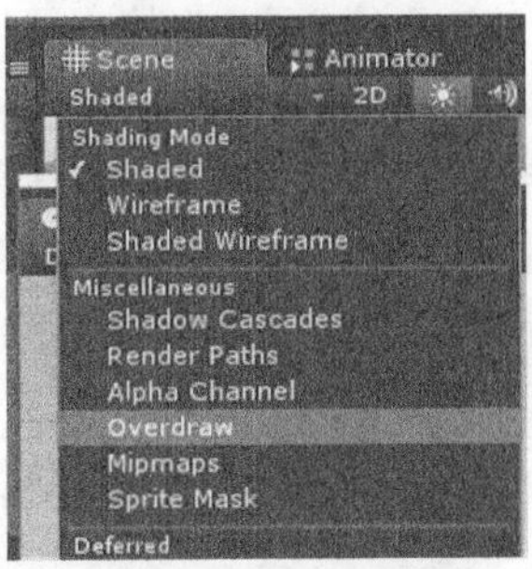

▲图 2.3 Overdraw 模式

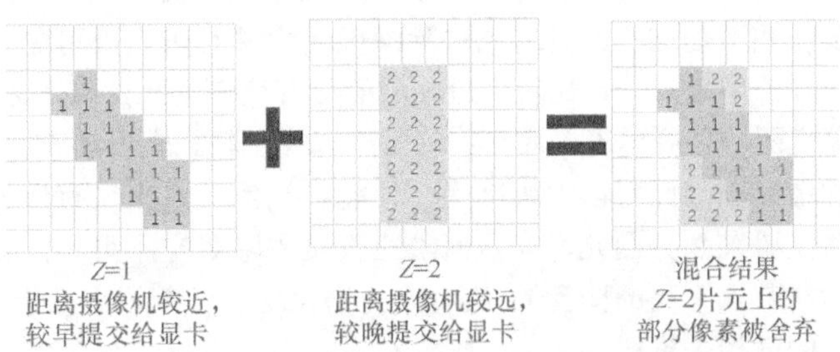

▲图 2.4 Early-Z 效果

图 2.4 是对真实渲染环境的一个近似模拟，而且更符合正交相机的结果。对于透视相机，很少存在一个片元上所有像素深度完全一样的情况。

但在现代 GPU 当中，处理逻辑稍有不同。早期基于 IMR 的显卡，Z 缓冲区是需要从 VRAM 读取的，每一个绘制调用都要读取一次 Z 缓冲区，这就会造成严重的带宽损耗。

解决方案首先是压缩深度图，其次是尽可能减少查找深度图带来的带宽消耗。市面上的解决方案都是对应用程序透明的，就是应用程序如果使用此功能，只要遵循一定的要求，这些优化就会自动应用。

对于压缩方案，AMD 的解决方案是 Hyper-Z，考虑到深度图本质上是灰度图，因此可以采用灰度图的压缩方法，其基本原理是使用差分差分脉冲编码调制（Differential Differential Pulse Code Modulation，DDPCM）的算法，就是在基本的差分脉冲编码调制的基础上再加一层差分脉冲编码调制，从而进一步增大压缩比。由于一般图片的相邻像素之间是有较强关联的，更不用说深度图（一个片元不同区域上的像素之间差值可能完全相同，但这个片元上所有像素的深度值可以完全不同）了，因此保存相邻像素的差比直接保存像素可以较多地减少存储信息。另外，考虑到深度图的特殊性，再进行一次差分基本上可把绝大部分像素的差值收敛到 0，进一步极大地减少存储信息。有兴趣的读者可以进一步了解差分脉冲编码调制算法，这里不多介绍了。

对于为了减少查找 Z 深度值带来的带宽消耗，AMD 使用了层次 Z 缓冲区（Hierarchical Z-Buffer，HZB）技术来快速地剔除深度检测无法通过的像素，从而在进入片元着色器之前尽快把它们抛弃。HZB 示例如图 2.5 所示，每一级都取上一级最大的深度组成一个更粗粒度的 Z 缓冲区。

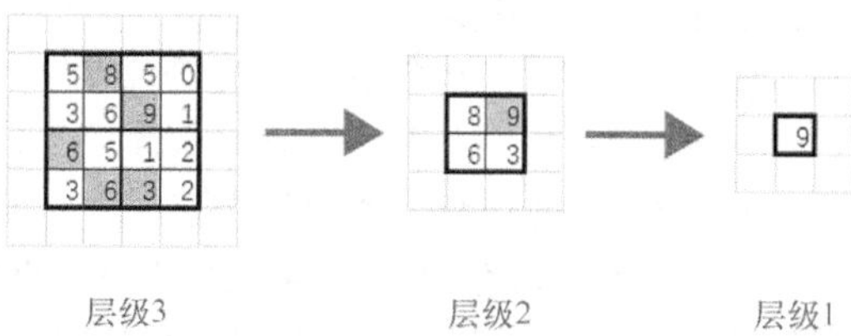

▲图 2.5　HZB 示例

但注意，后一级的 HZB 当然不是这么直接取出前一级 HZB 中的最大值进行存储的，比如，层级 1 当中的 *Z* 值其实是层级 2 的第二个（第一行第二列），所以两位完全足够存储层级 1 的 *Z* 值，对于层级 2 同理，一直到层级 3（假设这个是原始深度图）。因此，对于层级 1，只需要存储层级 2 中第一行第二列那个值的地址即可。这样做的好处是不需要额外分配内存给深度值本身，只需要分配内存给指针地址即可，比复制实际的 *Z* 值要划算很多。而对于像素比较而言，如果一个区域的所有像素的深度都比该区域最大深度还要大，则这些像素一定都不可见，直接去除即可；如果发现并不是这样，则首先去除深度更大并且确定不可见的像素，对于剩下的像素进一步增加深度比较的层级，一直比较到最细分的 *Z* 深度图为止，接下来用这些像素的深度覆盖原图的深度，更新深度图，之后再进入片元着色器流水线步骤。由于 HZB 的工作原理使得它能够快速去除大量批次的像素，因此可以大幅度提升性能。当然，后来又有研究成果提出了两步深度图比较策略，通过八叉树来划分图元，在几何阶段直接去除确定不可见的图元（确切地说，是去除确定完全不可见的树节点下面的图元），从而连光栅化这一步都没有必要进行了。这里不再细述，有兴趣的读者可以阅读相关资料。

Early-Z 技术在 IMR、TBR 和 TBDR 中都有效（只是在 TBDR 当中，将它归入了 HSR 技术范畴）。

2.1.2　基于区块的（延迟）渲染

基于区块的延迟渲染（Tile Based Deferred Rendering，TBDR）和基于区块的渲染（Tile Based Rendering，TBR）技术很相似，但之所以合并与 TBDR 一起介绍，是因为 TBDR 其实只是在 TBR 的基础上进行了改进而已，大部分原理是相同的。

下面先来介绍 TBR 模式。

TBR 设计的初衷就是大幅度降低对显存带宽的需求，尤其是移动端的显存带宽比 PC 端低了很多。现在绝大多数移动设备的显存是和系统内存共享的，这里是显存带宽数据。移动平台内存带宽演变过程如图 2.6 所示。

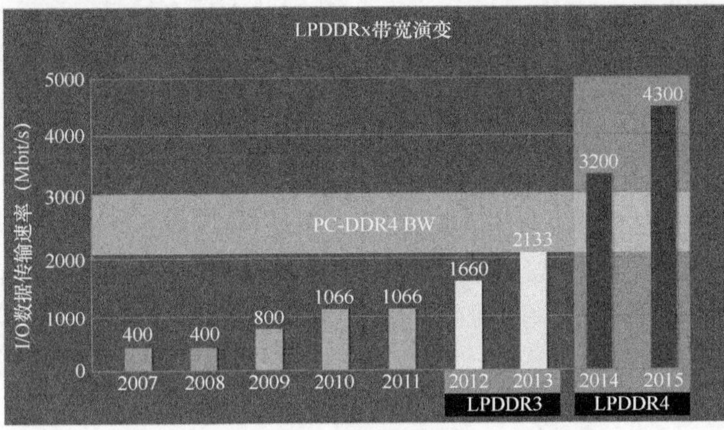

▲图 2.6 移动平台内存带宽演变（数据来自高通）

显存带宽不仅要考虑频率问题，而且要考虑位宽问题。例如，PC 平台位宽在一般 128 位以上（动辄 256 位、384 位，而且随着高带宽存储器等的出现，这个数字还可以更高），但移动平台一般就 64 位。现在普通移动平台的显存带宽通常不到 10Gbit/s，只有较高端的设备才能达到 10Gbit/s 以上。而在 PC 平台上，以 2013 年出产的老显卡 GTX660 为例，该型号显卡作为 NVIDIA 公司当时发布的一款中端产品，显存带宽达到 144.2Gbit/s，与移动端相差太多了。另外，访问显存的延迟造成的 GPU 时钟浪费也是不可取的，更不用说移动平台，就算排除了显存带宽天然的物理限制，GPU 还是要和 CPU 共享带宽的（显存和内存共享带宽）。

所以，基于 TBR/TBDR 的图形芯片都会有片上存储器。考虑到现在的移动设备分辨率越来越高，如果把颜色深度模板等信息都存储在片上存储器上，则代价太高昂了。缓存不仅造价高昂，而且会造成芯片面积大幅度增加，能耗也大幅度提升，这与关注便携性、低功耗的移动产品的定位不符。但是，如果存储的只是整个屏幕当中的一小块数据（例如，只存储 16 像素×16 像素），那么这个需求就是可以接受的。通常而言，分块大小范围是 8 像素×8 像素到 64 像素×64 像素不等，视对应平台的实现方式而定，但原理都是相似的。这些划分出来的区块逐个渲染，每渲染完一片区块，就将其复制到帧缓冲区，然后渲染下一片，直到渲染完所有的区块为止。

所有渲染物体的几何阶段都是每次提交就立刻完成的，完成之后就缓存到显存中。当捕获完整个画面所需的所有几何数据之后，在缓存区将落在每一个块的几何数据拆分到一个个容器当中，然后逐块读取容器当中的几何数据，再光栅化、着色和输出到帧缓存。处理完毕一块之后，再读取下一块的几何数据渲染，以此类推。所以，分块是在几何阶段结束后、光栅化阶段开始前进行的，同时这也解释了为什么同屏顶点数/面数不能超过一定的限制。其 TBR 示例如图 2.7 所示。

▲图 2.7 TBR 示例

TBR 模式的渲染流水线大致如图 2.8 所示。

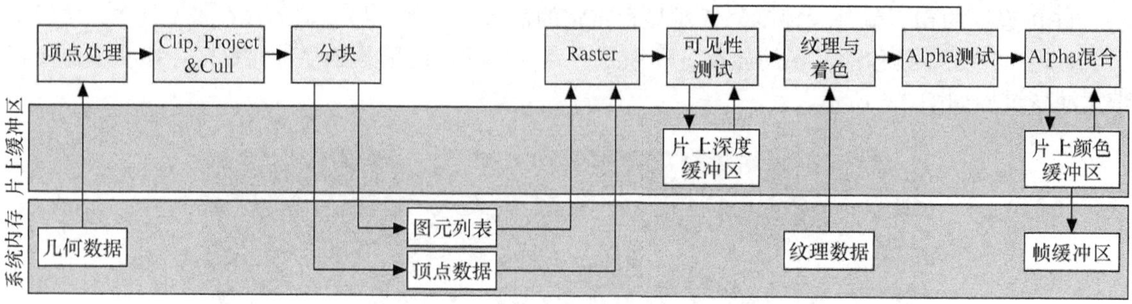

▲图 2.8　TBR 渲染模式的渲染流水线

TBR 模式有个缺点，就是渲染每一个区块的时候，它必须按照渲染物体提交的顺序执行几何计算，这也造成了对于特定的提交顺序（比如从后向往前），重复绘制是在所难免的。当然，IMR 当中的 Early-Z 技术能在这里移除重复绘制，但同样受限于应用阶段对渲染物体的提交状况。

为了弥补 TBR 模式的不足这点，让渲染尽可能与应用程序提交行为无关，TBDR 模式应运而生，其渲染流水线如图 2.9 所示。

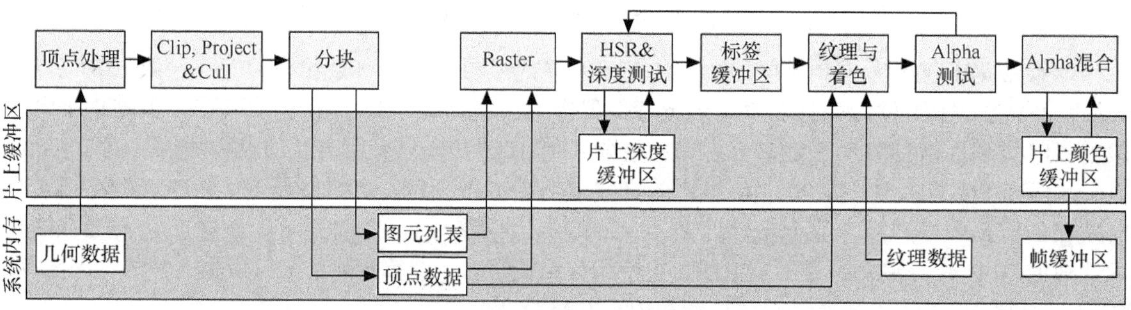

▲图 2.9　TBDR 渲染模式的渲染流水线

TBDR 的设计原则是，让片元着色器步骤执行的过程尽可能延后，从而避免了额外的贴图读取等片元着色器所需数据的开销，以降低对显存带宽的要求。

其中，移除不需要渲染的像素的重要方法称为隐藏面消除（Hidden Surface Removal，HSR）。

与 Early-Z 和 HSR 不同的是，Early-Z 比较依赖不透明物体的提交顺序，而 HSR 在 Early-Z 的基础上，使用了一些技术来尽可能让这种依赖变得没有必要（换句话说，即使提交顺序不是最理想的，使用 HSR 技术也可以取得更加理想的效果）。

隐藏面消除通常采用的算法有画家算法（Painter's Algorithm）和二叉空间分割树（Binary Space Partitioning Tree，BSP 树）算法。

根据从后向往前的绘制方法绘制图像（其中画家算法专门用于确认一个面一定在另一个面的前面/后面，BSP 树算法也具备这样的功能，但和画家算法的计算方式略有不同）。经过处理后会发现，如果某些面被前面的面完全遮挡，则这些面就不进入光栅化阶段，直接舍弃。与画家算法相比，BSP 树算法更适合对凸面体进行分析，画家算法则不受此限制，但 BSP 树算法的性能更高。因为本书并不是介绍算法的书籍，所以感兴趣的读者可以阅读相关材料进一步了解。

2.2 图形存储器

与 CPU 具有一级缓存、二级缓存、三级缓存和系统内存一样，GPU 经过多年的发展也有多级的存储系统。这些存储系统的存在，使得 GPU 能够以尽可能少的延迟和等待全速地执行渲染指令。

2.2.1 GPU 的存储系统层次体系

对于 GPU 而言，存储系统有两种：一种是片上缓存；另一种是 VRAM，即显存。

显存分两种：一种是显卡单独拥有的显存，称为专用 GPU 内存；一种是和 CPU 共享但实际上是系统内存的显存，称为共享 GPU 的内存。通常而言，专用 GPU 内存是单独的一块存储芯片，例如，不少 PC 显卡上面的 GDDRX、HBM，这部分存储是不可以和系统内存共享的。但在为数不少的显卡中，专用内存也和系统内存共享，例如，PC 上绝大多数的核心显卡和早期的集成显卡，以及绝大多数移动设备的显示芯片。

渲染流水线和图形存储系统的关系如图 2.10 所示。

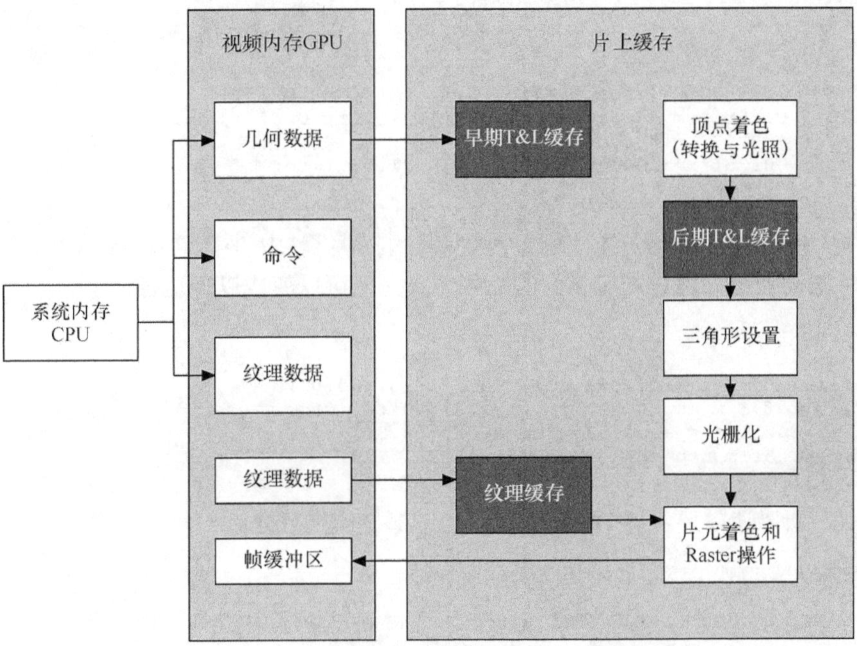

▲图 2.10 渲染流水线和图形存储系统的关系（摘自 GPU Gems）

之所以用那么大的篇幅来讲为什么要尽可能利用片上存储器，是因为尝试从 VRAM 读写数据消耗的指令周期非常巨大，比如，NVIDIA 某款型号的独立显卡访问显存的延迟等待时间大概是 100～150 个计算周期。在经过了这些指令周期的延迟等待之后，VRAM 带宽才会对性能的限制起作用。相反，访问片上缓存消耗的指令周期远小于这个值，对于移动设备更甚。

考虑到与图形相关的渲染数据的特点，一般复制到缓存当中表示把从现存当中待读取的数据，以及这个数据相邻的数据一起复制到缓存当中。读者在进行这种优化的时候，要注意缓存的工作特点。

通常而言，GPU 用于并行处理事务。对于部分 GPU，为了尽可能减少某些处理核心或者计算单元的浪费，以 PowerVR 为代表的 GPU，可能使用部分核心处理前一帧的光栅阶段，同时使用部分核心处理后一帧的几何阶段。如果进行的操作对这种并行化不友好（例如，过多访问了显存），则 GPU 的计算能力无法完全释放出来，不得不等待数据提取的过程。当然，进行 Alpha 测试之类的对并行性极不友好的操作也会影响这类 GPU 的并行性，但这个和刚刚提到的访问显存是两个问题，需要区别对待。

2.2.2 数据结构

这里暂时不讨论用于通用图形计算的计算着色器的数据结构。我们只考虑用于 3D 图像渲染并且走完渲染流水线所配套的数据结构。

请打开 DirectX Project 当中的项目，查看代码。这里并不是写引擎，所以把一些参数固化，一些变量的赋值就直接写在相应的函数体内了，但其实正式工作的时候不建议这么做。另外，DX 12 API 比较偏底层，不像 DX11 及以前版本的 API 封装了大量方法，所以其初始化等步骤比较复杂。

1. 顶点

顶点包括顶点本身，也可以包含顶点附带的 UV、颜色等信息，以数组形态提供。

在 HelloTextureDX12 工程当中，数据结构如下。

```
Vertex vertexList[] =
{
    {{-0.25f, 0.25f * m_aspectRatio, 0.0f}, {0.0f, 0.0f}},
    {{0.25f, 0.25f * m_aspectRatio, 0.0f}, {1.0f, 0.0f}},
    {{-0.25f, -0.25f * m_aspectRatio, 0.0f}, {0.0f, 1.0f}},
    {{0.25f, -0.25f*m_aspectRatio, 0.0f}, {1.0f, 1.0f}}
};
```

其中，第一个大括号内是顶点位置，第二个大括号内提供了 UV 坐标信息，让 GPU 来处理这些数据。了解 C++的读者都知道，其实上面的输入形式完全可以变成以下这样。

```
Vertex vertexList[] =
 {
   -0.25f, 0.25f * m_aspectRatio, 0.0f,  0.0f, 0.0f,
   0.25f, 0.25f * m_aspectRatio, 0.0f,  1.0f, 0.0f,
   -0.25f, -0.25f * m_aspectRatio, 0.0f,  0.0f, 1.0f,
   0.25f, -0.25f*m_aspectRatio, 0.0f, 1.0f, 1.0f
 }
```

二者等效，所以还需要告诉 DirectX 这些信息都是什么数据。

```
D3D12_INPUT_ELEMENT_DESC inputElementDescs[] =
{
    { "POSITION", 0, DXGI_FORMAT_R32G32B32_FLOAT, 0, 0,
       D3D12_INPUT_CLASSIFICATION_PER_VERTEX_DATA, 0 },
    { "TEXCOORD", 0, DXGI_FORMAT_R32G32_FLOAT, 0, 12,
       D3D12_INPUT_CLASSIFICATION_PER_VERTEX_DATA, 0 }
};
```

2. 图元以及与图元关系拓扑

上面的数组是直接提供的顶点，但是我们并不知道顶点和顶点之间是什么关系。例如，3 个顶点可能会形成三角形，可能会连成一条线，可能是一条线段和一个点，也可能就是 3 个孤零零的点。所以需要另一个结构来表示 3 个点是什么关系。

```
m_commandList->IASetPrimitiveTopology(D3D_PRIMITIVE_TOPOLOGY_TRIANGLELIST);
```

两个三角形中顶点的关系如下。

```
DWORD indexList[] =
{
   0, 1, 2, // 第 1 个三角形
   2, 1, 3  // 第 2 个三角形
};
```

当然，DirectX 还支持多个 Vertex 重复输入，然后画出这两个三角形。

```
Vertex vertexList[] =
{
    { { -0.25f, 0.25f * m_aspectRatio, 0.0f },{ 0.0f, 0.0f } },
    { { 0.25f, 0.25f * m_aspectRatio, 0.0f },{ 1.0f, 0.0f } },
    { { -0.25f, -0.25f * m_aspectRatio, 0.0f },{ 0.0f, 1.0f } },
    { { -0.25f, -0.25f * m_aspectRatio, 0.0f },{ 0.0f, 1.0f } },
    { { 0.25f, 0.25f * m_aspectRatio, 0.0f },{ 1.0f, 0.0f } },
    { { 0.25f, -0.25f*m_aspectRatio, 0.0f },{ 1.0f, 1.0f } }
};
```

这种方式不需要上传索引数据，但调用的 API 略有变化，二者的绘制结果等效。不过相比复制顶点数据，传输索引信息更加节约一些。流行的引擎通常都使用这种方式来渲染，以 Unity 为例，在脚本系统中如果自己手动生成一个网格，也大多传递顶点和索引。可以回顾输入装配阶段的代码片段，参见 Assets/NewBie/GraphicsPipeline/Input Assembly (vertex specification)目录。

除这种三角形之外，一个数组里面的顶点之间可以组成多种不同的图元，如点，线，三角形，点和三角形，点和线，点、线和三角形。在几何着色器、细化、光栅化等阶段，也可以指定图元之间的邻近图元。比如，在一组点图元中，A 和 B 相邻，B 和 C 相邻，但 A 和 B 不相邻等。

3. 纹理

别被工程当中的纹理生成函数吓到，事实上，这种方法生成的纹理一点也不“环保”。现代 GPU 往往会提供可以支持硬件解压的等压缩比有损或无损压缩格式（如 ETC），使用这些压缩格式上传到纹理缓存，会大幅度节约缓存空间和 VRAM 带宽（但可能带来一定的解压计算量，一般而言这种计算效率极高）。另外，部分游戏引擎可能提供分层的纹理技术，例如 mipmap。这种纹理可以节约缓存空间，使一定容量的片上缓存存储更多的纹理数据，降低带宽消耗来提升渲染效率。

生成纹理的相关代码如下。

```
std::vector<BYTE> HelloTexture::GenerateTextureData()
{
   const uint32_t rowPitch = TextureWidth * TexturePixelSize;
   const uint32_t cellPitch = rowPitch >> 3; // The width of a cell in the checkboard texture.
   const uint32_t cellHeight = TextureWidth >> 3; // The height of a cell in the
checkerboard texture.
   const uint32_t textureSize = rowPitch * TextureHeight;

   vector<BYTE> data(textureSize);
   BYTE* pData = &data[0];

   for (uint32_t n = 0; n < textureSize; n += TexturePixelSize)
   {
       uint32_t x = n % rowPitch;
       uint32_t y = n / rowPitch;
       uint32_t i = x / cellPitch;
       uint32_t j = y / cellHeight;

       if (i % 2 == j % 2)
       {
           pData[n] = 0x00;        // R
           pData[n + 1] = 0x00;    // G
           pData[n + 2] = 0x00;    // B
           pData[n + 3] = 0xff;    // A
       }
       else
       {
           pData[n] = 0xff;        // R
           pData[n + 1] = 0xff;    // G
           pData[n + 2] = 0xff;    // B
           pData[n + 3] = 0xff;    // A
       }
   }
```

```
    return data;
}
```

▲图 2.11　算法生成的纹理

上述代码的作用就是生成图 2.11 所示的纹理，以每个通道 1 字节的形式存储。

纹理比较特殊，由于其体积和数据格式的特性，尽管纹理和输入装配阶段产生的顶点数据一并提交，但是在部分 GPU 实现当中纹理不一定会加载到片上缓存中。尽管随着技术的发展，纹理缓存越来越大，但是仍然不能大到足以容纳一帧所需的所有纹理的程度。另外，如果确认某些面完全遮挡，无须绘制，则其对应纹理也可以不用加载。这在使用了 HSR 技术的基于瓦片渲染的 GPU 上更为典型。

4. 帧缓存/帧缓存对象

一个帧缓存可能包括多个缓存。典型的帧缓存包括颜色缓存、深度缓存、模板缓存、多重采样缓存和其他保留缓存。

其中部分缓存可以不止一个，例如，颜色缓存可以有两个或多个，因为一个颜色缓存正在显示，另一个颜色缓存正在绘制。显示的缓存和正在绘制的缓存所在的内存空间不断互换。某些驱动程序可能提供一个设置，允许预渲染多少帧，那么进行这个设置之后，可能存储更多的颜色缓存。

帧缓存对象可以包括上述缓存的一个或多个信息。根据使用这个帧缓存对象的用途，帧缓存对象可以不直接渲染到屏幕上，而用于后期处理。对于特定的硬件和图形 API，使用帧缓存对象的时候务必小心，不当的使用方式可能造成额外的显存带宽开销，正确的使用方式可以使帧缓存对象只保留在片上缓存中，从而保证渲染效率不会大幅度地降低。

5. DirectX 工程运行截图

工程基于 DirectX 12，从微软提供的示例代码修改而来。要求 GPU、显卡驱动程序、操作系统和环境 SDK 必须支持 DirectX 12（这里使用的是 SDK 10.0.16299.0 和 Windows 10）。这里为无法查看工程效果的读者展示工程运行截图。其 DirectX 12 工程实际运行效果如图 2.12 和图 2.13 所示。

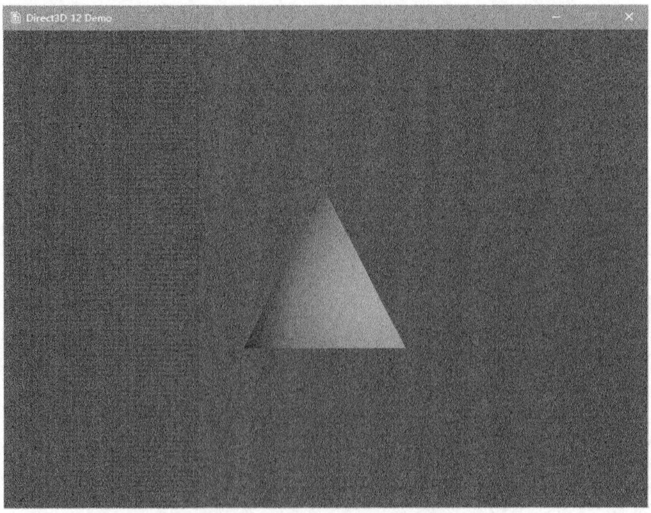

▲图 2.12　HelloTriangleDX 12 工程实际运行效果一

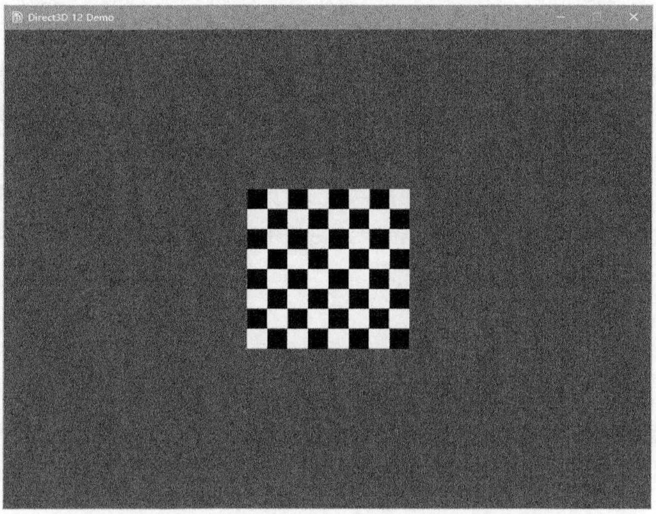

▲图 2.13 HelloTextureDX 12 工程实际运行效果二

2.2.3 渲染所需的数据结构

现在我们了解了渲染所需的这些数据结构，下面介绍渲染所需数据的概念了。

- 顶点缓冲区对象（Vertex Buffer Object，VBO）：用于存储顶点以及与顶点所附带的各类属性信息，这些信息包括位置、法线、颜色和 UV 等数据。
- 顶点数组对象（Vertex Array Object，VAO）：规定了 VBO 当中构成所需数据的格式。例如，用多少空间存储顶点坐标，多少空间存储顶点法线，以此类推。

索引缓冲区对象（Indice Buffer Object，IBO）：负责缓存 VBO 当中顶点的索引。它用于解决顶点数据重复使用的问题，避免顶点数据被复制多份，从而增加 VBO 的数据量。有的时候它也称为元素缓冲区对象（Element Buffer Object，EBO）。但读者看见二者的时候，要知道其实它们是一个东西。

2.2.4 合并批次渲染原理回顾

现在可以解释第 1 章遗留的问题了。

静态合批的原理是，将所有静态合并批次中物体的顶点信息合并成一个大的 VBO。不合并 IBO，VBO 会直接提交给 GPU，但 IBO 部分仅提供要渲染的部分，这可以避免执行不需要渲染物体的几何阶段。其代价是大 VBO 需要耗费较多显存。

动态合批的原理是，运行时将把符合要求的物体动态地组成 VBO 并提交。因为组建 VBO 是有开销的（需要对顶点坐标和 UV 等进行一定的空间变换），所以对动态合批的物体的顶点数有一个限制。这个限制是一次合批的顶点数在 900 以下。如果着色器使用了坐标、法线和单个 UV 信息，这个数值降到 300；如果着色器使用了坐标、法线、两个 UV，以及切线空间坐标信息，则这个数值降到 180（截至 Unity 2017.2 版本）。因为上述信息都是包括在 VBO 当中的，所以这个差异是为了限制 VBO 的大小而设定的。

而 GPU 实例的原理是只提交一个模型的 VBO 信息，但关于多个同种模型的不同信息（位置、大小和颜色等简单数据结构的信息）另外组成 Per Instance Attribute 缓存并提供给 GPU。当然，这个缓存不可以存储贴图信息。它能够有效地减少 CPU 的占用率，降低显示驱动的 CPU 开销，但会在一定程度上增加 GPU 端的负担。因为 Unity 在 2017.2 版中直接组成了一个大的（包含 500 个元素）PIA 提交，多个变量提交的 PIA 也多，所以对内存和显存占用有一定影响。另外，由于 GPU 实例的原理，能够放到同一批次渲染的物体必须拥有相同的网格。而动态合批没有这个限制。因为硬件、API 支持和 Shader 编译器效率等问题暂不支持目前版本的 GPU 实例，但 Unity 官方声称他们正在致力于研发相应功能，争取在未来的版本中对 GPU 实例拥有原生良好的支持。

考虑到综合负担和消耗，Unity 的合并批次优先级是静态合批 > GPU 实例 > 动态合批。

有关这些批次合并的场景，可以参考 Assets/NewBie/Batching 当中的若干场景。

第3章 Unity 中着色器的形态

本章所有用到的文件和场景，都可以在工程文件下的 Assets/NewBie/Lab_1 目录中找到。

3.1 Unity 通过 ShaderLab 来组织着色器

ShaderLab 是 Unity 自定义的一套着色器编写语言。作为一款跨平台性好的游戏开发引擎，Unity 3D 使用 Mono 这个开源的.NET 来实现。Unity 自 2017.2 版本起逐步取消了对 UnityScript（即用于 Unity 开发的 JavaScript）的支持。对于要适应不同 GPU 的着色器来说，Unity 会针对不同的平台对同一套着色器进行编译。

3.1.1 关键字 Shader

Unity 的 Shader 文件是以 Shader 关键字开始的，用户可以像组织目录一样组织 Shader 的命名。Shader 的文件名和引用名不必一样，举例如下。

```
Shader "Tut/NewBie/FirstShader" {
     Properties {
          _MainTex ("Base (RGB)", 2D) = "white" {}
     }
     SubShader {
…
     }
     SubShader {
…
     }
     FallBack "Diffuse"
}
```

3.1.2 使用子着色器组织着色器的不同实现

真正用于渲染物体的内容是在子着色器中实现的。之所以用子着色器，是为了能让开发者针对不同性能的显卡编写不同的着色器，因为现实中并不是每个人都用相同的显卡。由于显卡千差万别，为了能让开发者编写的游戏可以在各种 GPU 上运行，尽可能地呈现最好的效果，就用子着色器来组织具体的实现，使 Unity 在运行时可针对实际的运行环境，从第一个子着色器开始到最后一个子着色器，选出最优的子着色器实现来呈现开发者的作品。从理论上来说，子着色器的数量是没有限制的，但实际操作中为了减少文件的大小，一般写两三个 SubShader（子着色器）就行了，即针对目前流行的一代显卡写 1 个，针对旧的显卡写 1 个。

3.1.3 子着色器的重要标签

给子着色器添加标签（Tags{}块），用于告诉 Unity 渲染引擎或者其他用户如何认证这个子着色器。下面的代码是适用于子着色器的内置类 Tags。

```
SubShader {
    Tags{"Queue"="Geometry""RenderType"="Opaque""IgnoreProjector"="True"}
...
}
```

Queue 就是队列的意思，在这里就是渲染队列的意思，表示希望 Unity 渲染引擎在什么时候渲染自己。Queue 有 5 个可选值，分别是 Background、Geometry、AlphaTest、Transparent 和 Overlay，分别对应数字 1000、2000、2450、3000 和 4000。既然可以对应数字，就可以把这些单词当作整型变量，例如：

```
Tags{"Queue"="Geometry+1314" }
```

当混合使用自定义的着色器和 Unity 的内置着色器时，一定要按照上面的单词和字母的对应关系，因为 Unity 的内置着色器就是按照这个顺序来渲染的。

Queue 之后是 RenderType 标签，其常用的内置值有 Opaque、Transparent、TransparentCutout、Background 和 Overlay。这个标签在替代渲染做后处理时很重要，Unity 内置的 Image Effects 就要根据它来决定如何替代渲染。除此之外，如果你想得到场景的深度和法向量的快照，一个正确的 RenderType 是必不可少的。

IgnoreProjector 比较简单，当值为 True 时，表示当前物体忽略 Projector 的影响。

还可以为子着色器添加自定义标签，例如：

```
Tags{"MyTag"="Lucifer" }
```

这种做法一般会在做替代渲染时用到。

3.1.4　子着色器中的 Pass 块

子着色器包括了一个渲染方案，而这个方案是由一个个 Pass 块来执行的。子着色器可以包括多个 Pass 块，每一个 Pass 块都包含了渲染一个几何体的具体代码。如果写着色器，大部分费力且能体现劳动价值的地方就在 Pass 块中。

3.1.5　Pass 块的标签及其名字的意义

Pass 块内置的那些标签都是针对渲染路径的，告诉渲染引擎这个通道应该在什么渲染路径下被渲染，这个内容会在后面的章节介绍。

Pass 块的 Name 一般用来引用此通道。这种引用意味着可以定义一个 Pass 块，然后在其他着色器的 Pass 块中多次引用它。这是一种减少重复劳动的技巧，请读者牢记。下面是这种技巧的一个演示。

```
Shader "Tut/NewBie/SecondShader" {
SubShader {
    Pass {
        Name "MYM"
        Material{
            Diffuse(1,0.7,0.4,1)
            Ambient(1,0.7,0.4,1)
        }
        Lighting On
        SetTexture[_]{  combine primary    }
    }
}
}
```

这个 Shader（着色器）命名了一个 Pass 块，在 Unity 中，命名比较自由，既可以全部大写（如 MYM），也可以大小写混合（如 Mym），但是引用的时候必须使用全部大写的名称。下面这个着色器则通过名字引用了此 Pass 块。

```
Shader "Tut/NewBie/ThirdShader" {
SubShader {
            UsePass "Tut/NewBie/SecondShader/MYM"
      }
}
```

3.1.6 使用 FallBack 语句保证着色器的广泛适应性

如果用户所有的 SubShader 都失败了，为了在用户的计算机上呈现设定的机制，一般会使用 FallBack 语句。FallBack 语句是 Unity 自己预制的着色器实现，FallBack 语句会一直递归下去，直到找到一个能够运行的着色器或者遇到 FallBack Off 语句为止。我们在开发着色器的时候，一般不使用 FallBack 语句，只有在实际发布应用时，才会为了追求平台的最大适用性而加上。

3.2 Unity 支持的着色器编程语言

在 Unity Shader 的编写中，我们既能使用 GLSL 来写着色器的逻辑代码，也能使用 Cg/HLSL 来写。如果使用 GLSL，则这些该代码必须位于 GLSLPROGRAM 和 ENDGLSL 关键字之间；如果使用 Cg/HLSL，则这些该代码必须位于 CGPROGRAM 和 ENDCG 之间。本书全部使用 Cg/HLSL。Cg/HLSL 并不像 Mac 平台开发的 Object-C 语言那样，这让习惯了 C、C++或者 Java、C#的程序员感到不适应。这门语言和 C 语言很类似，作为一种着色器编程语言，Cg/HLSL 主要提供了一个全新的函数库。要了解关于 Cg/HLSL 的知识，读者可以查看附录，里面有 Microsoft 官方教程的地址。注意，Microsoft 仅提供 HLSL 教程，但是里面绝大多数内容对 Cg 语言同样适用，考虑到 NVIDIA 不再维护 Cg 语言，这可能是当前唯一处于支持状态的官方参考教程。

3.3 Unity 中着色器的 3 种形态

3.3.1 固定流水线

固定流水线是在早期的 GPU 能力比较有限时，对着色器的约束比较多的一种形态。考虑到市场占有率，新一代的显卡仍对固定流水线有所选择地进行支持，但是会在未来逐步淘汰它。在 ShaderLab 中，固定流水线的形态、语法和 NVIDIA 的 CgFX 以及微软的 FX 文件比较类似。下面是固定流水线的一个例子。

```
Shader "Tut/Shader/FixedFuncs/BaseForm_1" {
       Properties {
       _Color ("Main Color", Color) = (1,1,1,0.5)
       _SpecColor ("Spec Color", Color) = (1,1,1,1)
       _Emission ("Emmisive Color", Color) = (0,0,0,0)
       _Shininess ("Shininess", Range (0.01, 1)) = 0.7
       _MainTex ("Base (RGB)", 2D) = "white" { }
   }
   SubShader {
       Pass {
          Material {
              Diffuse [_Color]
              Ambient [_Color]
              Shininess [_Shininess]
              Specular [_SpecColor]
              Emission [_Emission]
          }
```

```
            Lighting On
            SeparateSpecular On
            SetTexture [_MainTex] {
               constantColor [_Color]
               Combine texture * primary DOUBLE, texture * constant
            }
         }
      }
   }
```

固定流水线的相关代码必须都处于同一个 Pass 块之中。关于 Unity 中固定流水线的详细讲解，可以参考第 16 章，这里只介绍其大概形态。

3.3.2 可编程着色器

如果你想自己处理照明或者不需要处理照明，可以编写顶点和片段着色器，这是 Unity 中对可编程着色器的一种支持。下面是可编程着色器的一个例子。

```
Shader "Tut/NewBie/FourthShader" {
     Properties {
          _MyTexture ("Texture (RGB)", 2D) = "white" {}
          _MyColor("Color of Object",Color)=(1,1,1,1)
     }
     SubShader {
     Tags{"Queue"="Geometry""RenderType"="Opaque""IgnoreProjector"="True"}
     Pass{
     CGPROGRAM
     #pragma vertex vert//声明顶点着色器的函数
     #pragma fragment frag//声明片段着色器的函数
     #include "UnityCG.cginc"//包括外部文件
     sampler2D _MyTexture;
     float4 _MyColor;
     struct v2f{//定义一个结构
          float4 pos:SV_POSITION;
     };
     v2f vert(appdata_full v)//vertex Shader
     {
          v2f o;
          //o.pos=mul(UNITY_MATRIX_MVP,v.vertex);//Unity 4.x 中的写法更直接
          o.pos=ObjectToClipPos(v.vertex);
          return o;
     }
     float4 frag(v2f i):COLOR//fragment Shader
     {
          return float4(1);
     }
     ENDCG
          }
     }
     FallBack "Diffuse"
}
```

除了上面例子中的代码之外，我们还可以使用下面的指令告诉 Unity 如何具体地编译着色器。

```
//编译目标 2.0，相当于 Direct3D 的 Shader Model 2.0
//对应于 OpenGL 下 ARB_vertex_shader 的 256 条指令、ARB_fragment_shader 的 32 条 texture 指令
//和 64 条普通指令、16 个寄存器和 4 个贴图
//如果编译目标 3.0，则相当于 Direct3D 的 Shader Model 3.0
//如果不写，则默认为#pragma target 2.5 和 3.0 几乎完全相同，只是寄存器为 8 个，没有明确的 LOD 纹理
//采样,在 DX9 和 DX11 FL 9.3 的 Windows Phone 上编译为 SM3.0
//对于 OpenGL 的 ARB_vertex_shader 来说，没有指令数目限制，对应于 ARB_fragment_shader 的
//512 条 texture 操作指令、512 条普通指令、32 个寄存器和 4 个贴图
#pragma target 2.0
```

对于面向 OpenGL 接口的情况，还可以使用#pragma profileoption MaxTexIndirection =256 这样

的指令。当编译平台为独立的可执行桌面 OpenGL 程序时，可以使用#pragma glsl 把 Cg 代码转换为 GLSL 代码，从而绕过在 Shader Model 3.0 中的一些指令限制。如果读者熟悉 OpenGL 接口，也可以使用#pragma fragmentoption option 来限制编译出的 fragment 函数。对于移动平台的 GLSL，如 Android 和 iOS，可以使用#pragma glsl_no_auto_normalizationa 来关闭在 vertex 函数中对法线和切向量的自动归一化处理。

为了增加平台适应性，Unity 会让着色器针对不同的平台进行编译，对移动平台 Unity 做优化。除此之外，开发者也可以使用下面这两条指令来限制 Unity 对不同平台的编译。

```
#pragma only_renderersd3d9 gles
#pragma exclude_renderers xbox360
```

适用于这两条指令的值有 d3d9、d3d11、opengl、gles（移动平台的 OpenGL）、xbox360、p3（任天堂的 PlayStation）和 flash。

3.3.3 ShaderLab 中的表面着色器

如果你想写一个程序，该程序处理不同的照明、点光源、平行光和光照贴图等，又能够处理不同的阴影选项，同时还能在 Unity 的两个渲染路径（Forward 和 Deferred）下正常工作，这项工作是很复杂的。Unity 通过表面着色器简化了上述工作。下面是一个表面着色器的例子，其实也就是在编辑器中创建着色器的默认结果。

```
Shader "Tut/NewBie/SurfShader" {
     Properties {
          _MainTex ("Base (RGB)", 2D) = "white" {}
     }
     SubShader {
          Tags { "RenderType"="Opaque" }
          LOD 200

          CGPROGRAM
          #pragma surface surf Lambert
          sampler2D _MainTex;
          struct Input {
               float2 uv_MainTex;
          };
          void surf (Input IN, inout SurfaceOutput o) {
               half4 c = tex2D (_MainTex, IN.uv_MainTex);
               o.Albedo = c.rgb;
               o.Alpha = c.a;
          }
          ENDCG
     }
     FallBack "Diffuse"
}
```

在函数 surf 中，SurfaceOutput 是一个包含描述一个物体表面的渲染特征的结构(在 PC 上 fixed 等价于 half，在 PBS 渲染中会使用一个更复杂的结构体)。例如：

```
struct SurfaceOutput{
     fixed3 Albedo;//颜色纹理
     fixed3 Normal;//法线
     fixed3 Emission;//自发光，不受照明的影响
     half Specular;//高光指数
     fixed Gloss;//光泽度
     fixed Alpha;//Alpha 通道
};
```

表面着色器最终会被编译为一个复杂的顶点和片段着色器，不过通过表面着色器，读者需要做的就是简单的调色。这个说法比较笼统，可以自己实际体会一下。另外，表面着色器当中的光

照函数往往需要针对各种情况进行封装，例如，针对前向、延迟、实时 GI 和直接光源等情况，书写多个版本的光照函数进行兼容。下面是内置的 Lambert 光照函数，当用户在表面着色器中指定#pragma surface surf Lambert 时自动应用。

```
inline fixed4 UnityLambertLight (SurfaceOutput s, UnityLight light)
{
   fixed diff = max (0, dot (s.Normal, light.dir));

   fixed4 c;
   c.rgb = s.Albedo * light.color * diff;
   c.a = s.Alpha;
   return c;
}

inline fixed4 LightingLambert (SurfaceOutput s, UnityGI gi)
{
   fixed4 c;
   c = UnityLambertLight (s, gi.light);

   #ifdef UNITY_LIGHT_FUNCTION_APPLY_INDIRECT
      c.rgb += s.Albedo * gi.indirect.diffuse;
   #endif

   return c;
}

inline half4 LightingLambert_Deferred (SurfaceOutput s, UnityGI gi, out half4 outGBuffer0,
out half4 outGBuffer1, out half4 outGBuffer2)
{
   UnityStandardData data;
   data.diffuseColor  = s.Albedo;
   data.occlusion     = 1;
   data.specularColor = 0;
   data.smoothness    = 0;
   data.normalWorld   = s.Normal;

   UnityStandardDataToGbuffer(data, outGBuffer0, outGBuffer1, outGBuffer2);

   half4 emission = half4(s.Emission, 1);

   #ifdef UNITY_LIGHT_FUNCTION_APPLY_INDIRECT
      emission.rgb += s.Albedo * gi.indirect.diffuse;
   #endif

   return emission;
}

inline void LightingLambert_GI (
   SurfaceOutput s,
   UnityGIInput data,
   inout UnityGI gi)
{
   gi = UnityGlobalIllumination (data, 1.0, s.Normal);
}

inline fixed4 LightingLambert_PrePass (SurfaceOutput s, half4 light)
{
   fixed4 c;
   c.rgb = s.Albedo * light.rgb;
   c.a = s.Alpha;
   return c;
}
```

关于表面着色器更详细的说明，参见第 17 章。

3.4 着色器的数据接口——属性和 uniform 变量

如果我们想把一个特定的值放入着色器中，即实例化着色器为 Material，可以通过为属性赋值达到创建具体对象的目的。我们需要在 Properties 块中定义自己所需要的属性。

3.4.1 在 Properties 块中定义属性

我们能够定义如下这些属性。

```
Properties {
    _MyTexture ("Texture (RGB)", 2D) = "white" {}//图片形式的属性
    _MyColor("Color of Object",Color)=(1,1,1,1)//颜色属性
    _MyCube("Environment map",Cube)="white"{}//3D 贴图，需要 6 张图片
    _MyVector("Vector",vector)=(1,1,1,1)//4 个元素的向量
    _MyFloat("Float Value",float)=1.0//浮点数
    _MyRange("Another type of float",range(-13,14))=1.0//限定范围的浮点数
}
```

3.4.2 通过图形界面操作属性

在 Properties 块中定义了这些属性之后，可以在编译器中通过图形界面来给它们赋值，如图 3.1 所示。

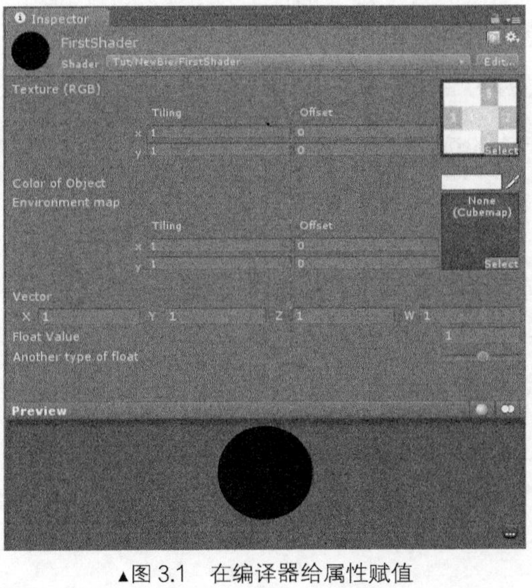

▲图 3.1 在编译器给属性赋值

3.4.3 通过脚本操控属性

除图形界面之外，还能够通过脚本来读取和写入定义的属性。下面是一个 C#脚本中的属性读取操作（脚本中的读写不要求在 Properties 块中进行定义，但仍然要求在 CGPROGRAM/ENDCG 之间进行声明）。

```
public Material mat;
public Texture myPic;
public Color purple;
public Cubemap cube;
public Vector4 vec;
public float val_1;
```

```
public float val_2;

void Update ()
{
    //对在着色器中定义的属性进行设置
    mat.SetTexture("_MyTexture",myPic);
    mat.SetColor("_MyColor",purple);
    mat.SetTexture("_MyCube", cube);
    mat.SetVector("_MyVector", vec);
    mat.SetFloat("_MyFloat", val_1);
    mat.SetFloat("_MyRange", val_2);
    //对在着色器中定义的属性进行读取
    myPic=mat.GetTexture("_MyTexture");
    purple=mat.GetColor("_MyColor");
    cube=(Cubemap)mat.GetTexture("_MyCube");
    vec = mat.GetVector("_MyVector");
    val_1 = mat.GetFloat("_MyFloat");
    val_2 = mat.GetFloat("_MyRange");
}
```

cube 属性是 3D 贴图，是 Texture 2D 贴图的子类，range 属性则是一种限制了范围的 float 类型，本质和 float 一样。如果在脚本中进行操作的属性在着色器中并不存在，那么 Unity 只会将此操作忽略或报警，而不会中断游戏的运行。但读者需要注意，这种忽略操作可能会造成运行结果和预期不符。

3.4.4　矩阵——不能在属性块中定义的变量

矩阵目前是不能在 Properties 块中定义的，必须首先在着色器中声明它，然后通过脚本进行读取和写入。下面是在着色器中对一个矩阵的声明。

```
uniformfloat4x4 myMatrix;
```

下面是在脚本中对该矩阵的读取和写入。

```
mat.SetMatrix("myMatrix",matrix);
matrix=mat.GetMatrix("myMatrix");
```

注意一点，脚本中的矩阵遍历方式是列优先，而着色器当中的矩阵遍历方式是行优先。如果涉及矩阵的遍历，需要注意这样的差异。

3.4.5　在 Cg 代码中使用属性

除了 Unity 的固定流水线因为有其特定语法无须再次声明即可使用之外，在 Properties 块中定义的属性必须在代码中再声明一次才能使用。这些属性在 Cg 代码中的声明方式如下。

```
sampler2D _MyTexture;
float4 _MyColor;
samplerCUBE _MyCube;
float4 _MyVector;
float _MyFloat;
float _MyRange;
```

除了上面提到的这些类型的变量之外，还可以使用 half4、fixed4 和 half、fixed，前两种类型与后两种类型的变量占用的空间分别是 float4、float 的 1/2 和 1/4，因此，在确定变量的变化范围满足精度要求的情况下，可以使用它们来略微提高性能。不过对于 PC 端的 GPU 和移动端的部分 GPU，half 和 fixed 是等价的，在这些 GPU 上 fixed 会自动转换为 half 来使用。

第 4 章　着色器中用到的各种空间概念

说到“空间”这个概念，本书中所有用到和讲述的空间都是初中和高中课本中涉及的三维欧几里得空间，也就是有 3 个坐标轴 x、y、z 的形式。在计算机图形学中，为了矩阵计算的方便，外加一个 w，也就是齐次坐标表示方法，这个 w 经常被用作除数。如果你是 Shader 的新手，不必对此过于恐慌，把它当作常量 1 或无视它的存在就行了。

本章所有用到的文件和场景，都可以在工程文件下的 Assets/NewBie/NDC 目录中找到。

4.1 模型空间

4.1.1 为什么用模型空间

在诸如 3ds Max 和 Maya 这样的建模软件中，为了方便表示，每一个物体都有一个以它自己的中心为原点的欧几里得三维坐标空间。图 4.1 所示是建模软件 3ds Max 中的一个几何体，箭头所示为其模型空间的 x、y 轴。

图 4.2 所示的网络中的每一个顶点和法向量都是相对于此模型空间来表示的。

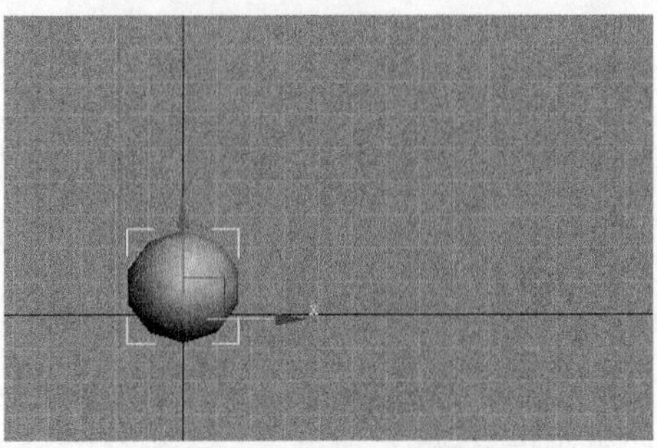

▲图 4.1　3ds Max 中的几何体

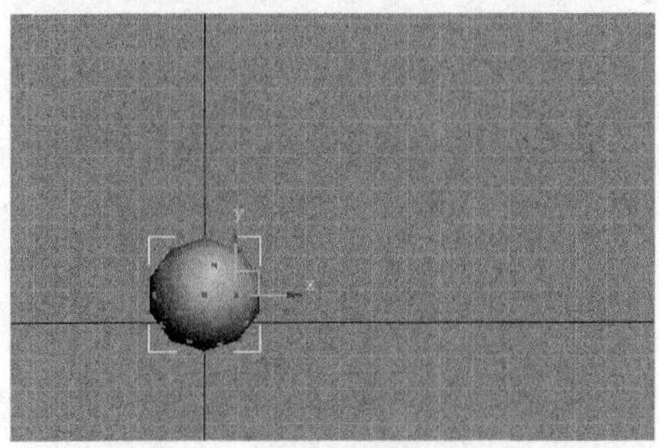

▲图 4.2　模型空间中的顶点

4.1.2 在脚本和着色器中进出模型空间

在 Unity 的脚本中，可以通过 transform.worldToLocalMatrix 这个矩阵的 MultiplyPoint()或者 MultiplyVector()方法，把世界坐标表示的位置或者向量转换为此物体的模型空间表示的位置或向量。在着色器中，可以通过乘以 nity_WorldToObject 这个矩阵来完成此任务。

4.2 世界坐标空间

4.2.1 统一的坐标空间——世界坐标空间

模型空间在表示物体自身的一些相对关系时比较有用，如其自身的面、线和点等，但是在更高层级上，如果有许多个物体，为了能够表示这些模型的相对关系、位置、大小，以及旋转等，就需要一个统一的空间坐标，这就是世界坐标空间，如图 4.3 所示。

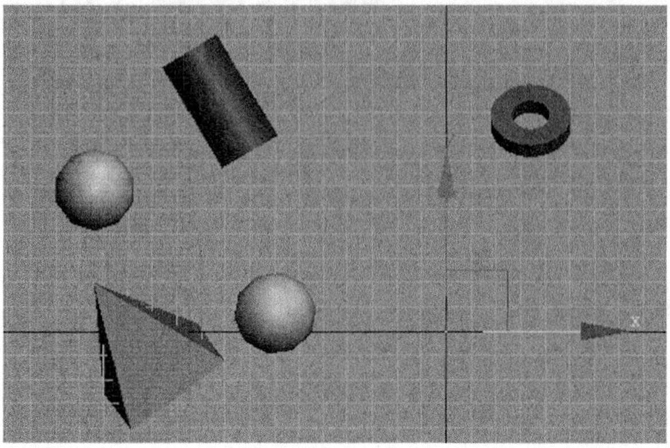

▲图 4.3　世界坐标空间

4.2.2　在脚本和着色器中进出世界坐标空间

假设一个物体上有一个点，为方便起见，这个点是以此物体自身的模型空间坐标来表示的，如果我们想让它和另一个物体上的一个点做比较，比如相对位置，该怎么办呢？很显然，世界坐标可以把这两个点表示为统一的形式。在脚本中，物体的 Transfrom 组件的 localToWorldMatrix 矩阵的 MulitplyPoint 和 MultiplyVector 方法，能把此物体自身以模型空间坐标表示的位置或向量，变换为以世界坐标表示的位置或向量。在着色器中，对应的矩阵是 unity_ObjectToWorld。

4.3 视空间

4.3.1　渲染的需要——视空间

视空间又称为相机空间，是为了方便表示当以相机为世界的中心时，所有物体的相互关系的一个空间。

4.3.2　在脚本和着色器中进出视空间

我们可以通过 Camera 组件的 worldToCameraMatrix 来把一个世界坐标重新表示为一个以相机为原点的空间坐标。如果我们想把一个相机空间坐标重新表示到世界坐标，可以用 cameraToWorldMatrix 来实现。在着色器中，有一个矩阵 UNITY_MATRIX_MV 可以把向量一次性从模型空间转换到视空间内。

4.4 空间的一块——视锥体

Unity 中的渲染引擎不会将整个场景进行渲染，而只是渲染出现在镜头中的物体。如何判定物体是否处于镜头中呢？这就是视锥体的概念，它的形状和金字塔一样，如图 4.4 所示。

只有处于视锥体内的物体才会被渲染，而其他部分都将处于视线之外，渲染后可得到我们在屏幕上看到的东西。视锥体是由远近剪切屏幕以及与视角大小定义的一个平头锥体，而相机就处于这个锥体的顶尖上，这个过程的专业术语叫作裁剪空间。

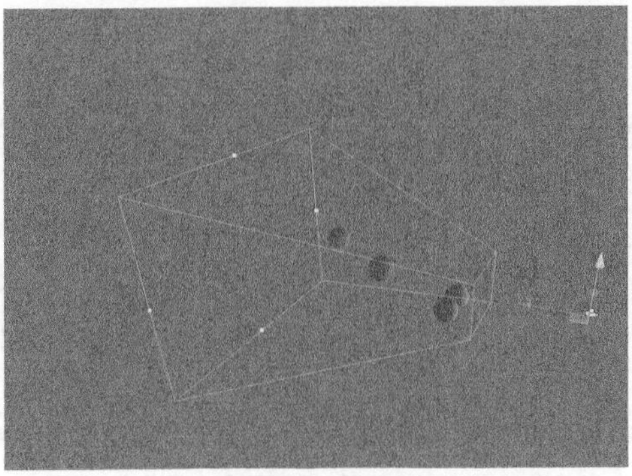

▲图 4.4 视锥体

4.5 剪切空间

4.5.1 投影

之后我们需要准备把三维的物体表示到一个二维的平面上，这个过程首先需要投影一次，把视锥体变换成一个长方体，如图 4.5 所示，这次变换是顶点着色器最后的任务。之后的引擎会自动处理下面的事情，把坐标转换到归一化设备坐标系（Normalized Device Coordinate，NDC）。这是一个无量纲的空间，OpenGL 和 Direct3D/Vulkan/Metal 稍有不同，OpenGL 的值域是（–1，–1，–1）到（1，1，1）；而后者的值域是（–1，0，–1）到（1，1，1）。Unity 采用的是 OpenGL 的坐标空间，读者在进行部分空间变换或者定位的时候需要注意此类差异。

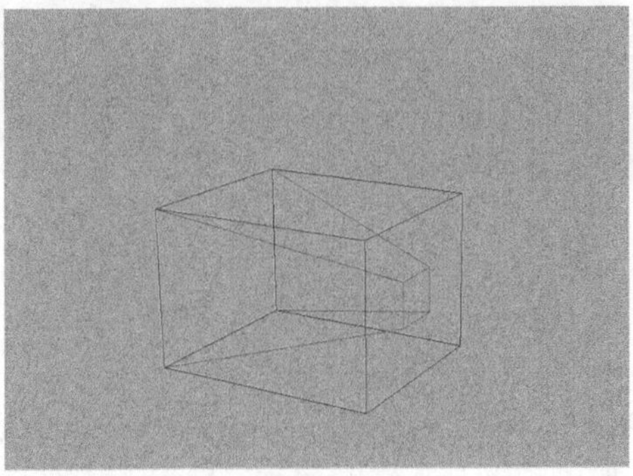

▲图 4.5 投影

4.5.2 脚本和着色器中的投影矩阵

在脚本中代表投影操作的是 Camera 组件的 projectionMatrix，在着色器中则是 UNITY_MATRIX_MVP 矩阵。

我们完全可以一次完成上面这一系列的步骤，也就是把上面提到的几个矩阵组合到一起，从而得到 UNITY_MATRIX_MVP 矩阵。通过这个矩阵，可以直接把物体上的一个点投射到屏幕上，这也是正常显示一个物体的着色器所必须完成的工作。

4.5.3 验证 NDC

NDC 是经过 UNITY_MATRIX_MVP 矩阵变换之后的空间，因为着色器代码无法输出日志，所以有些人常常对此充满了疑惑。这是可以理解的，因为眼见为实。其实可以首先在一个脚本中对一个点做同样的变换，然后通过 UI 或者日志来观察 MVP 变换的输出。下面就是这样的一个例子。

```
void Update()
{
    P = GL.GetGPUProjectionMatrix(cam.projectionMatrix, false);
    V = cam.worldToCameraMatrix;
    M = trans.localToWorldMatrix;
    mvp = P * V * M;
    //求矩阵的逆，用于把一个（-1, 1）空间的点转换到世界空间内
    vpInverse = (P * V).inverse;
    ndcPos = mvp.MultiplyPoint(trans.localPosition);//将模型坐标中的点转换到裁剪空间
    worldPos = vpInverse.MultiplyPoint(ndcPos);//将裁剪空间中的点转换到世界坐标空间
}
```

我们首先构造出着色器中使用的 ***M***、***V***、***P***，因为要将世界坐标中的一个点进行变换，所以省去了 ***M***，然后再构造这个矩阵的逆，最后分别使用两个矩阵来变换一个点。也就是，先将一个点变换到 NDC 空间，然后将其变换回来，再返回世界空间。读者可以打开 NDC_ShowPosition 这个 C#脚本看一下。打开 NDC 这个场景，实际运行一下，左右、上下、前后拖动物体，看看 UI 上的输出是否正确。图 4.6 所示是此验证场景在 Windows 机器上运行时的一个截图。

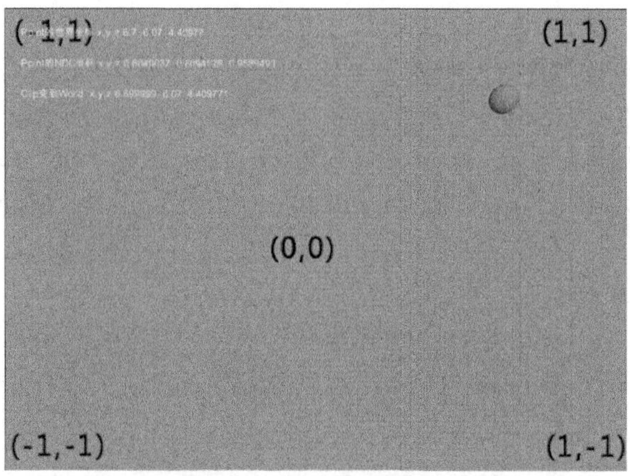

▲图 4.6　屏幕上的 NDC

4.6 NDC 之后

在顶点着色器中，点被变换到了 NDC 空间，几何体的顶点在经过变换之后，仍会有序，也就是按照它们在网络中被发送到 GPU 时的顺序，进入下一个阶段，进行几何体的组装和栅格化。这个时候会用到发送到 GPU 的有关几何体组成的信息，如三角面的组成，这些信息也是有序的，和顶点顺序一致。

在应用原始数据生成几何体之后、栅格化之前，会进行裁剪操作，也就是根据面的朝向，几何体是否处于视锥体之内，来决定是否扔掉这个三角面，或者是否剪裁掉落在 NDC 之外的顶点，用落在 NDC 边缘的新的顶点来代替。这个裁剪操作会在栅格化之前进行。

在栅格化之后，GPU 会在相关数据（比如一个三角面的 3 个顶点数据）之间进行线性插值，从而为一个像素生成其相关的 UV、法线和 *Z* 深度等信息。在栅格化之后，像素在屏幕上的位置就已经确定，不能再改变，并且这个位置信息在流水线内的流动是固定化的、不可见的，即在 fragment 函数中见不到经过 MTV 变换后、语义为 Position 的那个计算结果。如果要用这个位置信息，就要在 vertex 函数中显式写入一个变量里。

接下来，GPU 就会对每一个潜在像素执行 fragment 函数中的代码。如果在 fragment 函数中写了有关光照、贴图采样等的代码，那么这些操作就发生在这个时候。

最后，在 fragment 函数执行完毕之后，GPU 还有一些操作要进行，如深度测试、混合等操作。

第 5 章 基本的光照模型

本章所有用到的文件和场景，都可以在工程文件中的 Assets/NewBie/LightingModel 目录中找到。

5.1 光源对物体照明的分类

5.1.1 间接照明

在物体所处的环境中，我们可以把照射到物体上的光源简单地分为直接照明和间接照明。间接照明是指光在物体间传播后，最终又对物体形成照明。有 3ds Max 使用经验的读者一定会对用 VRay 渲染器渲染出的效果图倍感惊讶，因为渲染器在漫长的几十分钟甚至几小时的时间内，通过光线跟踪较真实地计算了光源的直接照明和间接照明。但是，对于 3D 游戏来说，最大的特点是实时交互，玩家或者用户不可能等上半小时让渲染器把场景渲染好了再进行下一个动作的设计。如果按照这个原理，对这部分的照明进行实时计算，在目前是不可能实现的。在实际应用中，这种照明一般是通过预先烘焙或者预计算得到的。关于 Unity 中烘焙这部分的内容在本书第 8 章和第 9 章中有详细的讲解。对于实时计算，间接照明一般作为一个常量。

5.1.2 直接照明

如果不考虑光线在物体间的传播，也不考虑光线在物体内部的传播，则光线对物体直接照明。我们把照明的结果分为漫反射和镜面反射两种，其中镜面反射会形成强烈的高光。直接照明是实时渲染时的计算重点。

5.2 亮度的计算方式——光照模型

5.2.1 漫反射和 Lambert

对于粗糙物体表面的某一点，其亮度应该和入射光线与该点的垂直程度相关，也就是与入射光线与此点法线的夹角相关。如果用 $\boldsymbol{L}$ 表示单位长度的入射光线，用 $\boldsymbol{C}$ 表示到达此点的光线的强度和颜色，用 $\boldsymbol{N}$ 表示此点的法线，那么物体表面上此点的亮度 Lum 就可以用下面的公式来表示。

$$\mathrm{Lum} = \boldsymbol{C}\max(0,\cos\langle \boldsymbol{L},\boldsymbol{N}\rangle)$$

式中，$\langle \boldsymbol{L},\boldsymbol{N}\rangle$表示的是方向矢量 $\boldsymbol{L}$ 和 $\boldsymbol{N}$ 之间的夹角，其 cos 值也就是这两个方向矢量的点积，在实际计算中，通过 Cg 的标准函数库 `dot(L,N)`来计算。这个值对于背向光线的点来说为负，其实对其亮度为 0，因此，使用标准函数库中的 `max(0,value)`来对结果进行一些控制

如果计算到此为止，可以把按照这种方式对物体进行亮度计算的模型叫作 Lambert。在 Unity 的表面着色器中，有两个内置的光照模型函数，分别为 LightLambert()和 LightingLambert_PrePass()，并

分别表示了 Forward 和 Deferred 渲染路径下的简单照明方式。这两个函数在 Unity 安装目录下的 Editor/Data/CGIncludes/Lighting.cginc 文件中。其中 Forward 渲染路径下的 LightingLambert 函数如下：

```
inline fixed4 UnityLambertLight (SurfaceOutput s, UnityLight light)
{
   fixed diff = max (0, dot (s.Normal, light.dir));
   fixed4 c;
   //下面计算了物体表面的纹理颜色、光源颜色以及光源强度的影响
   c.rgb = s.Albedo * light.color * diff;
   c.a = s.Alpha;
   return c;
}

inline fixed4 LightingLambert (SurfaceOutput s, UnityGI gi)
{
   fixed4 c;
   c = UnityLambertLight (s, gi.light);
   #ifdef UNITY_LIGHT_FUNCTION_APPLY_INDIRECT
       c.rgb += s.Albedo * gi.indirect.diffuse;
   #endif
   return c;
}
```

图 5.1 所示就是一个 Lambert 照明的例子，保存在 Lambert 文件夹中。

▲图 5.1　Lambert 照明

5.2.2　镜面高光和 Phong

下面我们就来考虑一下上面提到的镜面高光问题，可以很直接地计算某一光线（ray）在某一法线为 normal 的点经反射后的光线，这个反射可以通过 Cg 标准函数库中的 reflect(ray, normal)来完成。如果用 $\boldsymbol{R}$ 表示光线在此点的单位长反射方向矢量，$\boldsymbol{V}$ 表示视线的单位方向矢量，那么高光部分 Spec 的计算方式为：

$$Spec=pow(max(0,cos<\boldsymbol{R},\boldsymbol{V}>),gloss)$$

式中，$<\boldsymbol{R},\boldsymbol{V}>$表示方向矢量 $\boldsymbol{I}$ 和 $\boldsymbol{N}$ 之间的夹角，gloss 表示其表面的镜面光滑程度

再加上前面在 Lambert 部分提到的对漫反射的计算方式，就可以得到一个被渲染出高光的物体，如图 5.2 所示。该场景文件在 Phong 文件夹中。

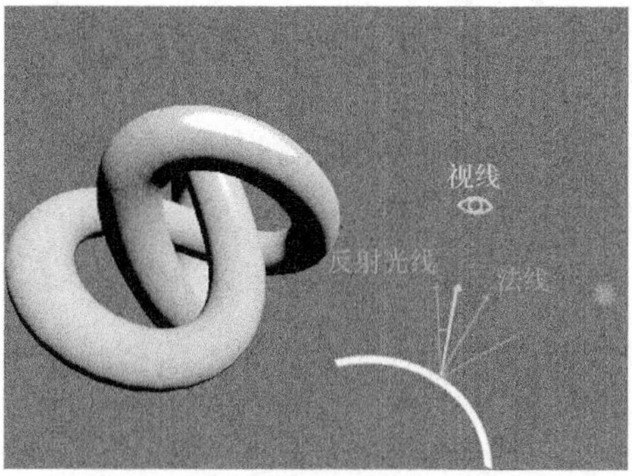

▲图 5.2　渲染出高光的物体

5.2.3　半角向量和 BlinnPhong

在上面的高光计算方式中，我们确实计算了一次入射光线的反射，然后考察此反射光线进入

视野的程度。一种更简单、更易于调节的方法是使用入射光线和视线的中间平均值，即半角矢量，然后使用此半角向量和法线计算出一个和视角相关的高光，此种高光计算方式即为 BlinnPhong。

对于 Unity 的表面着色器，Unity 在 Lighting.cginc 中提供了两个 BlinnPhong 的实现，分别对应于 Forward 和 Deferred 渲染路径。其中对应于 Forward 渲染路径的实现如下。

```
inline fixed4 UnityBlinnPhongLight (SurfaceOutput s, half3 viewDir, UnityLight light
)
{
   half3 h = normalize (light.dir + viewDir);
   fixed diff = max (0, dot (s.Normal, light.dir));
   float nh = max (0, dot (s.Normal, h));
   float spec = pow (nh, s.Specular*128.0) * s.Gloss;
   fixed4 c;
   c.rgb = s.Albedo * light.color * diff + light.color * _SpecColor.rgb * spec;
   c.a = s.Alpha;
   return c;
}

inline fixed4 LightingBlinnPhong (SurfaceOutput s, half3 viewDir, UnityGI gi)
{
   fixed4 c;
   c = UnityBlinnPhongLight (s, viewDir, gi.light);
   #ifdef UNITY_LIGHT_FUNCTION_APPLY_INDIRECT
      c.rgb += s.Albedo * gi.indirect.diffuse;
   #endif
   return c;
}
```

图 5.3 所示为 BlinnPhong 文件夹中运行的场景的一个例子。

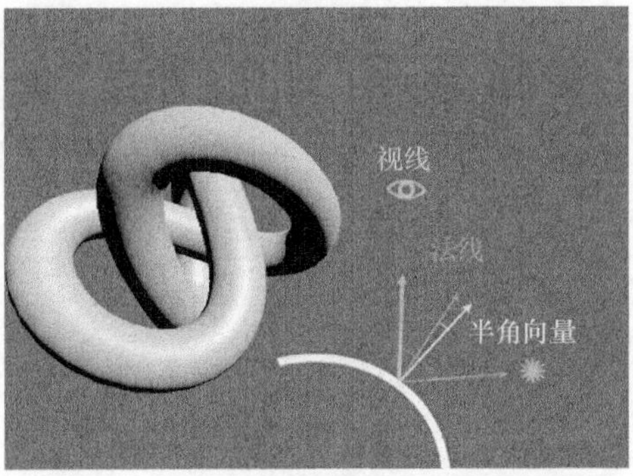

▲图 5.3 BlinnPhong 文件夹中运行的示例场景

第 2 篇

让应用更炫彩——Unity 中的照明

第 6 章　第一个执行的通道

本章所有用到的文件和场景，都可以在工程文件下的 Assets/Lighting/_FirstLight 目录中找到。

6.1 不同的 LightMode 被选择的顺序

6.1.1 渲染路径和通道的 LightMode 标签

Unity 5.0 以前支持 3 种渲染路径，分别是 VertexLit、Forward 和 Deferred Lighting。这让人很痛苦，因为什么东西我要做 3 次验证。现在好多了，只有 Forward 和 Deferred 两个渲染路径，接下来的验证只会优先考虑这两个渲染路径。

6.1.2 设计可以检测渲染路径的材质

现在的问题就是，在着色器中存在多个适应不同渲染路径的通道时，Unity 会怎么做？是按照某种次序全部渲染，还是只挑选出其中一个最优的通道在对应的渲染路径下渲染？打开 Lab_1/_Shader 文件夹，这里有一系列的着色器，用来帮助我们解决这个问题。

最简单的是 Vertex.shader，其 LightMode 已经用 frag 函数输出，测试中使用的其他着色器和它类似，只是使用了不同的 LightMode 值以及不同的输出颜色。其代码如下。

```
Properties{
      _tintVertex("Color of Vertex Lightmode",Color) = (1,0,0,1)
      _tintForward("Color of Forward Lightmode",Color) = (0,1,0,1)
      _tintDeferred("Color of Deferred Lightmode",Color) = (0,0,1,1)
      _dilateVertex("falte amount of Object",range(1,3))=1
      _dilateForward("falte amount of Object",range(1,3)) = 1.2
      _dilateDeferred("falte amount of Object",range(1,3)) = 1.4
}
SubShader {
      //.1
      pass{
      Tags{ "LightMode"="Vertex"}
      Blend One One
      CGPROGRAM
      #pragma vertex vert
      #pragma fragment frag
      #include "UnityCG.cginc"
      #include "Lighting.cginc"

      struct vertOut{
            float4 pos:SV_POSITION;
      };
      float4 _tintVertex;
      float4 _tintForward;
      float4 _tintDeferred;
      float _dilateVertex;
```

```
            float _dilateForward;
            float _dilateDeferred;
            vertOut vert(appdata_base v)
            {
                vertOut o;
                o.pos=UnityObjectToClipPos(v.vertex*_dilateVertex);
                return o;
            }
            float4 frag(vertOut i):COLOR
            {
                return _tintVertex;
            }
            ENDCG
            }
    }
```

同时含有多个通道和 LightMode 的着色器则使用了混合模式，因此当一个 SubShader 中有多个通道被渲染时，会输出它们的混合色。另外还有一个技巧，就是在 vertex 函数里根据不同的 LightMode 对顶点做了膨胀，然后使用剔除前面（Cull Front）模式。如果这个通道被渲染，不管是怎样的空间位置，都可以避免完全遮蔽。

6.1.3 设计便于检测渲染路径的场景

在具体的场景中布置丰富的光源，可以保证任何一个渲染路径都得到想要的光照，最后还有一个 UI 的操作，可以帮助我们切换相机的渲染路径。现在可以根据不同渲染路径下颜色的输出判断不同的渲染路径下哪些通道执行了，哪些没有执行，然后编译并执行此场景。

6.1.4 观察那些渲染的通道

首先切换相机到 Forward 模式下，如图 6.1 所示。可以看到 LightMode 值为 ForwardBase 的通道会执行，并输出绿色。如果不包含 ForwadBase，比如 LightMode 为 Vertex 也会被渲染，这是 Unity 的一种回退行为。与 Unity 4.0 版本不同的是，Deferred 路径也会被渲染。在 4.0 版本中 Deferred 路径会在 Forward 渲染路径中被忽略。

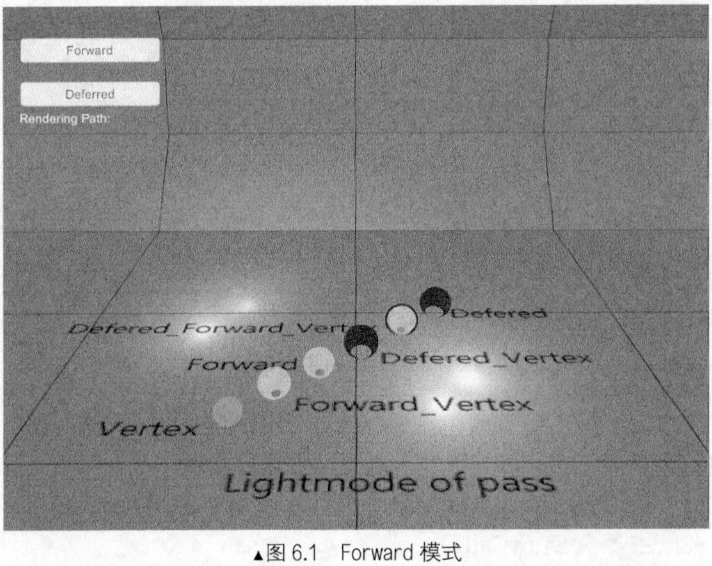

▲图 6.1 Forward 模式

然后切换相机到 Deferred 渲染路径下，可以发现，在挑选可渲染的通道规则方面没有变化，只是灯光更丰富了。新版本的 Unity 挑选可渲染通道的行为和以前的版本大为不同，如图 6.2 所示。图 6.3 展示了 FrameBuffer 中物体的渲染。

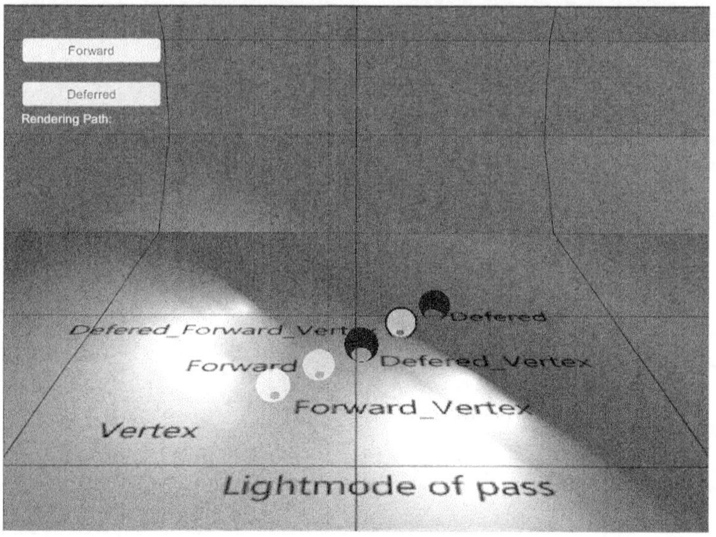

▲图 6.2　Deferred 路径下可渲染的通道

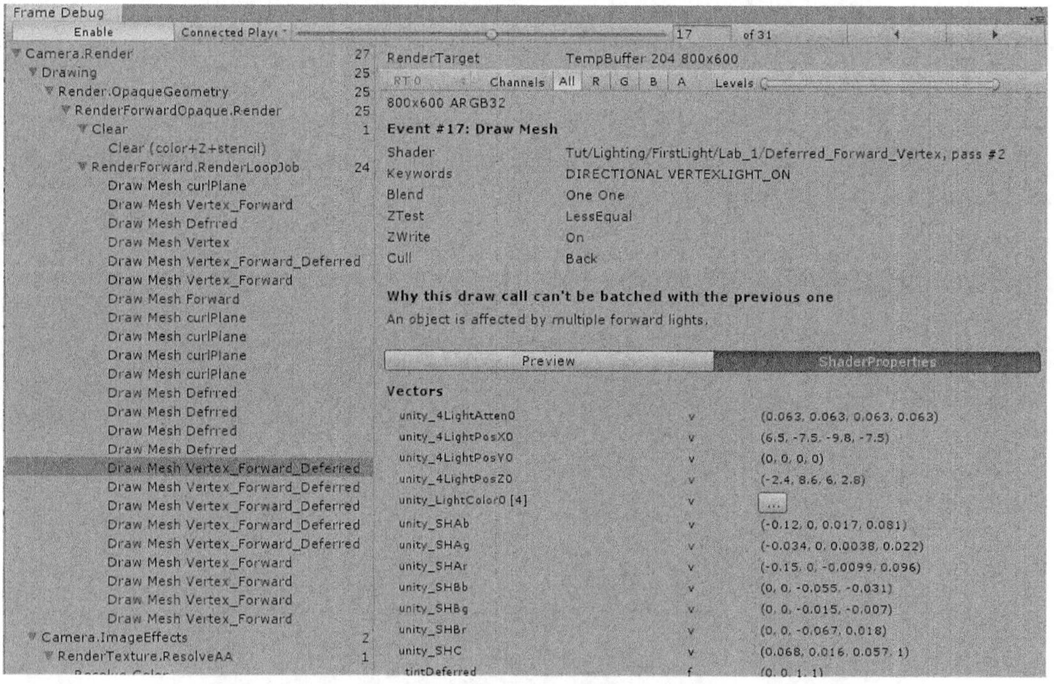

▲图 6.3　在 FrameBuffer 中物体的渲染

如果用帧调试器来观察可以更直观，比如包含了 3 个 LightMode 的着色器，除顶点之外，都被渲染，Deferred 路径因为存在多个像素光源，则被渲染了多次。也就是说，Deferred 路径在 Forward 渲染路径下面是作为多个 ForwardAdd 模式来渲染的，所以在 Forward 渲染路径下使用 Deferred 路径要小心，可能会产生多个 DrawCall。

但无论如何，Unity 在一个时刻只会执行一个渲染路径下的通道，它并不会将全部可执行通道都渲染。

6.2 3个渲染路径之外的处理方式

6.2.1 LightMode的其他值

除传统的3个渲染路径之外，通道的LightMode标签还允许设置为Always或者干脆不设置。当LightMode设置为Always时，该通道是如何执行的呢？这是个麻烦的问题，但也是个简单的问题。用简单的方法，将这些组合枚举出来，然后观察结果。

6.2.2 设计检测用的材质

和上面类似，通过膨胀和颜色这两个平行维度观察不同通道的执行结果。比如，下面这个在Surface之后跟随了一个Always类型的着色器。

```
Shader "Tut/Lighting/FirstLight/Lab_2/Deferred_Always" {
     Properties{
          _tintAlways("Color of Always", Color) = (1, 0, 0, 1)
          _tintForward("Color of Forward", Color) = (0, 1, 0, 1)
          _tintDeferred("Color of Deferred", Color) = (0, 0, 1, 1)
          _dilateAlways("Dilate of Always", range(1, 3)) = 1
          _dilateForward("Dilate of Forward", range(1, 3)) = 1.2
          _dilateDederred("Dilate of Deferred", range(1, 3)) = 1.4
     }
     SubShader {
          Tags { "RenderType"="Opaque" }
          Cull Front
          CGPROGRAM
          #pragma surface surf MyDeferred  vertex:vert
          half4 LightingMyDeferred (SurfaceOutput s, half3 light,half atten) {
                half4 c;
          c.rgb = s.Albedo;
          c.a = s.Alpha;
          return c;
          }

          struct Input {
               float2 uv_MainTex;
          };
          sampler2D _MainTex;
          float4 _tintAlways;
          float4 _tintForward;
          float4 _tintDeferred;
          float _dilateAlways;
          float _dilateForward;
          float _dilateDeferred;
          void vert(inout appdata_full v)
          {
               v.vertex = v.vertex*_dilateDeferred;
          }
          void surf (Input IN, inout SurfaceOutput o) {
               o.Albedo = _tintDeferred.rgb;
               o.Alpha = _tintDeferred.a;
          }
          ENDCG

          pass{
          Tags{ "LightMode"="Always"}
               Cull Front
          CGPROGRAM
          #pragma vertex vert
          #pragma fragment frag
          #include "UnityCG.cginc"
          #include "Lighting.cginc"
```

```
            struct vertOut{
                 float4 pos:SV_POSITION;
            };
            float4 _tintAlways;
            float4 _tintForward;
            float4 _tintDeferred;
            float _dilateAlways;
            float _dilateForward;
            float _dilateDeferred;
            vertOut vert(appdata_base v)
            {
                 vertOut o;
                 o.pos=UnityObjectToClipPos(v.vertex*_dilateAlways);
                 return o;
            }
            float4 frag(vertOut i):COLOR
            {
                 return _tintAlways;
            }
            ENDCG
            }
        }
    }
```

通过 6 个这样的着色器将各种可能情况枚举出来。从程序中可以发现 Always 类型的着色器总会执行，而伴随的只有 Forward 类型的通道会并发执行。默认 LightMode 下物体的渲染如图 6.4 所示。

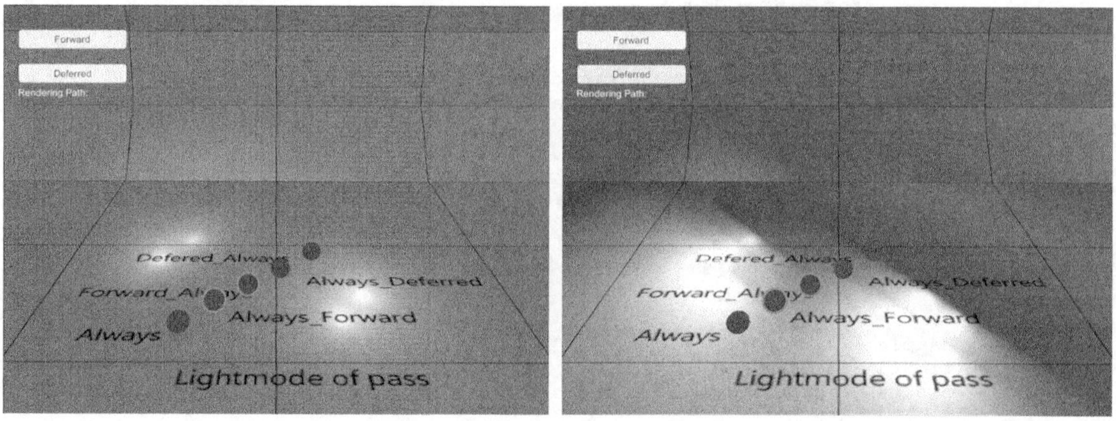

▲图 6.4　默认 LightMode 下物体的渲染

第 7 章　前向渲染路径

本章主要的目的是让读者在不使用 Unity 的表面着色器时，也能够正确地存取 Unity 的光源数据，从而定制自己的前向渲染路径的着色器。如果读者没有这个需求，或者已经了解了 Unity 是如何为前向渲染路径存放光源数据的，那么就可以跳过本章。

本章所有用到的文件和场景，都可以在工程文件下 Assets/Lighting/Forward 目录中找到。

7.1 渲染物体——ForwardBase 和 ForwardAdd

ForwardBase 和 ForwardAdd 是专门为在前向渲染路径下渲染物体而设计的两种通道，其中 ForwardBase 会先于 ForwardAdd 执行。这两种类型的通道在前向渲染路径下有着不同的光照处理功能。在具体讲解前向通道之前，首先来了解一下这两种不同的前向通道在不同渲染路径下的表现。

7.1.1 设计检测用的场景和材质

和前面章节中用来做测试的材质相似，对应不同的前向类型分别输出不同的颜色并进行球体的膨胀，如图 7.1 所示。

```
Shader "Tut/Lighting/Forward/Lab_0/FwdBase" {
    Properties{
        _tintBase("Tint forward base",Color)=(1,0,0,1)
        _tintAddZero("Tint Forward add without base",Color) = (0,0,1,1)
        _tintAdd("Tint Forward add with base",Color)=(0,1,0,1)
        _dilateBase("Dilate of forwardBase",range(1,3))=1.0
        _dilateAddZero("Dilate of forward add without base",range(1,3))=1.2
        _dilateAdd("Dilate of forward add with base",range(1,3))=1.4
    }
    SubShader {
        pass{
        Tags{ "LightMode"="ForwardBase"}
        Cull Front
        CGPROGRAM
        #pragma vertex vert
        #pragma fragment frag
        #pragma multi_compile_fwdbase
        #include "UnityCG.cginc"
        #include "Lighting.cginc"

        struct vertOut{
            float4 pos:SV_POSITION;
        };
        float4 _tintBase, _tintAddZero, _tintAdd;
        float _dilateBase, _dilateAddZero, _dilateAdd;
        vertOut vert(appdata_base v)
        {
            vertOut o;
            o.pos=UnityObjectToClipPos(v.vertex*_dilateBase);
```

```
            return o;
        }
        float4 frag(vertOut i):COLOR
        {
            return _tintBase;
        }
        ENDCG
        }
    }
}
```

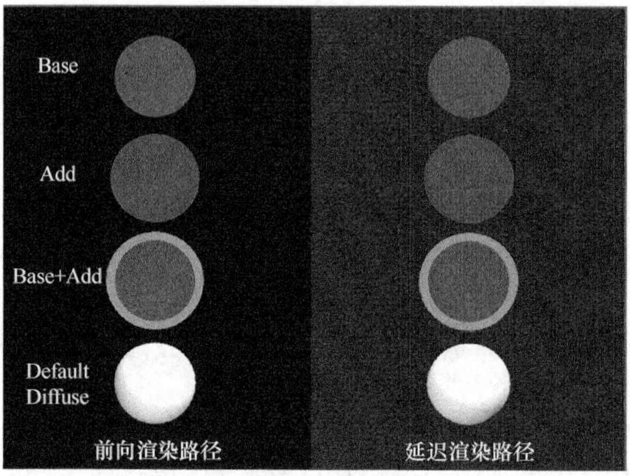

▲图 7.1　相同材质在不同渲染路径下的对比

7.1.2　ForwardBase 和 ForwardAdd 的表现

我们编译运行一下程序，根据图 7.1 所示的结果，唯一的意外就是在 Unity 4.0 版本中，ForwardAdd 这个通道需要和 ForwardBase 一起使用，否则会被 Unity 忽视掉，而现在没有这样的先行条件。在前向和延迟渲染路径下，前向通道均能正常渲染。

7.2　前向渲染路径下的光源

7.2.1　设计检测用的材质

Unity 的官方文档指出，前向渲染路径下有_WorldSpaceLightPos0 和（unity_4LightPosX0, unity_4LightPosY0, unity_4LightPosZ0）这两种存储形式。我们依葫芦画瓢把光源放好，然后测试一下。

7.2.2　光源的情况

当前场景中有两个平行光和 4 个不重要的点光源，还有 3 个不同的材质，一个只包含 ForwardBase，另一个则包含了 ForwardAdd，最后的一个则包括 ForwardAdd。可以运行这个场景，然后动态切换材质、开关灯光，观察物体渲染色彩的变化。

如果只有 Forward Base 而没有 ForwardAdd，除第一个最亮的平行光之外，其他的都会作为点光源，按照亮度放进 unity_LightPosX0 序列，这是世界空间内的一个数据，可以通过 Shade4PointLights 函数来计算。

如果在 ForwardBase 之后还包含 ForwardAdd，那么所有重要的光源都会在一个单独的 ForwardAdd 中渲染。

如果没有 ForwardBase，只有 ForwardAdd，那么只有重要光源在 ForwardAdd 中渲染，Unity 会

假定 ForwardBase 存在，但是未被渲染。

所有这些行为都可以通过切换材质、开关光源来观察效果，如图 7.2 和图 7.3 所示。

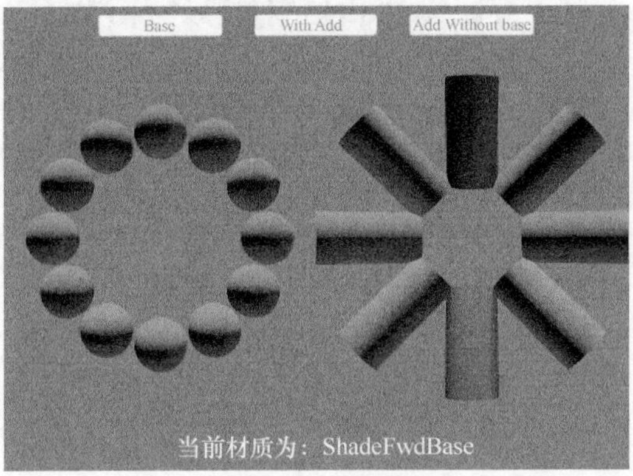

▲图 7.2 切换材质

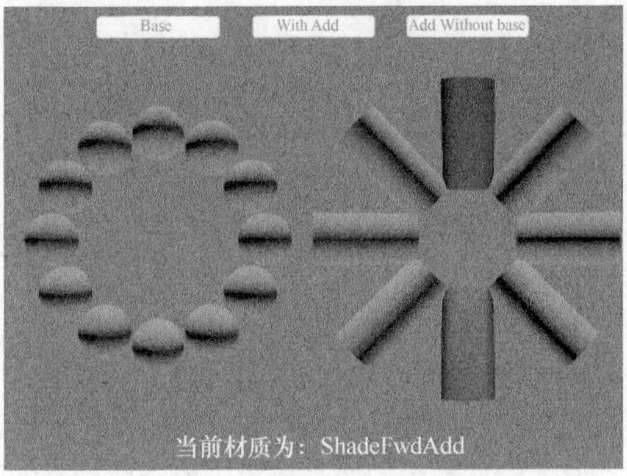

▲图 7.3 再次切换材质

7.2.3 Unity 如何为前向渲染路径设置光源

光源在数组中排序是依照亮度来排序的，平行光优先。

其实对于前向的渲染路径，可以简单地使用 UnityCG.cginc 中的 Shade4PointLights 函数在 ForwardBase 中计算 Vertex 光源的亮度。对于像素光源，则必须使用_WorldSpaceLightPos0 和_LightColor0 来计算。

对于_WorldSpaceLightPos0 的使用有个技巧，若 *w* 分量为 0，表示 *x*、*y*、*z* 为平行光方向；反之，表示点光源的位置。下面是一段正确使用_WorldSpaceLightPos0 的代码。

```
float4 lightDir=float4(0,0,0,0);
if(_WorldSpaceLightPos0.w==0)//平行光
{
     lightDir.xyz=_WorldSpaceLightPos0.xyz;
     lightDir.w=1.0;//平行光衰减为 1.0
}else//Point/Spot//点光源
{
     lightDir.xyz=(_WorldSpaceLightPos0-worldSpaceVertex).xyz;
     lightDir.w=1/(1+length(lightDir.xyz));//点光源的衰减
     lightDir.xyz=normalize(lightDir.xyz);
}
```

第 8 章 基于光照贴图的烘焙照明

光照贴图（Lightmap）在游戏中应用很广泛，而且是效果明显的一种模拟光照的方法。这种光照贴图需要提前渲染，因此可以应用在静态效果图中，属于全局照明技术。但是，这种方法一般只适用于静态物体。当然，Unity 做了很多工作，可以让我们混合使用静态的光照贴图和动态的实时光源，无缝地照亮场景中静态或动态的物体。

注意，受到光照贴图影响的物体只能在静态物体上合并批次渲染。动态和 GPU 实例两种合并批次的方式 Unity 不支持（截至 Unity 2017.2 版）。Unity 对光照贴图支持在于导入一张光照贴图，被多个物体共享，然后使用一个 Vector4 的数据类型规定贴图的大小和偏移量。Unity 对光照贴图的支持完全可以放到 Per Instance Attribute 里面去实现。

光照贴图不仅可以在 Unity 中创建，还可以使用任何可渲染软件来创建，但这里只使用 Unity 中的 Lightmapper。

本章所有用到的文件和场景，都可以在工程文件下的 Assets/Lighting/LightMapping 目录中找到。

8.1 烘焙的维度和属性矩阵

Unity 的光照做得越来越复杂了，所以我们先简单地分析一下情况。

照明的属性矩阵介绍如下。

首先，物体或者说灯光有静态和动态之分，这是一个维度，有两个属性。

其次，灯光（Light）组件有两个属性 Mode 和 Render Mode。Mode 的可选值为 Midxed、Realtime、Baked，Render Mode 的可选值为 Auto、Important、Not Important。两者都有 3 个可选项，两两组合就对应 9 种情形，或者说一个 3×3 的属性矩阵。

最后，可以烘焙的光照不仅有灯光，还有自发光的物体，因此这又是一个维度。

因此与烘焙相关的有 3 个维度——Static×Light×自发光，每一个维度的复杂性又各不相同，Light 的属性最复杂。

所以每一个验证的场景都要尽可能把这些维度表达出来，同时又要尽量直观。将这 3 个维度展开，放到一个平面上，如图 8.1 所示。实际验证的场景中的元素也是按这个样子进行摆放的。

8.2 光照贴图

最简单的光照贴图是单光照贴图（对应于 Non-Directional 方向模式）。在单光照贴图烘焙模式下，将不会存储光源信息，所以诸如凹凸贴图和高光这种依赖于光源方向的着色技术将无法使用。同时，也意味着有更少的贴图需求，只要有一张贴图即可。

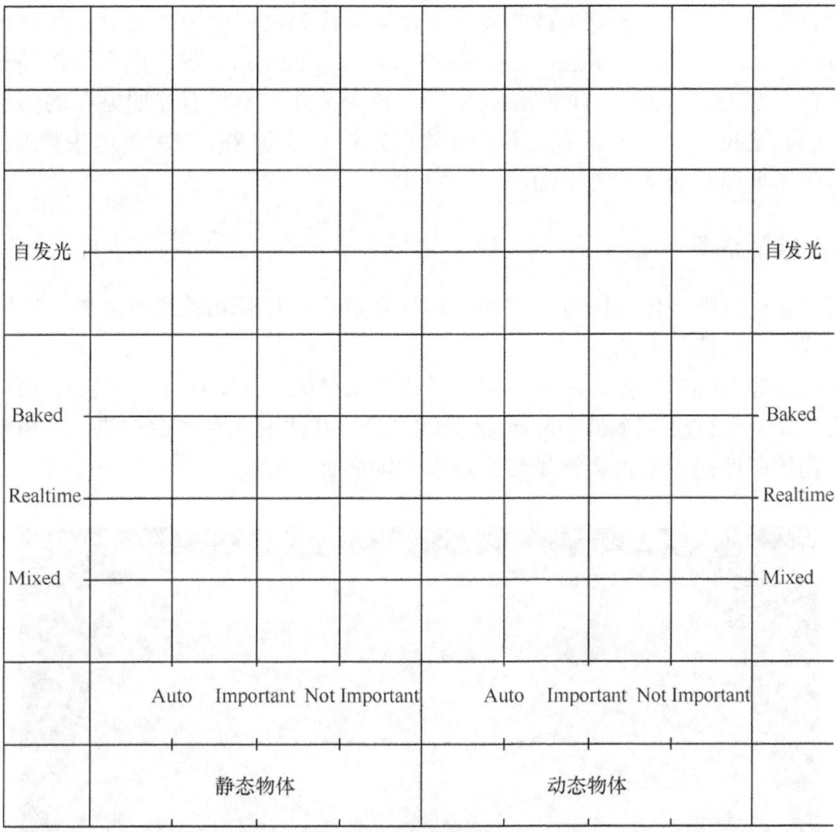

▲图 8.1 烘焙的实验维度

8.2.1 测试烘焙的场景

首先，打开 Lab_1 下的场景。图 8.2 所示的是场景在烘焙（Bake）之前的样子，在每一个维

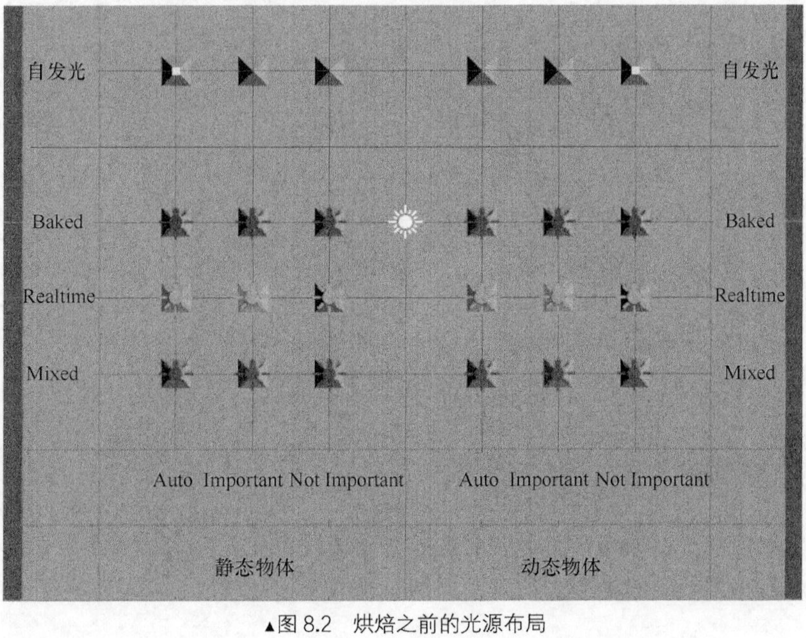

▲图 8.2 烘焙之前的光源布局

度的属性里都放置了一个对应的灯光或者物体。渲染路径为前向通道。然后，打开 Window 菜单栏下面的 Lighting 面板，单击 Generate Lighting 按钮，Lightmapper 就会出现烘焙场景，产生光照贴图，同时还会产生一个 LightingData.asset 文件。这个文件里不仅有光照贴图的信息，还可选性地包括 GI 以及与 Light Probes 的信息，不过目前官方并未提供 API 来解析这些数据。这两类文件都存放在与当前场景同名的文件夹下面。

8.2.2　烘焙之后的场景

读者从书中看到可能是黑白图片，很难直观地理解。除打开相关场景之外，在同名文件夹下面还有彩色的截图可供读者参照。

地面的网格是静态物体，光源就是按照属性矩阵来摆放的（如图 8.3 所示）。可以看出，除动态自发光材质以及 Realtime 和 Not Important 光源之外，其他的光照都会被烘焙。稍微让人感到意外的是，动态物体属性的光源也会被烘焙到静态的地面上。

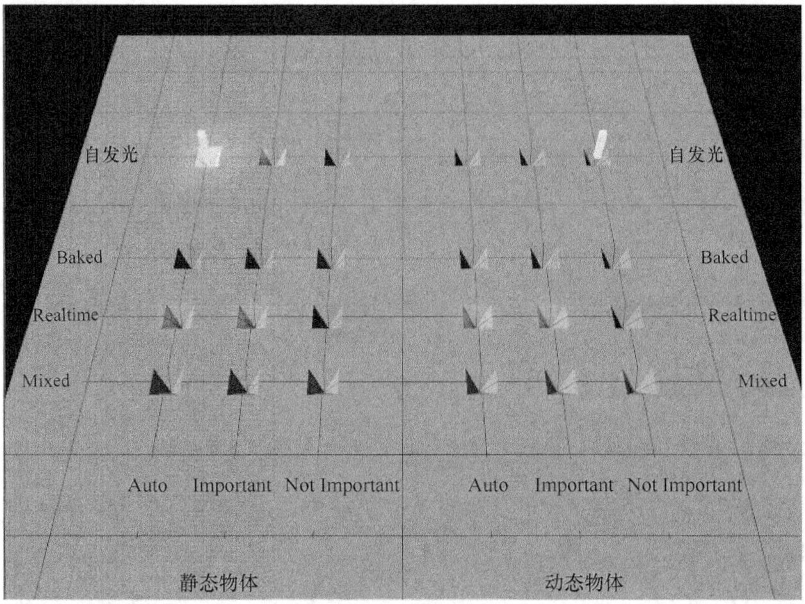

▲图 8.3　烘焙之后的效果

8.2.3　双光照贴图

下面介绍双光照贴图，如图 8.4 所示。这种模式采用了另一张贴图来存储主光源在每一个点的方向以及一个比例因子。这个比例因子用来控制光照贴图中的能量有多少来自于这个主光源所在的方向。所谓每一个点就是使用光照贴图的 UV 在光照贴图中采样到的像素点。因为在每一个像素点存在主光源方向，所以法线贴图可以用来和光照贴图中的数据进行光照计算。

8.3　在效果和性能间进行权衡

弄明白光照贴图是怎么作用的之后，我们就会面对一个问题，即如何在效果和性能之间进行权衡。这个问题在资源受限的地方尤为突出，如 Web 端和移动端。

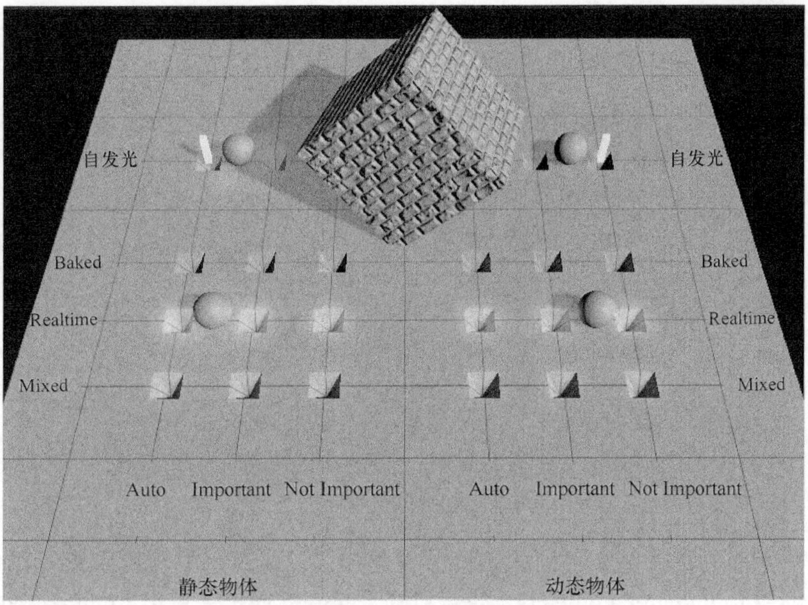

▲图 8.4 双光照贴图

8.3.1 影响全局的 Resolution 选项

在 Lighting 面板里面的 Lightmapping Settings 一栏（见图 8.5）中，有些设置是影响烘焙的时间和精度的，还有些影响的则是最终光照贴图的大小。Lightmmaper 有两个选项，这里使用的是 Enlighten，其他的参数如果带有 Lightmap 字眼，则和最终的光照贴图大小、数量以及精度相关。Lightmap Size 决定了一张光照贴图的最大尺寸。如果 Lightmap Resoultion 确定，当一张光照贴图不能放下所有静态物体的信息时，则会创造多张光照贴图，以便保持被烘焙物体的光照贴图分辨率。Lightmap Padding 则决定了在光照贴图中两个不同物体相互之间的最小像素间距。

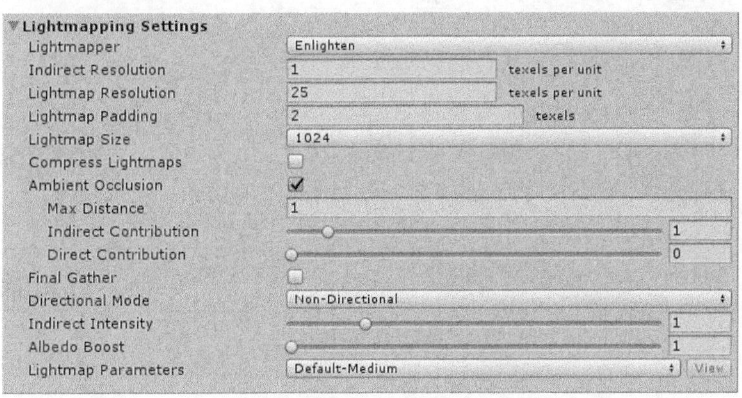

▲图 8.5 Lightmapping Settings 选项栏

其他参数决定的则是线下烘焙时长和 GI 的细分程度。

8.3.2 单个物体的选项

除 Lighting 面板之外，单个物体也有和光照烘焙相关的参数，这些参数现在位于 Mesh Renderer 复选框下面（见图 8.6）。Scale In Lighmap 参数还可以有选择地让某个被烘焙的物体对应的贴图部分变小。如果觉得地面不重要，可以让它的光照贴图部分变小。如果觉得某个光源比较重要，

Prioritize Illumination 选项可以告诉 Unity 在计算光照的时候总是将它计算在内。Prioritize Illumination 选项在实时 GI 计算中比较有意义。

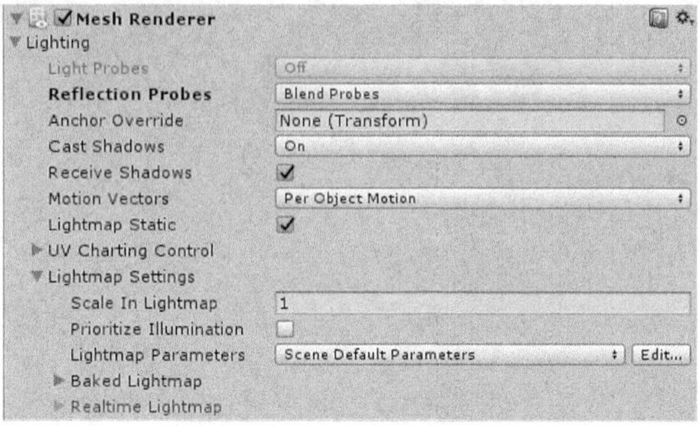

▲图 8.6　物体烘焙参数

如果你想在不同的场景甚至不同的工程中使用相同的烘焙参数，那么还可以像创建预制件（Prefab）一样创建 Lightmap Parameters，也可以在 Lighting 面板中单击 Lightmap Parameters 下拉列表，如图 8.7 所示。

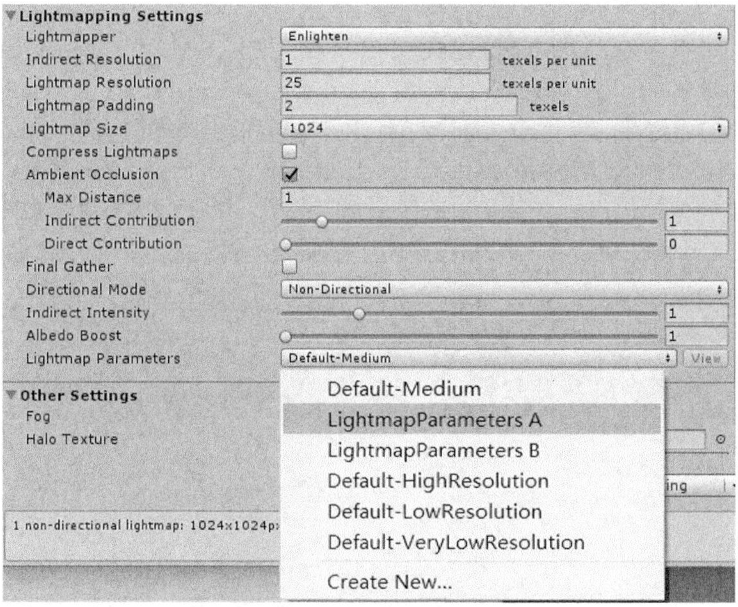

▲图 8.7　设置烘焙参数

第 9 章　柔和的低频照明

本章所有用到的文件和场景，都可以在工程文件下 Assets/Lighting/LightProbes 目录中找到。

9.1　初识光照探头

9.1.1　光照探头照明的优点

对于光照贴图，大部分读者还比较熟悉。对于光照探头，可能绝大数人会觉得比较陌生。光照探头也是一种线下生成的非实时光照技术，Unity 所使用的球谐光照是适合于非静态物体、光源变化不大、可实现远距离光照的一种实现。相对于实时照明，球谐光照是一种在 CPU 上进行采样计算的、更节约资源的照明方式。

9.1.2　检测光照探头照明的场景

打开 Lab_1 文件夹下的场景，这个场景中设计了两套照明，通过图层遮罩，使它们分别对不同的物体进行照明。图 9.1 所示的光源 baked_Light 0 只用于烘焙光照探头目的光源和它的图层遮罩。图 9.2 所示的光源 ref_Light 1 则是用来参照的实时光源及其图层遮罩。

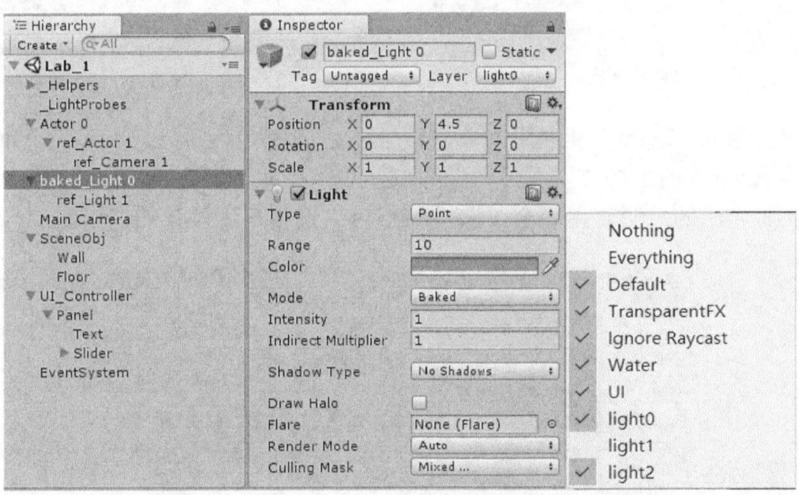

▲图 9.1　烘焙光源参数

场景中还有两个球体。一个球体（Actor 0）使用了光照探头照明技术，其图层为 Default，因此，不会被实时光源 ref_Light 1 照亮，如图 9.3 所示。还有一个参照球体 ref_Actor 1，其图层为 Light0，因此将只会用来做参照的实时光源 ref_Light 1，如图 9.4 所示。

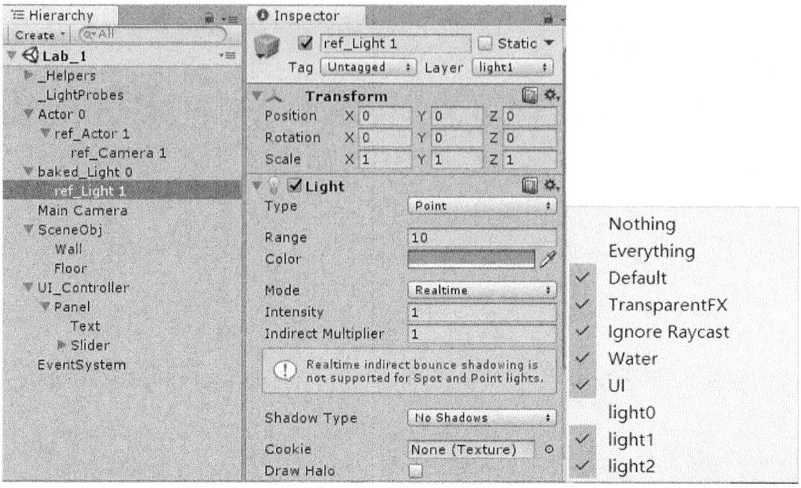

▲图 9.2　参照光源设置

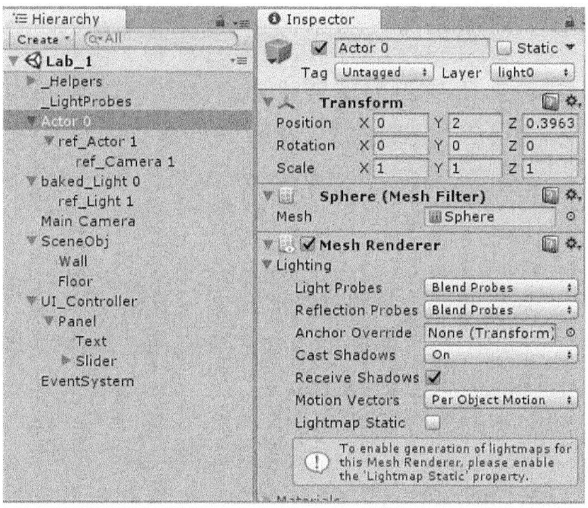

▲图 9.3　烘焙的物体

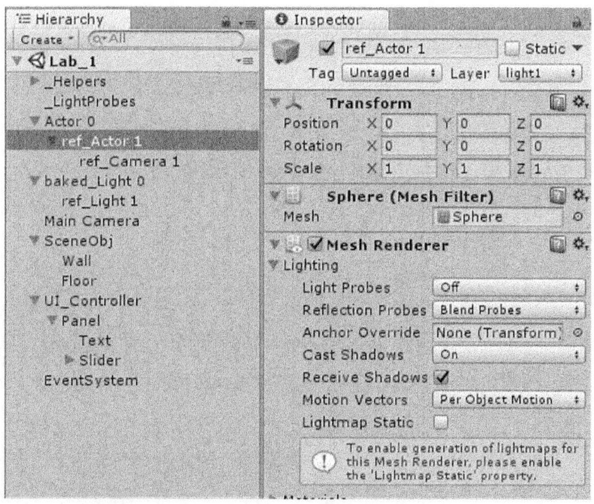

▲图 9.4　参照物体

此外，参照光源 ref_Light 1 和参照物体 ref_Actor 1 分别是烘焙光源 bake_Light 1 与使用光照探头照明的球体 Actor 0 的子物体，而且两者的位置与大小完全一致，如图 9.5 所示。因此，在比较光照探头和实时光源的照明时，完全可以排除相对位置和角度差异的因素。

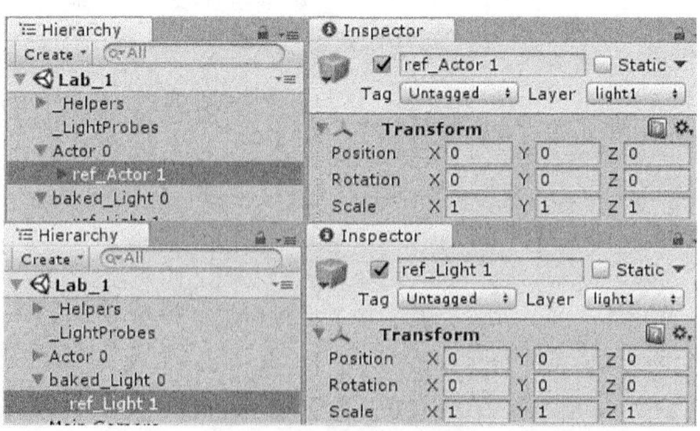

▲图 9.5　参照物体和光源的位置和大小参数

此外，场景中的背景物体（即 Floor 和 Wall）都使用光照探头照明，因此既可以被 bake_Light

0 照亮，也可以被 ref_Light 1 照亮。光照探头主要用于提供光源照明的空间感。

现在打开 bake_Light 0，关闭 ref_Light 1，如图 9.6 所示，上部的参照球体完全为黑色，因为照亮它的 ref_Light 1 被关闭了。

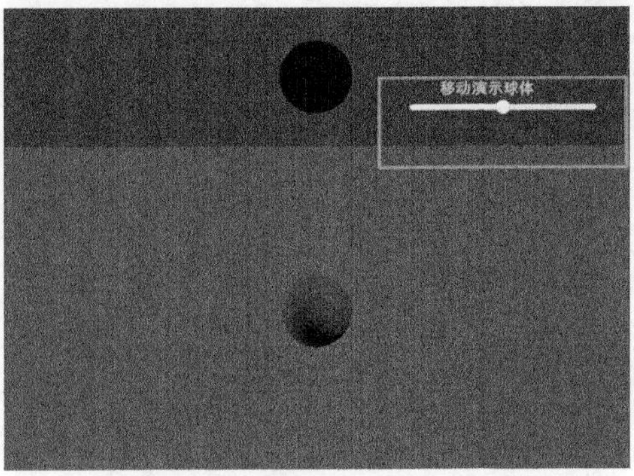

▲图 9.6 烘焙物体和参照物体

9.1.3 使用光照探头组进行管理

现在，在场景中新创建一个 GameObject。然后在菜单栏中选择 Component→Rendering→Light Probes Group 命令，给当前的物体添加一个光照探头组，如图 9.7 所示。接着，通过 Add Probe 按钮，建立一个用 8 个探头形成一个的立方体的探头组，如图 9.8 所示。

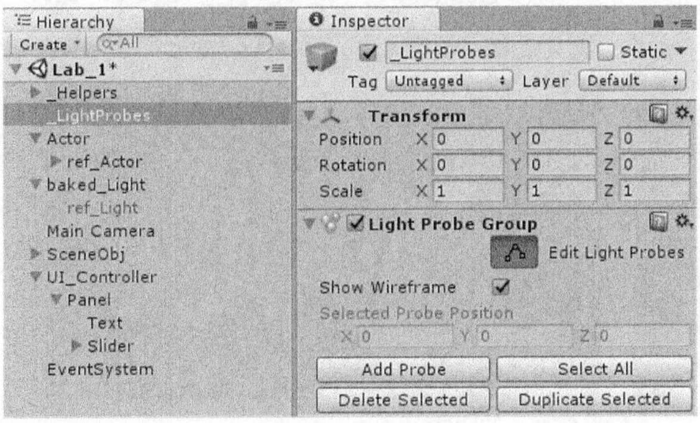

▲图 9.7 添加光照探头组

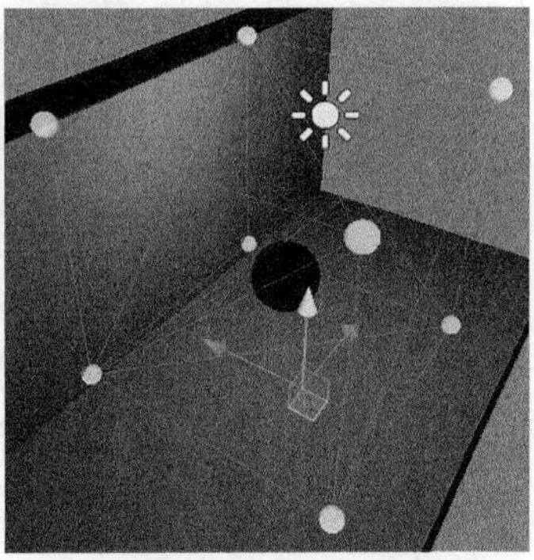

▲图 9.8 光照探头组的 3D 视图

事实上，我们可以往任何物体上添加此组件。此时光照探头的位置信息是相对于当前物体的，会受到当前物体缩放、旋转和位移的影响，而且光照探头组可以作为预制件的一部分，从而可以被导入新的场景中，被重复使用。这在构造复杂场景的组件时是很有用的。此外，光照探头照明是通过在探头之间线性插值来决定物体的照明的，因此物体必须处于光照探头所形成的几何体之中，这也是我们当前选择 8 个探头形成一个立方体的原因，即这是为了便于分析光照探头照明而设计的。

9.1.4 烘焙场景光照信息到光照探头中

当改动场景或者单击 Lighting 面板中的 Generate Lighting 按钮时，Unity 会重新烘焙光照信息，并将它们存储在与当前场景同名的文件夹下面的 LightingData.asset 文件中。这个文件中包含了在运行时重建 GI 光照的数据、光照贴图和光照探头。这个文件目前不能在运行时读取，其中有一个名为光照探头的 Assets 文件，如图 9.9 和图 9.10 所示。

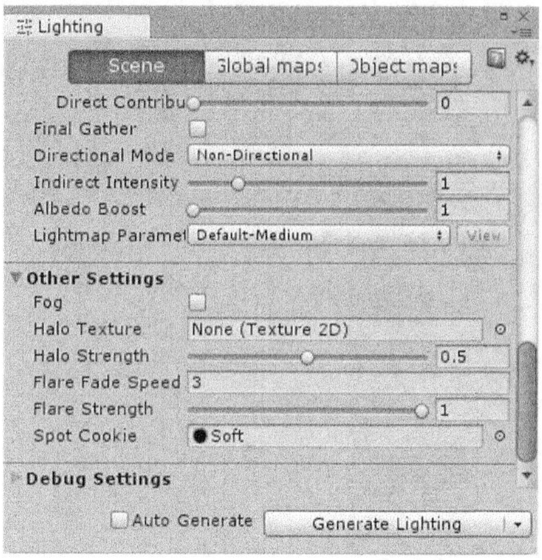

▲图 9.9　Lighting 面板

▲图 9.10　烘焙产生的数据

9.1.5　对比光照探头照明和实时照明

烘焙完成，关闭 bake_Light，此时 ref_Light 也处于关闭状态，但是我们已经烘焙完了场景中的探头，而且 Actor 球体在 Mesh Render 复选框下，对于 Reflect Probes 选项，Blend Probes 选项，因此我们可以看到球体被探头继续照亮，在 Scene 选中 Actor 可以查看其所使用的光照探头信息，Unity 用线框标识并连接了这些探头，如图 9.11 所示。

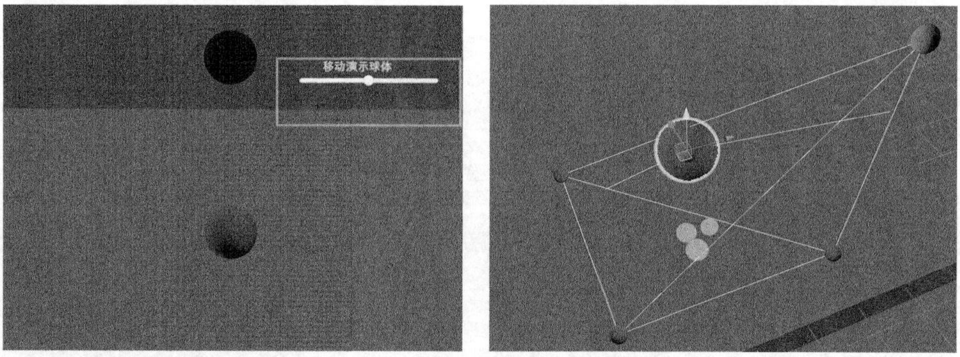

▲图 9.11　被光照探头照亮的物体

我们可以打开参照光源 ref_Light，在编辑器中运行一下。为了增强对比度，通过 UI 中的滑块来移动球体到不同的位置。为了有更强的对比度，关闭了 Wall 和 Floor 对光照探头的混合。图 9.12 所示的是球体分别位于光源不同位置时的情况。

▲图 9.12　球体分别位于光源不同位置时的情况

通过观察上部的参照光源对参照球体的照明，可以发现 SH 的照明相当柔和，基本上表现出了光的方向和强度。

9.2 放置光照探头的注意事项

9.2.1 必须形成一个体积

前面已经提到，目前的光照探头必须形成一个体积（Volume）。

9.2.2 单个光照探头必须处于采样光源的照射范围

除此之外，我们还需要知道光照探头必须处于光源的照射范围，否则也是无法在探头上烘焙光照信息的。

打开 Lab_2 文件夹下的场景。这是一个极端的场景，场景中所有的光照探头都处于光源的照明范围之外，如图 9.13 所示。烘焙结束之后，打开参照光源。在 Play 状态下，移动球体到一个适合的位置，可以看到参照球体受到的照明，但是只使用光照探头光照的球体未受到照明，如图 9.14 所示，这是因为在烘焙时全部光照探头都处于光源的作用域之外。

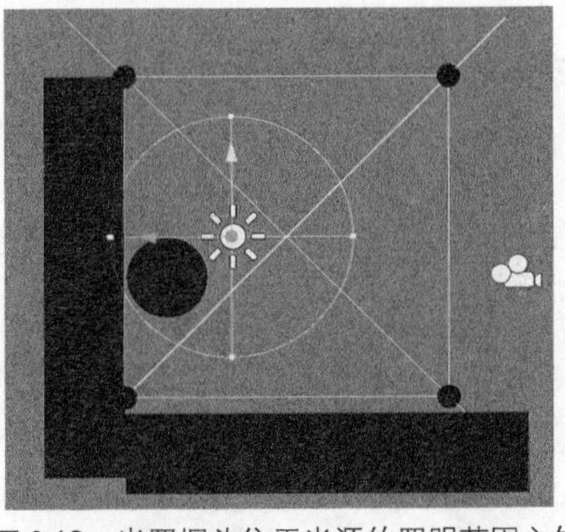

▲图 9.13　光照探头位于光源的照明范围之外

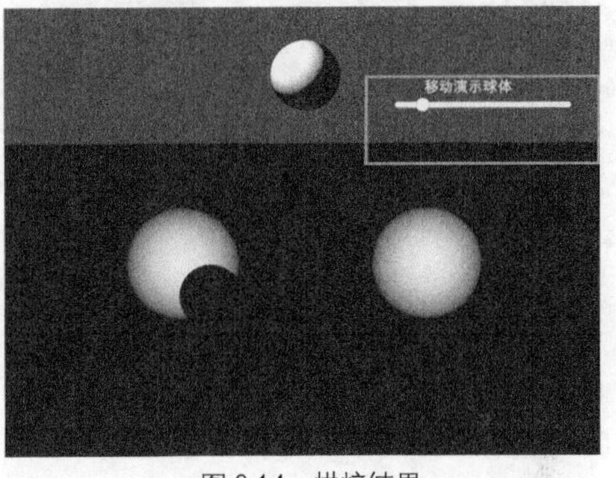

▲图 9.14　烘焙结果

9.3 照明采样的 Anchor Override

9.3.1 动态更新光照探头

API 可以在运行时实时更新光照探头，但是 Unity 2017 版本并未提供一个单独烘焙光照探头数据的方法。虽然当前 LightmapSetting.bakedProbes 可读取，但是也并不能序列化 SphericalHarmonicsL2 这个数据，所以这个动态更新的接口有点多余。

9.3.2 基于线性插值的采样

对于通过光照探头照明的物体，根据该位置中最近的 3 个或 4 个探头之间线性插值实现照明结果。这一插值在 CPU 上完成，然后传给 GPU 做渲染。

9.3.3 改变默认的插值位置

Unity 提供的一个属性可以改变默认的插值位置，使用一个替代物来作为光照探头照明的插值位置，如图 9.15 所示。此方式可以让我们为一个结构复杂的物体自主选择一个光照探头插值位置。

打开 Lab_4 文件夹下的场景，如图 9.16 所示，这是用于烘焙光照探头的光源照明效果，左边是一个红色光源，右边是一个绿色光源。

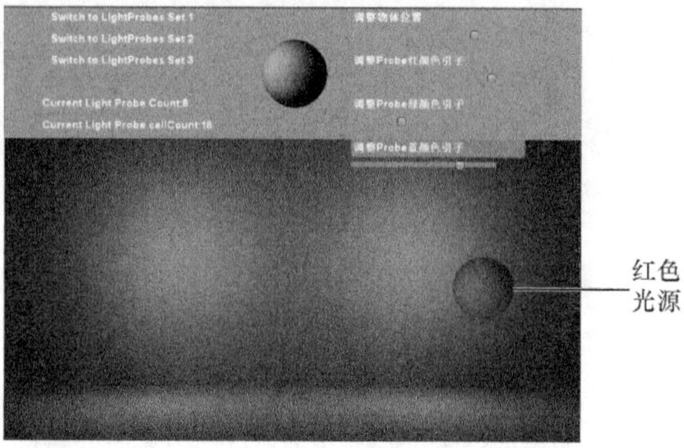

▲图 9.15　插值替代物

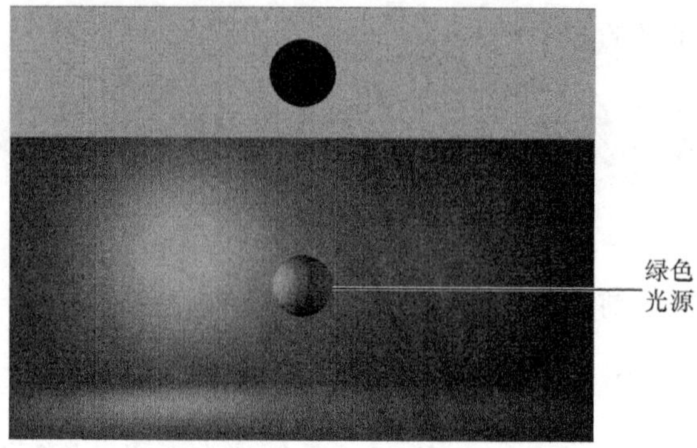

▲图 9.16　烘焙用的光源

烘焙完成后，把这两个光源关闭，打开无色的参照光源，然后把使用光照探头球体的 Mesh Renderer 组件下的 Anchor Override 属性修改为 Transform，如图 9.17 和图 9.18 所示。

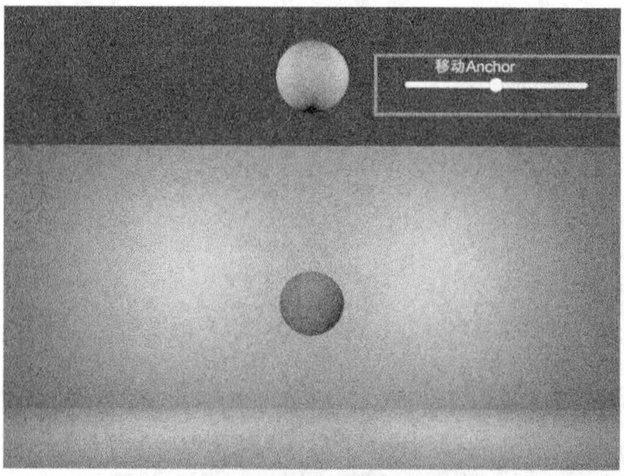

▲图 9.17　默认位置的效果

▲图 9.18　实验的物体结构

然后通过滑块移动参照球体。对比图 9.16 可以看到，当参照球体往左边移动时，球体虽然位置未发生变化，但是光照探头照明取得的是参照球体的效果，当把参照球体移动到右边时也一样，如图 9.19 所示。

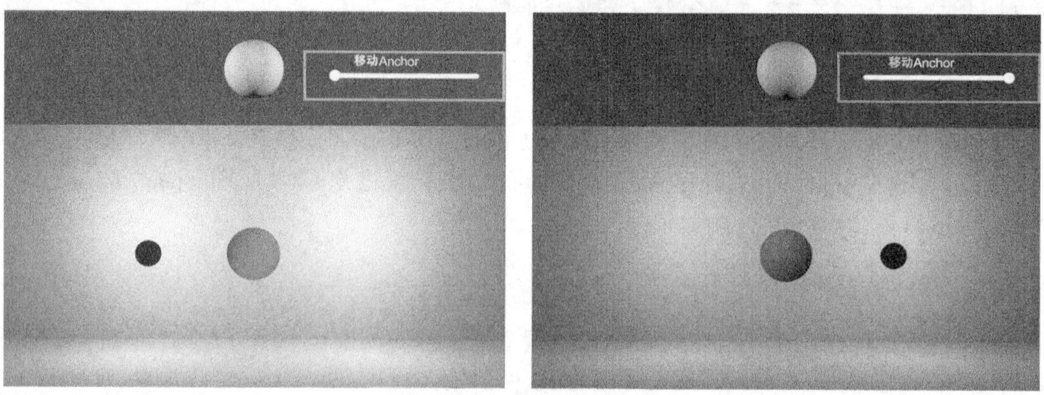

▲图 9.19　参照点运动的效果

9.4　光照探头照明和阴影

9.4.1　光照探头和光照贴图的异同

首先，Light Probes（光照探头）的照明结果和光照贴图一样，也是烘焙出来的，因此，Light

Probes 和光照贴图有些地方很相似，但有些地方又不一样。和光照贴图一样，Light Probes 烘焙出来的也是 GI 光照，但是 Light Probes 的数据可以应用于动态物体。其次，Light Probes 和光照贴图的数据一样，是 Lightmapper 烘焙出来的，因此，只有静态物体才会传递给 Lightmapper，也只有静态物体的阴影才会被烘焙到 Light Probes 上面。

9.4.2 烘焙阴影时可能会犯的错误

打开 Lab_5 文件夹下的场景 Lab_5.noShadow。在这个场景中，我们添加了一个叫 Ceil 的投射阴影的物体，处于参照光源和烘焙光源都能照明的图层上，而且参照光源和烘焙光源都打开了阴影，将能够在场景的正中间投射一个足够宽的阴影，将光源的直接照明遮挡掉（见图 9.20）。但是这个 Ceil 物体是非静态的，如图 9.21 所示。

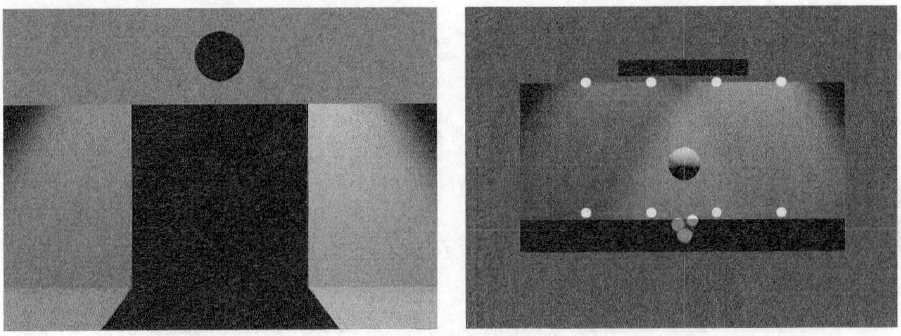

▲图 9.20 实验的场景

▲图 9.21 不勾选 Static 复选框

然后我们将烘焙场景。烘焙结束后，就可以感受到完全没有阴影的感觉，如图 9.22（a）和（b）所示。

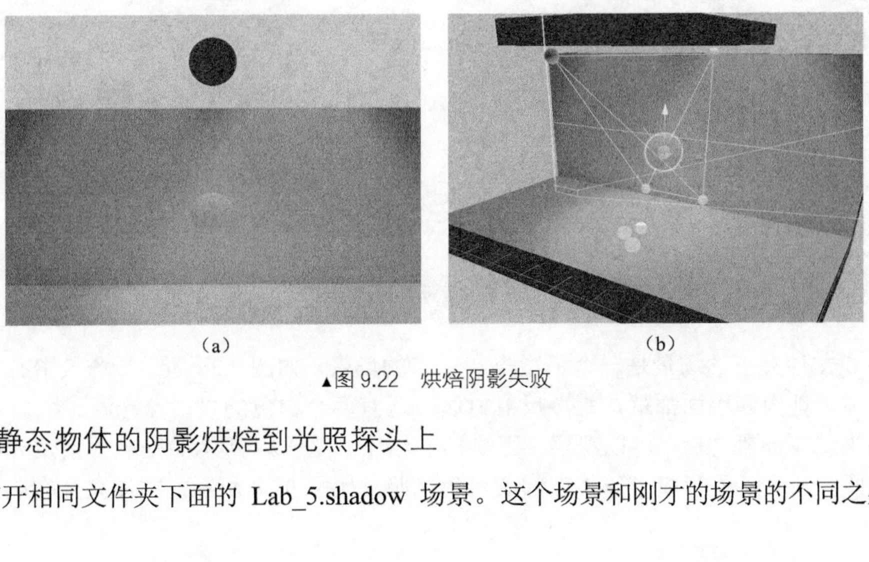

（a）（b）

▲图 9.22 烘焙阴影失败

9.4.3 将静态物体的阴影烘焙到光照探头上

我们打开相同文件夹下面的 Lab_5.shadow 场景。这个场景和刚才的场景的不同之处在于投射

▲图 9.23　打开参照光源

阴影的 Ceil 物体，被设置成静态物体，这样，它就会传递给 Lightmapper，其投射的阴影会影响光照探头。然后我们烘焙光照探头，也就是产生光照。烘焙结束后关闭烘焙光源，打开白色的参照光源，如图 9.23 所示。可以看到物体的确处于阴影之中，而球体使用的是光照探头照明，因此，作为静态物体投射阴影的 Ceil 在烘焙光照探头时被正确地传递给了 Lightmapper。但是细心的读者也许会发现，球体底部还有一些微弱的照明，这是因为 Lightmapper 烘焙的是全局照明，那些微弱的照明是光源间接照明的结果。

我们还可以移动球体，观察其移进和移出阴影区域时照明的变化，如图 9.24 所示。

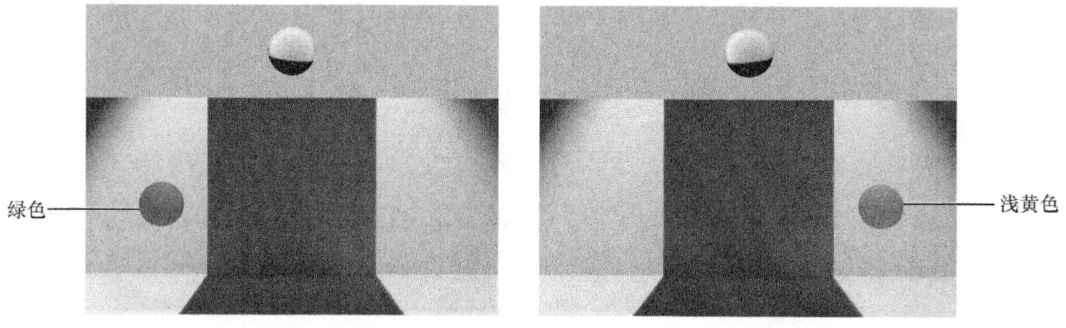

▲图 9.24　烘焙后物体的移动效果

9.4.4　光照探头照明和实时阴影的混合

在阴影方面，Unity 是可以混合光照探头照明和实时光源阴影的。在当前文件夹下的 Lab_5.realTimeShadow 场景中，该场景和刚才的场景完全相似，但是照亮场景的实时光源并未使用图层遮罩，会对场景中的所有物体形成照明。图 9.25 所示的就是实时照明、阴影和光照探头烘焙照明的混合效果。

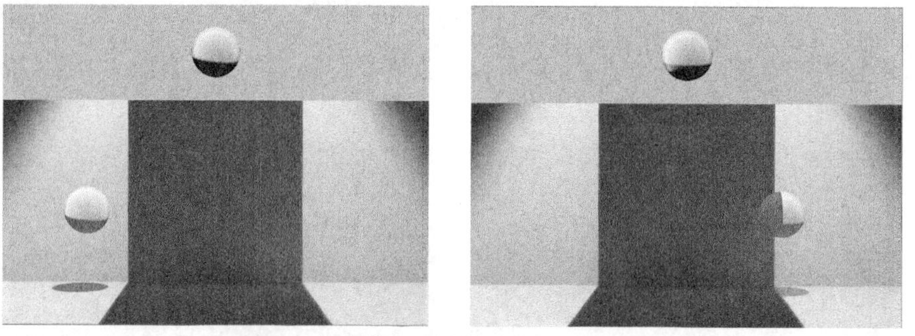

▲图 9.25　实时阴影、阴影和光照探头的混合效果

9.5　烘焙一个色彩丰富的场景

在 Lab_6 文件夹下的场景是一个稍微丰富一点的场景，如图 9.26 所示。场景中有一个蓝色的自发光立方体，地面和墙面都默认是漫反射材质，还有两个白色的投影点光源。

当我们烘焙完场景之后，可以观察一下烘焙的结果。图 9.27 所示的是蓝色自发光材质被烘焙到最近的光照探头，从而形成了球体下部的蓝色光照。如图 9.28 所示，物体完全在阴影区域，但是依然受到了附近的光照探头上 GI 光照的微弱照明。如图 9.29 所示，将实时光源关闭，可以更清楚地看到 GI 产生的颜色扩散，以及对光照探头的影响。

▲图 9.26 烘焙前的场景结构

▲图 9.27 烘焙后的效果

▲图 9.28 烘焙后的 GI 照明

▲图 9.29 关闭实时光源

9.6 在自己的材质中使用光照探头

迄今为止，在所有对光照探头的演示实例中，使用的都是 Unity 自带的材质。Unity 自带的材质很方便使用，而使用自带的材质的主要原因是在讲解光照探头照明时，排除各种其他可能会出现的干扰因素。

9.6.1 为前向渲染路径中的材质计算光照探头

当然，本书是专门讲解着色器的，所以下面介绍如何写一个自己的着色器来使用光照探头照明。打开 Lab_7 文件夹下的场景。图 9.30 所示是实时光源照亮场景下的情景：左边的是一个没有计算光照探头照明的材质；中间的是默认的 Unity 材质，使用了光照探头照明；右边的是一个使用了光照探头照明且自定义的着色器，其代码如下。

```
Shader "Tut/Lighting/LightProbes/Lab_7/SHForward" {
      Properties {
            _Color ("Base Color", Color) =(1,1,1,1)
      }
      SubShader {
            Pass{
            Tags{ "LightMode"="ForwardBase"}
            CGPROGRAM
            #pragma vertex vert
            #pragma fragment frag
            #include "UnityCG.cginc"
            #include "Lighting.cginc"
            uniform float4 _Color;
            struct vertOut{
```

```
            float4 pos:SV_POSITION;
            float4 color:COLOR;
        };
        vertOut vert(appdata_base v)
        {
            float3 worldN=mul(float3x3(_Object2World),v.normal);
            vertOut o;
            o.pos=mul(UNITY_MATRIX_MVP,v.vertex);
            o.color.rgb=ShadeSH9(half4(worldN,1.0));
            o.color.a=1.0;
            return o;
        }
        float4 frag(vertOut i):COLOR
        {
            return i.color;
        }
        ENDCG
        }
    }
}
```

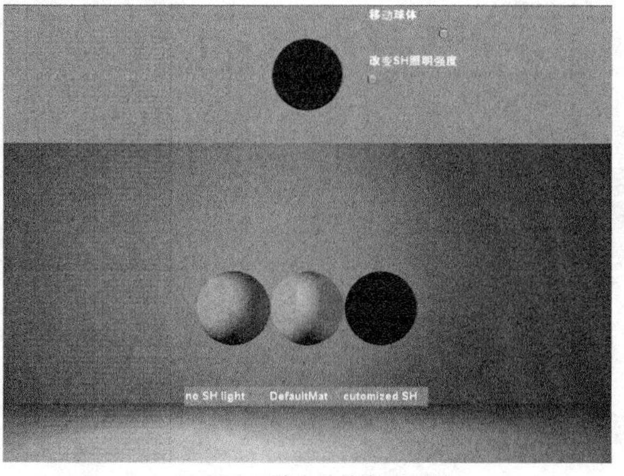

▲图 9.30　烘焙前的实验场景

9.6.2　使用 ShadeSH9 函数

这个着色器在 ForwardBase 通道中使用了 UnityCG.cginc 中的函数 half3 ShadeSH9(half4 normal)，计算了 Unity 在 CPU 中通过线性插值后，传递到 GPU 的一个探头上的数据。Unity 中的光照探头照明使用的是球谐照明。因此，ShadeSH9 函数需要使用一个世界坐标中的法线来决定物体表面的光照。对于 uniform 缩放的球体，我们简单地使用了_Object2World 矩阵将顶点上的法线转换到世界坐标。在这个着色器中，我们只计算了光照探头照明，而当前还未烘焙数据到光照探头组上，因此右边只适用于此照明的球体完全为黑色的照明球体。

UnityCG.cginc 中 ShadeSH9 函数的代码如下。

```
half3 ShadeSH9 (half4 normal)
{
    half3 x1, x2, x3;
    //多项式逼近中的常量和一次幂基
    x1.r = dot(unity_SHAr,normal);
    x1.g = dot(unity_SHAg,normal);
    x1.b = dot(unity_SHAb,normal);
    //多项式逼近中的二次幂基
    half4 vB = normal.xyzz * normal.yzzx;
    x2.r = dot(unity_SHBr,vB);
    x2.g = dot(unity_SHBg,vB);
    x2.b = dot(unity_SHBb,vB);
    //剩余项用一个二次幂来近似
```

```
        float vC = normal.x*normal.x - normal.y*normal.y;
        x3 = unity_SHC.rgb * vC;
        return x1 + x2 + x3;
    }
```

我们烘焙探头后，关闭烘焙的光源，打开无色的参照光源。烘焙后的场景如图 9.31 所示。自定义的、使用探头照明的球体和默认材质的球体一样被光照探头所照亮。如果读者对此表示怀疑，可以移动 GUI 提供的滑块来检测一下。

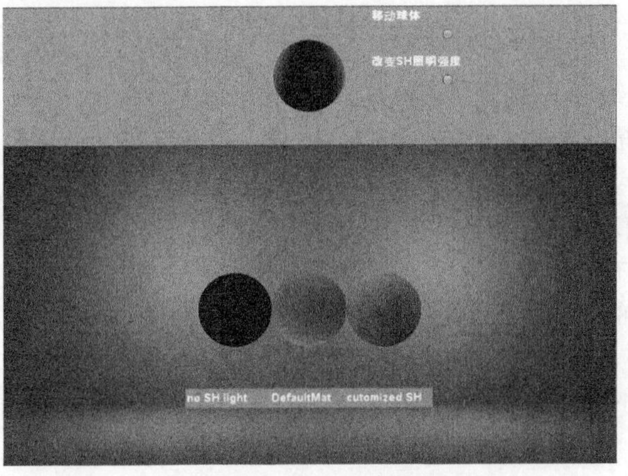

▲图 9.31　烘焙后的场景

9.6.3 在一个表面着色器中进行计算

如果你比较习惯于写表面着色器，可以参照在 Lab_8/_Shader 文件夹下的在表面着色器中操作球谐照明的两个例子。在 adjustableSHSurf.shader 中，通过 noambient 参数关闭表面着色器对球谐照明的默认照明行为，然后通过为表面着色器提供的 vertex 函数来计算球谐照明。代码如下。

```
Shader "Tut/Lighting/LightProbes/Lab_8/adjustableSHSurf" {
    Properties {
        _MainTex ("Base (RGB)", 2D) = "white" {}
        _SHfactor("SH factor",float)=1.0
    }
    SubShader {
        Tags { "RenderType"="Opaque" }
        LOD 200
        CGPROGRAM
        #pragma surface surf Lambert noambient vertex:vert
        sampler2D _MainTex;
        float _SHfactor;
        struct Input {
            float2 uv_MainTex;
            float3 shLight;
        };
        void vert (inout appdata_full v, out Input o) {
            float3 worldN = mul ((float3x3)_Object2World, SCALED_NORMAL);
            o.shLight = ShadeSH9 (float4 (worldN, 1.0));
        }
        void surf (Input IN, inout SurfaceOutput o) {
            half4 c = tex2D (_MainTex, IN.uv_MainTex);
            o.Albedo = c.rgb;
            o.Emission=o.Albedo*IN.shLight*_SHfactor;
            o.Alpha = c.a;
        }
        ENDCG
    }
    FallBack "Diffuse"
}
```

9.7 LPPV 的设计目的

9.7.1 LPPV 是什么

光照探头代理体（Light Probes Proxy Volume，LPPV）是一个为地图上运动的大型物体提供类似光照贴图的元件。大型物体的意思是占据了屏幕上一大块显著位置的物体，比如一个角色或者一个大范围的粒子特效。

LPPV 采样所用的光照探头都是处于世界坐标中。它不是为某一个物体服务的，而是要为所有物体服务的。LPPV 采样需要用到世界坐标系中的位置和法线方向。这个和 texCube 有点类似，但是 texCube 并不需要位置。因为 texCube 假定 Cube 是处于无限远的地方的，所以位置对于 texCube 没有意义，但是对于 LPPV 显然是必须有的。

LPPV 和混合光照探头的区别是，前者只使用一个光照探头，虽然有方向上的光照变化（使用 Normal 采样，必然会有方向上的变化），但是没有空间上的变化，因为只有一个点上的光照探头。但是 LPPV 具有空间上的光照变化，因为 LPPV 将采样到的 N 个（$X \times Y \times Z$）光照探头存入一个 3DTexture 中，所以具有了根据位置得到的高频信息。

这一节所用到的文件和场景，都可以在工程文件下的 Assets/Lighting/LightProbes/LPPV 目录中找到。

9.7.2 照明的场景

打开场景 LPPV，这个场景有 4 个不同颜色的光带。这些光带是用面积光源生产的，这个并不重要。布置好颜色光带之后，在场景中添加一个光照探头组对象。有 3×3×3（即 27）个光照探头，将这些光照探头中的一个维度放置在不同颜色的光带过渡区中，这样做是为了采样光照的变化信息。Unity 会烘焙灯光信息到光照探头组中。

要使某一个物体能够使用 LPPV 读取烘焙的灯光信息，就需要在此物体上添加 LPPV 组件，此组件位于菜单 Component.Rendering 的下面。除此之外，还要设置此物体的组件 Mesh Renderer.Lighting.Light Probes=Use Proxy Volume。

至此，我们创建了光照探头组，用于采样和存储静态的光照信息，又为动态物体添加了采样静态光照信息的 LPPV 组件，并设置与 Mesh Renderer 和 Light Probes 相关的照明开关，已经完成了使用 LPPV 为动态物体提供静态光照照明的基本操作流程。下面讲一下使用 LPPV 方式的一些注意事项。

挂在物体上的 LPPV 组件中有一个 Bounding Box Mode 下拉列表框，对光照探头组中光照信息的采用是通过这个 Bounding Box Mode 下拉列表框设置的。图 9.32 和图 9.33 展示了 Local 和 World 空间下采样用的 LPPV 的放置方式。对于一个 Cube 来说，使用 Local 模式下的 Bounding Box Mode 更合适。

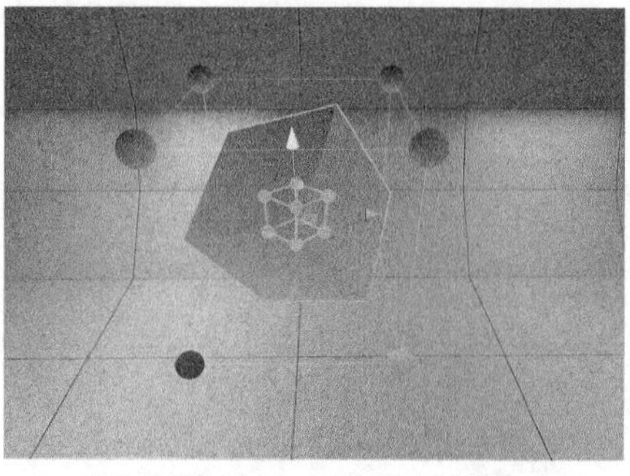

▲图 9.32　在 World 空间中放置 LPPV

▲图 9.33　在 Local 空间中放置 LPPV

在 LPPV 组件中有个 Resolution Mode 选项，可以在这里设置采样的数量，采样越多，灯光细节越丰富。减少采样，则可以实现比较柔和的照明。

如图 9.34 所示，编辑器中采样到的 Light Probes 从左到右所使用的采样率（x、y、z 方向）分别是 2×2×2 和 2×2×4 以及 8×8×8。图 9.35 展示了使用 8×8×8 个采样的灯光细节。读者看到的很可能是黑白的，所以在 Unity 中打开本章的场景查看，效果会更直接，更好理解。

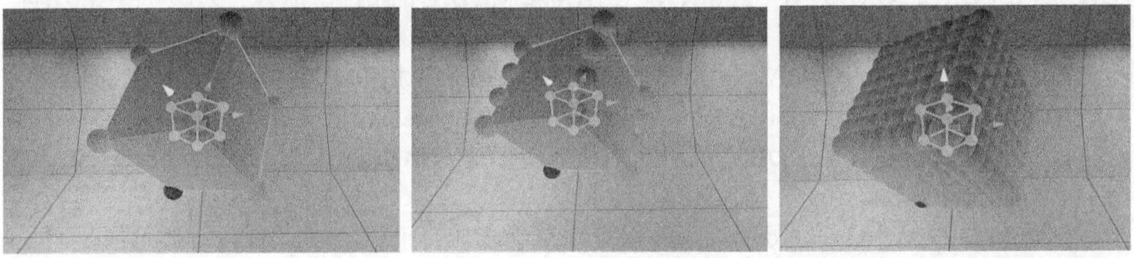

▲图 9.34　LPPV 不同的采样率

烘焙 LPPV 后的效果如图 9.35 所示。如果一个物体带有子物体，并且子物体和父物体使用同一个 LPPV，那么这个 LPPV 的边界框将自动覆盖子物体。当然，边界框是可以手动编辑的。图 9.36 展示了一个由多个子物体组成的渲染对象，这个物体处于场景 LPPV2 中。

在具体性能方面可以找到的参考数据是 64 个（比如，4×4×4 的细分采样），采样占用 CPU 0.15ms，大于 64 的采样 Unity 会使用多线程来完成，不然就会把采样计算放到主线程中。

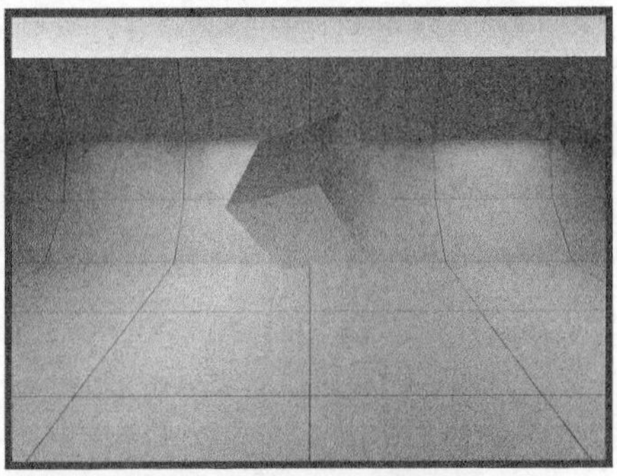

▲图 9.35　烘焙 LPPV 后的效果

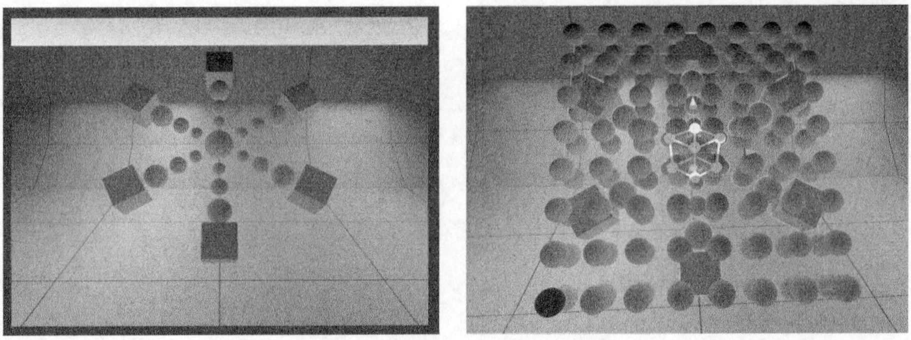

▲图 9.36　复合物体的 LPPV 效果

上面讲的都是如何让一个用了默认材质的物体使用 LPPV 对静态光照信息进行采样。接下来讲解如何在着色器中进行操作。

在 UnityStandardUtils.cginc 中包含两个用于 SH 照明计算的方法——ShadeSHPerVertex 和 ShadeSHPerPixel。ShadeSHPerPixel 里的条件分支有 3 种情况。

```
half3 ShadeSHPerPixel (half3 normal, half3 ambient, float3 worldPos)
{
    half3 ambient_contrib = 0.0;
    #if UNITY_SAMPLE_FULL_SH_PER_PIXEL
        //块 A
    #elif (SHADER_TARGET < 30) || UNITY_STANDARD_SIMPLE
```

```
        //块 B
    #else
        //块 C
    #endif
    return ambient;
}
```

LPPV 的支持判断预处理是在 UnityShaderVariables.cginc 文件中第 298 行完成的。在 D3D11、D3D12、GLCORE、XBOXONE、PSSL、VULKAN 和 METAL 的情况下都会定义 UNITY_LIGHT_PROBE_PROXY_VOLUME 1，即 LPPV 可以支持。

- 在块 A 中，如果 UNITY_SAMPLE_FULL_SH_PER_PIXEL=1，在 UnityStandardConfig.cginc 中的第 41 行判断；如果为 true，则在块 A 中处理，通过 ShadeSH9 函数处理 LPPV。
- 在块 B 中，如果 SHADER_TARGET 或者 UNITY_STANDARD_SIMPLE 返回一个 0 值，则 LPPV 的照明贡献度为 0。
- 在块 C 中，对 Light Probes 的采样又分两种情况。

```
#if UNITY_LIGHT_PROBE_PROXY_VOLUME
 if (unity_ProbeVolumeParams.x == 1.0)
 ambient_contrib = SHEvalLinearL0L1_SampleProbeVolume (half4(normal, 1.0), worldPos);
 else
 ambient_contrib = SHEvalLinearL0L1 (half4(normal, 1.0));
 #else
 ambient_contrib = SHEvalLinearL0L1 (half4(normal, 1.0));
 #endif

//略去 gamma 的问题
```

在块 C 中，第一种情况是当硬件支持 LPPV 时，首先判断 unity_ProbeVolumeParams.x 的值，如果为 1.0，则表明此物体开启了 LPPV 照明模式；否则，没有开启。这个变量定义在 UnityShaderVariables.cginc 中的第 310 行。第二种情形是硬件不支持 LPPV 或者没有开启 LPPV（第一种情况下的 else 分支），则使用 SHEvalLinearL0L1 函数计算，也就是 Mesh Renderer.Lighting.Blend Probes 模式。

第 3 篇

使应用更逼真——阴影

第 10 章　平面阴影

平面阴影是一种比较特殊的情形。在这种情形里，我们只考虑物体的阴影投射到平面上的情形，所以有一套相对比较简单的专用算法。

本章所有用到的文件和场景，都可以在工程文件下的 Assets/Shadow/Planar Shadow 目录中找到。

10.1 平行光对平面的投影

10.1.1 对平行光投影的考虑

首先考虑在最简单的情况下，如何计算一个平行光的投影。平行光在计算中其实就是一个方向矢量，指向阴影的投射方向，而平面是阴影要影响的目标物体。我们需要知道将世界坐标转换到平面物体自身坐标空间的矩阵，在目标物体的空间内对投影物体的顶点进行重新计算，计算其沿光线方向在阴影接受平面上的位置，这个位置关系可以通过相似三角形相似来计算。如果我们使用 Unity 自带的 Plane 作为阴影接受平面，那么只需要重新计算顶点的 x 和 z 坐标。如果阴影投射到内置的平面上，那么在其对象空间中，y 应该为 0，但是实际使用时，为了保证阴影永远在物体上面，我们会对 z 进行偏移。

打开 PlanarShadow_1 场景，如图 10.1 所示，一个精准的阴影已经出现在平面上。本章后面将介绍这个阴影，这里会告诉读者这个阴影是怎么得来的。

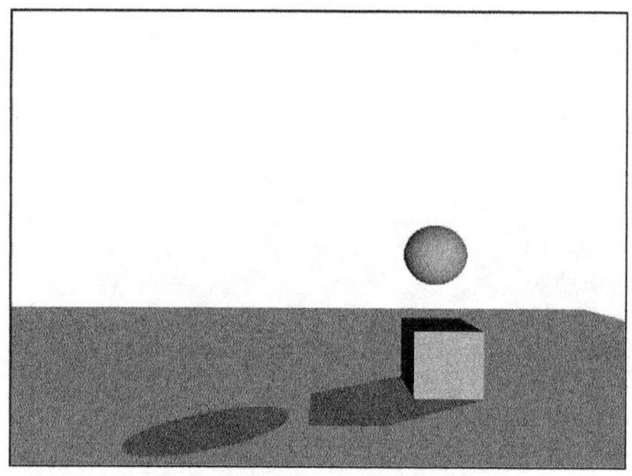

▲图 10.1　平面阴影效果

10.1.2 进出阴影接受平面的矩阵

每一个投射平面阴影的物体，都需要通过下面这个脚本来告诉阴影接受物体的信息。具体来说，就是将一个世界坐标转换到平面物体自身空间的矩阵，以及从平面的对象空间返回的矩阵。代码如下。

```
public class PlaneShadowCaster : MonoBehaviour
{
   public Transform reciever;
   void Update()
   {
      GetComponent<Renderer>().sharedMaterial.SetMatrix("_World2Ground", reciever.
         GetComponent<Renderer>().worldToLocalMatrix);
      GetComponent<Renderer>().sharedMaterial.SetMatrix("_Ground2World", reciever.
         GetComponent<Renderer>().localToWorldMatrix);
   }
}
```

10.1.3 使用三角形相似计算阴影

知道如何处理阴影接受平面的矩阵后，我们就可以对一个投射阴影的物体计算阴影了。这是在 PlanarShadow_1.shader 中完成的，代码如下。

```
Shader "Tut/Shadow/PlanarShadow_1" {
   SubShader {
      pass {
         Tags { "LightMode" = "ForwardBase" }
         Material{Diffuse(1,1,1,1)}
         Lighting On
      }

      pass {
         Tags { "LightMode" = "ForwardBase" }
         Blend DstColor SrcColor
         Offset -1,-1
         CGPROGRAM
         #pragma vertex vert
         #pragma fragment frag
         #include "UnityCG.cginc"
         float4x4 _World2Ground;
         float4x4 _Ground2World;
         float4 vert(float4 vertex: POSITION) : SV_POSITION
         {
              float3 litDir;
              litDir=WorldSpaceLightDir(vertex);
              litDir=mul(_World2Ground,float4(litDir,0)).xyz;
              litDir=normalize(litDir);
              float4 vt;
              vt= mul(unity_ObjectToWorld, vertex);
              vt=mul(_World2Ground,vt);
              vt.xz=vt.xz-(vt.y/litDir.y)*litDir.xz;
              //上面这行代码可拆解为如下的两行代码，这样在进行三角形相似计算时更好理解
              //vt.x=vt.x-(vt.y/litDir.y)*litDir.x;
              //vt.z=vt.z-(vt.y/litDir.y)*litDir.z;
              vt.y=0;
              //vt=mul(vt,_World2Ground);//back to world
              vt=mul(_Ground2World,vt);
              vt=mul(unity_WorldToObject,vt);
              return UnityObjectToClipPos(vt);
         }

         float4 frag(void) : COLOR
         {
              return float4(0.3,0.3,0.3,1);
         }
         ENDCG
      }
   }
}
```

在此着色器中，使用固定流水线对物体进行了一个简单的照明。在计算阴影的 ForwardBase 中，首先使用一个可以叠加阴影的混合模式，然后使用 z 偏移量保证阴影在接受平面之上。_World2Ground 和_Ground2World 分别是自定义的两个进出阴影接受平面矩阵。在具体计算中，首先将光源方向和投影物体的顶点都转换到接受平面的空间，在它们都处于同一个空间后，通过简单的相似三角形近似算法，来计算投影物体顶点沿光线投射后在接受平面上的新位置。因为这是一个内置的平面，所以只计算其 x、z 分量即可，并将 y 分量设为 0，这样投影出来的阴影就出现在接受平面上了。投影计算完成后，返回世界空间，然后投影到物体本身的对象空间，之后的事情就如通常那样，用一个经典的 MVP 变换即可。可以分别对 x、z 分量，通过三角形相似进行计算，例如，vt.x=vt.x−(vt.y/litDir.y) ×litDir.x; vt.z=vt.z− (vt.y/litDir.y) × litDir.z。因为 GPU 对四

元数的有力支持，其实这两行代码可以合并为 vt.xz=vt.xz− (vt.y/litDir.y) × litDir.xz。

10.2 点光源对平面的投影

光源的方向矢量

上一节介绍的是平行光的情形。对于点光源，投影也是类似的。如果通过使用 WorldSpaceLightDir() 方法来计算光源方向，就完全一样了。这个在 PlanarShadow_2 场景中有体现，具体计算是在 PlanarShadow_2.shader 中的 ForwardAdd 内完成的。代码如下。

```
Pass {
          Tags { "LightMode" = "ForwardAdd" }
          Blend DstColor SrcColor
          Offset -2,-1
          CGPROGRAM
          #pragma vertex vert
          #pragma fragment frag
          #include "UnityCG.cginc"
          float4x4 _World2Ground;
          float4x4 _Ground2World;
          float4 vert(float4 vertex: POSITION) : SV_POSITION
          {
          float3 litDir;
               litDir=normalize(WorldSpaceLightDir(vertex));
               litDir=mul(float3x3(_World2Ground),litDir);
          float4 vt;
               vt= mul(_Object2World, vertex);
               vt=mul(_World2Ground,vt);
          vt.xz=vt.xz-(vt.y/litDir.y)*litDir.xz;
          vt.y=0;
          //将计算结果返回世界坐标
          vt=mul(_Ground2World,vt);
          vt=mul(_World2Object,vt);
          return mul(UNITY_MATRIX_MVP, vt);
          }
          float4 frag(void) : COLOR
          {
               return float4(0,0.6,0,1);
          }
          ENDCG
          }
```

其效果如图 10.2 所示，红色的是平行光的投影，绿色的是场景中点光源的投影。

▲图 10.2 两个点光源的平面阴影

10.3 阴影的淡出

10.3.1　有效利用平面阴影计算过程中的数据

一般情况下，用 Shadow Mapping 和 Shadow Volumes 计算阴影的衰减是比较困难的，但是在此例中，已经知道投射阴影的物体的顶点在计算前和计算后的位置。根据这两个位置的距离，我们可以考虑计算阴影的衰减问题。

打开 PlanarShadow_3 场景，如图 10.3 所示。可以明显看出圆柱体投射在平面上的阴影随着距离而逐渐变淡。如果这是你所希望的效果，可以打开 PlanarShadow_2.shader，其 ForwardBase 的代码如下。

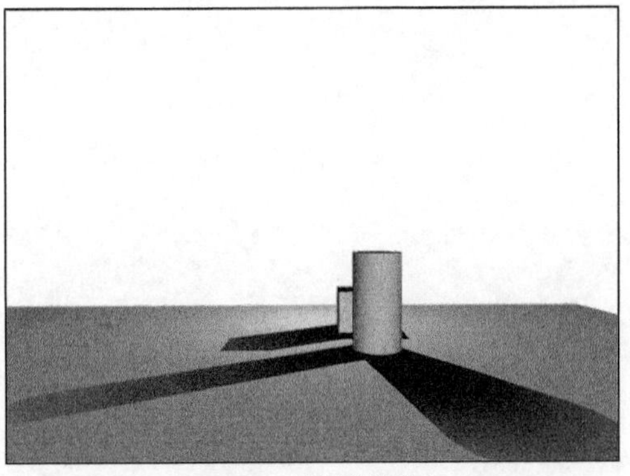

▲图 10.3　阴影的淡出

```
Tags { "LightMode" = "ForwardBase" }
        Cull Front
        Blend DstColor SrcColor
        Offset -1,-1
        CGPROGRAM
        #pragma vertex vert
        #pragma fragment frag
        #include "UnityCG.cginc"
        float4x4 _World2Ground;
        float4x4 _Ground2World;
        float _Intensity;
        struct v2f{
            float4 pos:SV_POSITION;
            float atten:TEXCOORD0;
        };
        v2f vert(float4 vertex: POSITION)
        {
        v2f o;
        float3 litDir;
            litDir=normalize(WorldSpaceLightDir(vertex));
            litDir=mul(float3x3(_World2Ground),litDir);
        float4 vt;
            vt= mul(_Object2World, vertex);
            vt=mul(_World2Ground,vt);
        vt.xz=vt.xz-(vt.y/litDir.y)*litDir.xz;
        vt.y=0;
        vt=mul(_Ground2World,vt);//back to world
        vt=mul(_World2Object,vt);
        o.pos=mul(UNITY_MATRIX_MVP, vt);
        o.atten=distance(vertex,vt)/_Intensity;//根据前后顶点的距离计算衰减
        return o;
        }
        float4 frag(v2f i) : COLOR
```

```
        {
            return smoothstep(0,1,i.atten/2);
        }
        ENDCG
        }
```

10.3.2　潜在的问题

这个方法还有一个显而易见的问题，那就是物体本身是立体的，不是一个平面，因此，在计算前后，点之间的距离还包括物体本身的厚度，这个厚度就会表现在阴影上。要解决这个问题，可以先把物体变换到灯光空间，使用_World2Light 矩阵沿着灯光方向把物体压扁，然后投射物体，这样计算出来的阴影衰减就不会包括物体的厚度了。读者可以将其当作课后作业，自行尝试实现一下。

第 11 章　球体阴影

在平面阴影的讲述中，接受阴影的物体结构比较简单，因此可以用一个简单有效的算法来解决投射在平面上的阴影问题。同理，如果物体投射的阴影的结构很简单，也可以设计出一个简单有效的算法来计算阴影，比如，球体投射的阴影。其实不只是球体，只要是能用一个固定方程式表达的几何体都可以使用此算法。但本章只讲述球体的阴影，对于其他的阴影问题，读者可以自己尝试。

本章所用到的文件和场景，都可以在工程文件下的 Assets/Shadow/Sphere Shadow 目录中找到。

11.1 平行光对球体的投影

11.1.1 投影球体的信息

当我们知道一个球体的位置及其半径的时候，就已经确切地掌握了这个球体在空间的几何信息，并且很容易算出这个球体的投影。脚本 SphereShadow.cs 是一个设定球体位置和半径信息的脚本。它需要附加到使用此材质接受球体阴影的脚本上，代码如下。

```
public classSphereShadow : MonoBehaviour {
     public GameObject sphere;//投射阴影的球体
     void Update () {
          Vector3 pos=sphere.transform.position;
          renderer.sharedMaterial.SetVector("_spPos",newVector4(pos.x,pos.y,pos.z,1f));
          renderer.sharedMaterial.SetFloat("_spR",sphere.transform.localScale.x/2);
     }
}
```

11.1.2 使用相似三角形计算投影

当需要计算一个点是否在球体的投影区域内时，我们需要知道这个点到灯光的方向、到球体中心的方向以及距离，然后根据这两个方向的夹角，通过相似三角形的计算，考察透过这个方向在球体的半径内能不能看到光源。如果可以，此点就不处于阴影之中；否则，此点将被标记在阴影中。这个完整操作是在 SphereShadow_1.shader 中完成的，完整代码如下。

```
Shader "Tut/Shadow/SphereShadow_1" {
     Properties {
          _spPos ("Sphere Position", vector) = (0,0,0,1)//投影球体的位置
          _spR ("Sphere Radius", float) = 1//投影球体的半径
          _Intensity("Intensity Of Shadow",range(0,1))=0.5//阴影的浓度
     }
     SubShader {
          Pass{
          Tags{"LightMode"="ForwardBase"}
               CGPROGRAM
```

```
            #pragma vertex vert
            #pragma fragment frag
            #include "UnityCG.cginc"
            float4 _spPos;
            float _spR;
            float _Intensity;
            float4 _LightColor0;
            struct v2f{
                float4 pos:SV_POSITION;
                float3 litDir:TEXCOORD0;//在世界坐标中的灯光方向矢量
                float3 spDir:TEXCOORD1;//在世界坐标中的投影球体方向矢量
                float4 vc:TEXCOORD2;//逐顶点计算光照
            };
        v2f vert(appdata_base v)
        {
            v2f o;
            o.pos=mul(UNITY_MATRIX_MVP,v.vertex);
            o.litDir=WorldSpaceLightDir(v.vertex);
            o.spDir=(_spPos-mul(_Object2World,v.vertex)).xyz;
            //下面是对顶点光照的计算，与阴影的计算无关
            float3 ldir=ObjSpaceLightDir(v.vertex);
            ldir=normalize(ldir);
            o.vc=_LightColor0*max(0,dot(ldir,v.normal));
            return o;
        }
        float4 frag(v2f i):COLOR
        {
            float3 litDir=normalize(i.litDir);
            float3 spDir=i.spDir;
            float spDistance=length(spDir);//到球体的距离
            spDir=normalize(spDir);
            float cosV=dot(spDir,litDir);//两个方向的夹角余弦值
            float sinV=sin(acos(max(0,cosV)));
            float D=sinV*spDistance;//解三角形
            float shadow=step(_spR,D); //判断是否能透过此方向看到光源
            float c=lerp(1-_Intensity,1,shadow);
            return i.vc*c;
        }
        ENDCG
        }
    }
}
```

这个着色器在 vertex 函数中计算了到光源和投影球体的矢量，在 fragment 函数中，把插值后的矢量进行归一化，同时计算到投影球体的距离。这个距离在解此点、球体中心以及到光源方向的垂线所构造的三角形时要用到。通过这两个方向矢量的点积得出角度，然后解上面那个三角形。通过到光源矢量方向的垂线距离与球体半径的大小判定在此点能否看到光源。打开 SphereShadow 文件夹下面的 SphereShadow_1 场景，效果如图 11.1 所示。

▲图 11.1　球体的阴影

11.2 阴影的淡入/淡出

在上面的例子中，我们仅仅判断了是否能看到光源。其实不仅能判断是否可以看到光源，当我们看不到光源时，还可以判断出此时点距离光亮地带的远近程度等价于到阴影中心的远近程度，这样就可计算一个带浓淡变化的阴影，而这是在一般的阴影实现算法中比较难以做到的。打开 SphereShadow_2 场景，如图 11.2 所示。

▲图 11.2　球体阴影的淡出

具体实现此效果的着色器是 SphereShadow_2.shader。其关键代码如下。

```
float4 frag(v2f i):COLOR
            {
                float3 litDir=normalize(i.litDir);
                float3 spDir=i.spDir;
                float spDistance=length(spDir);
                spDir=normalize(spDir);

                float cosV=dot(spDir,litDir);
                float sinV=sin(acos(max(0,cosV)));
                float D=sinV*spDistance;
                float shadow=step(_spR,D);
                float atten=pow((D/_spR),4);//计算一个到球体中心位置的衰减
                float c=lerp(1-_Intensity,1,min(1,shadow+atten));//应用此衰减到输出
                return i.vc*c;
            }
```

该着色器和上一个着色器的不同之处就在于，它不仅计算了物体是否处于球体投影中，而且计算了照射到此点的光线到球体中心的距离衰减，然后应用到最终的阴影输出中，从而得到图 11.2 所示的柔和阴影。

11.3　点光源对球体的投影

打开 SphereShadow_3 场景，如图 11.3 所示，在接受阴影的着色器中计算平行光和点光源两种阴影。原理是一样的，这里就不多说了。具体实现的是 SphereShadow_3.shader，读者可以自行看一下代码。

▲图 11.3　两种不同光源的阴影

当然，此处我们仅考虑了球体本身可能带来的阴影浓度变化。如果考虑到光源的大小，对于简单的球体阴影来说，也是很容易实现的，读者可以自行尝试一下。

第 12 章　体积阴影

相对其他渲染来说，体积阴影是比较简单、比较精确的一种渲染阴影的办法，但是 Unity 引擎的默认阴影渲染技术并未使用这种方法，Unity 的开发者 Aras 在 Unity Wiki 上有实现体积阴影（Shadow Volume）的实例。下面主要介绍 Aras 的方案，尽可能地让不太了解体积阴影技术的读者明白这项技术。Aras 的原生方案使用了相机空间和灯光空间，理解起来比较困难。这里在此基础上稍加修改，将所有操作放在世界坐标空间内进行，方便读者理解。

本章用到的文件和场景，都可以在工程文件下的 Assets/Shadow/Shadow Volumes 目录找到。

12.1 将顶点沿某一方向挤出

12.1.1 在 Vertex 函数中操作

打开 ShadowVolume_1 文件夹下名叫 ShadowVolumeExtrusion_1.shader 的文件。其代码如下。

```
pass{
     ZWrite Off ColorMask R Offset 1,1
     CGPROGRAM
     #pragma vertex vert
     #pragma fragment frag
     #include "UnityCG.cginc"

     float _Extrusion;
     float4 _LightPosition;
     float4 vert(appdata_base v) : POSITION{

          // point to light vector
          float4 wldLightPos = _LightPosition;
          float4 wldVex = mul(unity_ObjectToWorld,v.vertex);
          float3 toLight = normalize(wldLightPos.xyz - wldVex.xyz * wldLightPos.w);
          float3 wldNormal = UnityObjectToWorldDir(v.normal);
          float backFactor = dot(toLight, wldNormal);
          float extrude = (backFactor < 0.0) ? 1.0 : 0.0;
          toLight = UnityWorldToObjectDir(toLight);
          v.vertex.xyz -= toLight * (extrude * _Extrusion);
          return UnityObjectToClipPos(v.vertex);
     }
     float4 frag(float4 pos:POSITION):COLOR
     {
          return float4(1,1,1,1);
     }
     ENDCG
     }
```

这个着色器实现 3 个操作。首先，计算出当前顶点到灯光的方向矢量 toLight。代码如下。

```
float4 wldLightPos = _LightPosition;
float4 wldVex = mul(unity_ObjectToWorld,v.vertex);
```

```
float3 toLight = normalize(wldLightPos.xyz - wldVex.xyz * wldLightPos.w);
```

12.1.2 判断顶点是向光还是背光

根据法线和 toLight 的点积判断当前顶点是位于向光面还是背光面。代码如下。

```
float backFactor = dot(toLight, wldNormal);
float extrude = (backFactor < 0.0) ? 1.0 : 0.0;
```

如果法线和 toLight 的点积小于 0，则位于背光面，即 backFactor<0，extrude=1.0。接下来，将位于背光面的顶点沿着光照射的方向 toLight 挤出。代码如下。

```
v.vertex.xyz -= toLight * (extrude * _Extrusion);
```

最后，打开 ShadowVolume_1 场景，查看球体沿着灯光照射方向挤出的效果，如图 12.1 所示。

▲图 12.1　沿灯光照射方向挤出

12.2 从体积中找到阴影区域

打开 ShadowVolume_2 文件夹下的 ShadowVolume_2 场景，这个场景在 R 通道中演示了是如何通过挤出计算出物体的投影区域的。

12.2.1 两次挤出

如图 12.2 所示，最左边的锥体是 ShadowVolumeExtrusion_2.1.shader 的挤出效果，它的挤出操作

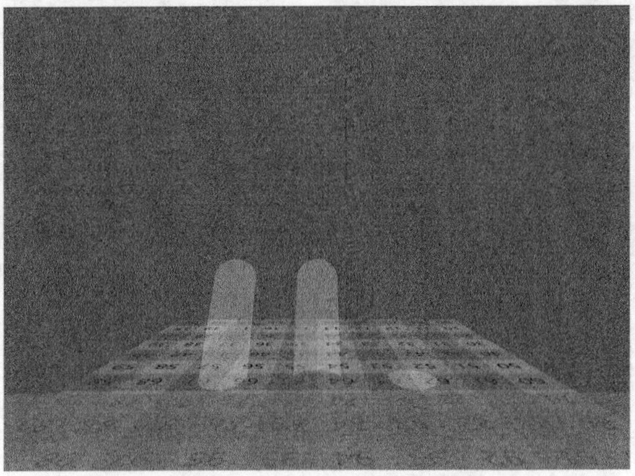

▲图 12.2　挤出操作的不同阶段

和上面提到的 ShadowVolumeExtrusion_1.shader 类似，不同的是多了一个限定命令 Cull Back，因此它只会挤出物体前面的背光面。中间的是 ShadowVolumeExtrusion_2.2.shader，它只会挤出物体背面的背光面。最右边的阴影区域则是第三个 ShadowVolumeExtrusion_ 2.3.shader 的操作效果。这个着色器有两个通道，第一个通道挤出物体背面的背光面，写入 R 通道；第二个通道则挤出物体前面的背光面，然后通过 Blend DstColor Zero 操作计算出物体的阴影区域。为了可见，这一切都是在 R 通道进行的。

12.2.2　计算出阴影区域

在计算第二个通道时，R 通道中已经存在了类似最左边的值。R 通道通过如下公式计算：

$$R_{\text{left}}\times 0.5+R_{\text{left}}\times 0=R_{\text{shadow}}=R_{\text{right}}$$

其中，R_{left}=$\text{Color}_{\text{back}}$.GB+$\text{Color}_{\text{back}}$.$R$*2。实际中，R 通道先乘以 2，然后又除以 2。在除以 2 的操作中，Cull Back 和 Cull Front 所锁定区域的差值就是我们所寻求的阴影区域。

需要特别注意的是，在 FrameBuffer 中颜色值是浮点数，即允许颜色值大于 1.0，如果 Color.R=0.7，那么乘以 2 将导致颜色值 Color.R 为 1.4，这在 FrameBuffer 中是允许的。只有在渲染到屏幕上时，颜色值才会被限制到 0～1。

12.2.3　渲染阴影

当然，除非特别需要，否则我们一般不会渲染一个红色的阴影。打开 ShadowVolume_2x 场景，如图 12.3 所示，这应该就是读者想要看到的阴影效果。

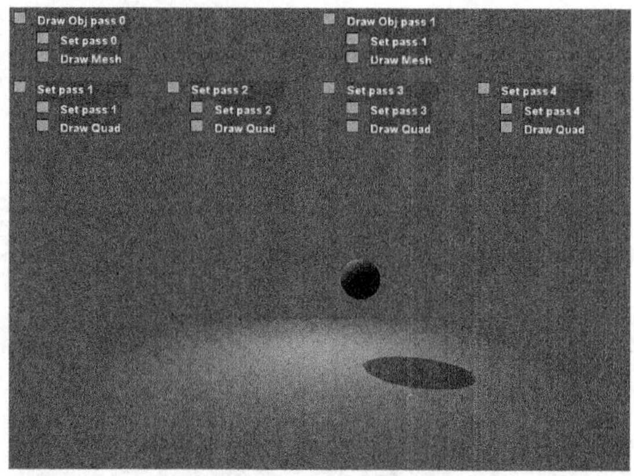

▲图 12.3　体积阴影的效果

这里提供了一系列开关，用来验证以及调试产生体积阴影的各个通道的作用。图 12.4（a）、（b）所示是通道调试与验证操作。

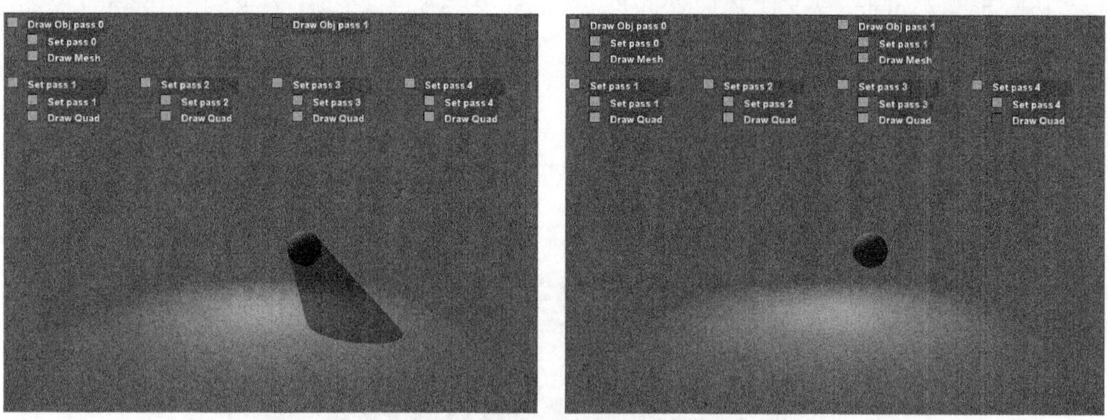

（a）　　　　（b）

▲图 12.4　体积阴影的调试和验证操作

12.2.4　需要注意的问题

体积阴影还有一个特性需要注意，是靠操作不同挤出面的差来产生阴影区域的。也就是说，阴影的产生和着色器对物体的挤出有关系。ShadowVolume_3x 场景很好地描述了这个问题，如

图 12.5（a）、（b）所示。

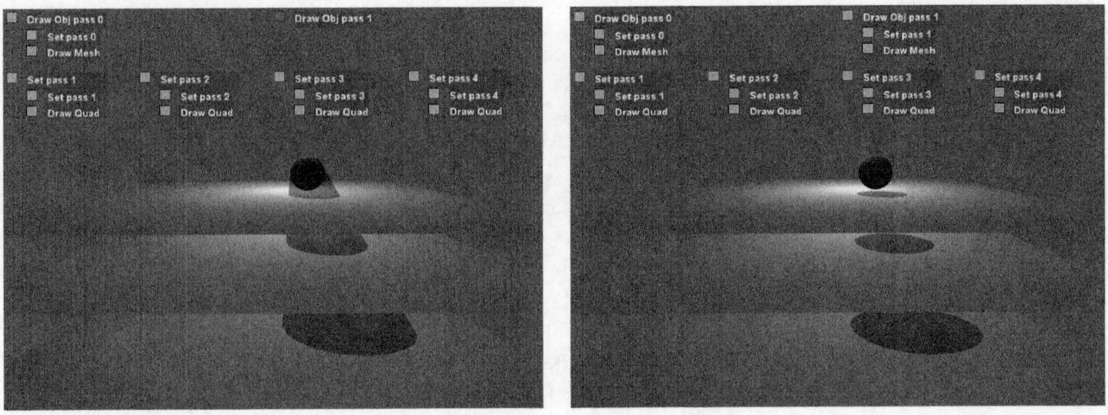

（a）　　　　（b）

▲图 12.5　体积阴影特有的问题

第 13 章　阴影映射

阴影映射是应用很广泛的实时阴影渲染技术。本章将使用 Unity 的 Render to Texture 来再现这种阴影的产生方法，这要求读者使用 Unity Pro 版本。

本章用到的文件和场景，都可以在工程文件下的 Assets/Shadow/ShadowMapping 目录中找到。

13.1 灯光空间和相机空间

13.1.1　观察两个空间

阴影映射（Shadow Mapping）牵涉两个空间的（一个是灯光空间，另一个是相机空间）*Z* 深度比较。首先打开 ShadowMapping_2，场景是默认的相机视角，单击下面的 Light View 按钮，可以切换到灯光视角，如图 13.1（a）、（b）所示。

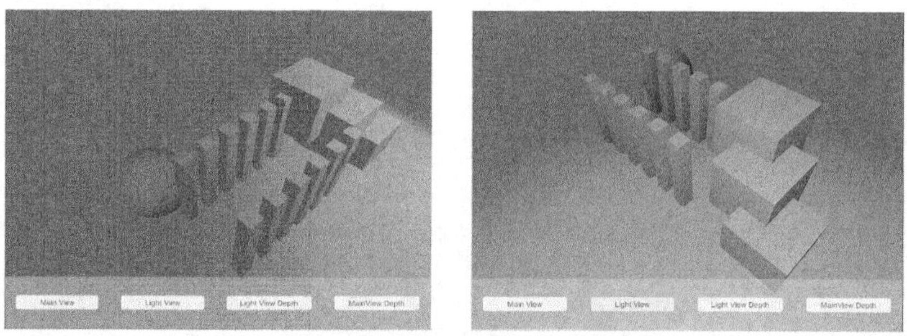

（a）　　（b）

▲图 13.1　相机视角和灯光视角

13.1.2　两个视角的 *Z* 深度

分别单击 LightView Depth 和 MainView Depth 按钮，这会使用相机的 SetReplacementShader 功能将 *Z* 深度渲染到当前屏幕上，如图 13.2（a）、（b）所示。

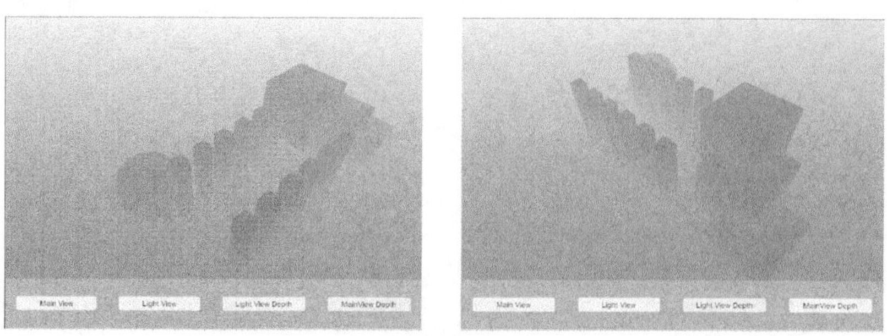

（a）　　（b）

▲图 13.2　两个视角的 *Z* 深度

13.1.3 渲染 Z深度的材质

这两个 Z 深度是分别在灯光视角和相机视角下使用 Replacement Shader 渲染出来的。该 ShadowMapping_2.shader 的主要代码如下。

```
Pass {
            CGPROGRAM
            #pragma vertex vert
            #pragma fragment frag
            #include "UnityCG.cginc"

            struct v2f {
               float4 pos : SV_POSITION;
               float2 depth : TEXCOORD0;
            };

            v2f vert (appdata_base v) {
               v2f o;
               o.pos = UnityObjectToClipPos (v.vertex);
               o.depth = o.pos.zw;
               return o;
            }

            float4 frag(v2f i) : COLOR {
               float d=i.depth.x/i.depth.y;
                  //经过投影矩阵变换后，depth 虽然是单调递增的，但是并非线性的
                    d=Linear01Depth(d);
               return float4(d,d,d,d);
            }
            ENDCG
}
```

在 vertex 函数的 vert 中，除对物体形体的必要输出之外，主要操作还有 o.depth = o.pos.zw。把物体在投影空间坐标的 zw 值赋给 o.depth，再将它的值输出到一张渲染纹理之前，通过 Linear01Depth(d)函数把 Z 的值变换到 0-1 空间。因为经过投影矩阵变换后，深度虽然是单调递增的，但是并非线性的，这样可以看到一张对比度更强的 Z 深度图，就像在上面所看到的那样。

13.2 投射 Z深度

13.2.1 准备灯光视角的投影矩阵

在比较映射阴影经典的 Z 深度之前，需要把灯光视角的 Z 深度图投射到相机视角下。打开 ShadowMapping_3 下的场景。和上一个场景相比，附加在主相机物体上的 ShadowMapping_3.cs 脚本多了一项设置投影矩阵的操作，这个操作是通过函数 Proj()来完成的。这个函数唯一做的事情就是，正确设置灯光视角的投影矩阵_myShadowProj，这个矩阵在接受阴影的材质中用来将灯光视角的 Z 深度投射到相机视角下。其主要代码如下。

```
void Proj()
     {
          model2World = Matrix4x4.identity;
          world2ProjView = shadowLight.transform.worldToLocalMatrix;//
          d = 1f / Mathf.Tan(fov / 2f);
          //设定投射灯光视角的 Z 深度的投影矩阵
          projM.m00 = d / aspect;
          projM.m11 = d;
          projM.m22 = (n + f) / (n - f);
          projM.m23 = 2f * n * f / (n - f);
          projM.m32 = 1f;
          projM.m33 = 0;
```

```
            cm = correction * projM * world2ProjView * model2World;
                Shader.SetGlobalMatrix("_myShadowProj", cm);
        }
```

13.2.2　在材质中计算投影后的 *Z* 深度

下面是可以接受此阴影的材质 ShadowMappingReciever_3.shader 的主要代码。

```
pass{
        CGPROGRAM
        #pragma vertex vert
        #pragma fragment frag
        #include "UnityCG.cginc"
        sampler2D _myShadow;
        float4x4 _myShadowProj;

        struct vertOut {
            float4 pos:SV_POSITION;
            float4 texc:TEXCOORD0;
        };
        vertOut vert(appdata_base v)
        {
            float4x4 proj;
            proj=mul(_myShadowProj,unity_ObjectToWorld);
            vertOut o;
            o.pos=UnityObjectToClipPos(v.vertex);
            o.texc=mul(proj,v.vertex);
            return o;
        }
        float4 frag(vertOut i):COLOR
        {
            float4 c=tex2Dproj(_myShadow,i.texc);
            return c;
        }
        ENDCG
}
```

对于接受这个阴影的材质，首先在 vertex 函数的 vert 中，计算出从模型空间到投影空间的转换矩阵。

```
proj=mul(_myShadowProj,_Object2World);
```

然后，输出物体在相机空间的形体。

```
o.pos= UnityObjectToClipPos(v.vertex);
```

接下来，把顶点转换到投影空间。

```
o.texc=mul(proj,v.vertex);
```

接下来，直接将此投影空间中顶点的 *x*、*y*、*z* 值用作 tex2Dproj 的采样坐标就可以了，_myShadow 是提前通过 Render To Texture 渲染好的灯光视角的 *Z* 深度图。

```
float4 c=tex2Dproj(_myShadow,i.texc);
```

在编辑器中单击 Play 按钮调试此场景，然后单击 LightView Depth 按钮，就可以看到 *Z* 深度已投射到相机空间，材质为 ShadowMappingReciever_3 的地面将正确地显示这一结果，如图 13.3 所示。

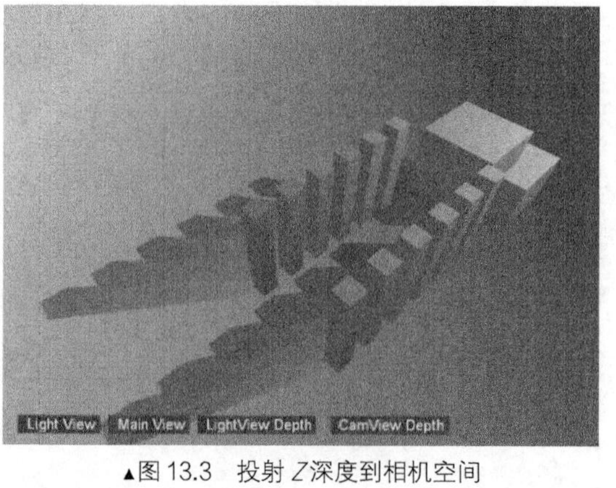

▲图 13.3　投射 *Z* 深度到相机空间

阴影映射还需要存取当前相机视角的 Z 深度，这个 Z 深度不需要通过脚本显式渲染，在声明相机的 depthTextureMode 为 DepthTextureMode.Depth 之后，在 Shader 中可以直接通过声明 _CameraDepthTexture 来存取它，但是需要一个正确的坐标来读取 Z 的值。ShadowMappingReciever_4.shader 演示了操作步骤。

```
Pass{
            Zwrite off
            ZTest Always
            CGPROGRAM
            #pragma vertex vert
            #pragma fragment frag
            #include "UnityCG.cginc"
            sampler2D _myShadow;
            float4x4 _myShadowProj;
            sampler2D _CameraDepthTexture;
            struct vertOut {
                  float4 pos:SV_POSITION;
                  float4 scrPos:TEXCOORD0;
                  float4 texc:TEXCOORD1;
            };
            vertOut vert(appdata_base v)
            {
                  vertOut o;
                  o.pos=mul(UNITY_MATRIX_MVP,v.vertex);
                  o.scrPos=ComputeScreenPos(o.pos);

                  float4x4 proj;
                  proj=mul(_myShadowProj,_Object2World);
                  o.texc=mul(proj,v.vertex);
                  return o;
            }
            float4 frag(vertOut i):COLOR
            {
                  float d=tex2Dproj(_CameraDepthTexture,UNITY_PROJ_COORD(i.scrPos)).r;
                  float t=tex2Dproj(_myShadow,i.texc).r;
                  d=Linear01Depth(d);
                  return float4(d,t,0,1);
            }
            ENDCG
            }
```

_CameraDepthTexture 是当前相机的 Z 深度，也就是直接和屏幕空间相对应的。ComputeScreenPos 主要做了一件事情，就是把顶点从投影空间的（−1，1）区域变换到（0，1）区域，然后分别把当前相机的视角和投射的灯光视角的 Z 深度输出到颜色通道 R、G。此材质的 ZTest 为 Always，因此，可以将输出结果一直显示在场景的最前面。将两个视角的 Z 深度输出到同一个视图后，读者应该可以看到图 13.4 所示的图片。

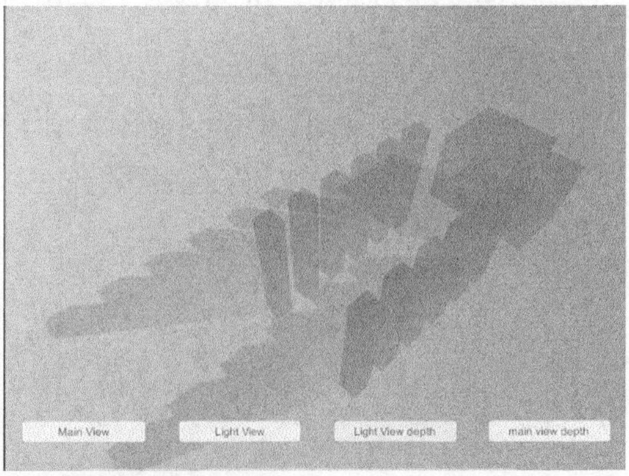

▲图 13.4　输出到同一个视图后的效果

13.3 比较 Z 深度

13.3.1　比较 Z 深度的材质

下面将实际比较这两个 Z 深度。打开 ShadowMapping_5 场景，给这个场景的地面赋予的材质是 ShadowMappingReciever_5.shader。其主要代码如下。

```
Pass{
            CGPROGRAM
            #pragma vertex vert
            #pragma fragment frag
            #include "UnityCG.cginc"
            sampler2D _myShadow;
            float4x4 _litMVP;
            struct vertOut {
                  float4 pos:SV_POSITION;
                  float4 litPos;
            };
            vertOut vert(appdata_base v)
            {
                  vertOut o;
                  o.pos=mul(UNITY_MATRIX_MVP,v.vertex);
                  float4 wVertex=mul(_Object2World ,v.vertex);
                  o.litPos=mul(_litMVP,wVertex);
                  return o;
            }
            float4 frag(vertOut i):COLOR
            {
                  float2 shadowTexc=0.5*i.litPos.xy/i.litPos.w+float2(0.5,0.5);
                  float litZ=i.litPos.z/i.litPos.w;
                  float t=tex2D(_myShadow,shadowTexc).r;
                  if(litZ<=t)
                  return 0.6;
                  else
                  return 0.3;
            }
            ENDCG
            }
```

接受阴影的地面的 Z 深度不是通过读取当前相机的 Z 深度图，而是先把当前顶点变换到世界坐标 wVertex，然后再变换到灯光所在的投影空间。

```
float4 wVertex=mul(_Object2World ,v.vertex);
o.litPos=mul(_litMVP,wVertex);
```

之后在 Fragment 函数的 frag 中计算出当前像素的 Z 深度。

```
float litZ=i.litPos.z/i.litPos.w;
```

阴影的坐标则是通过计算当前像素在灯光投影空间中的位置来确定的。

```
float2 shadowTexc=0.5*i.litPos.xy/i.litPos.w+float2(0.5,0.5);
```

最后比较这两个 Z 深度来判定物体是否在阴影区域，如图 13.5 所示。

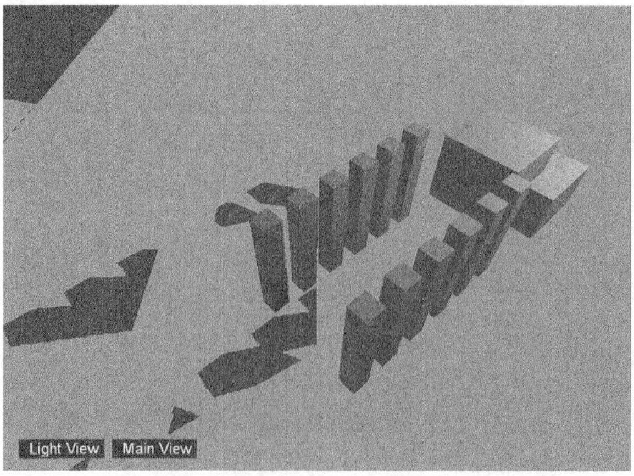

▲图 13.5　进行 Z 深度的比较

13.3.2 Z深度的精度引起的问题

在上面的实例中，很显然，我们在某个地方出了点问题——阴影强度（Shadowance），是因为事实上的 Z 深度值不是理想的实数域连续性，而是计算机世界中必然的离散化结果，在需要比较同一个点在不同视角的 Z 深度时，这个离散化的误差就显现出来了。

13.3.3 提高 Z深度的精度

我们首先来尝试提高 Z 深度的精度，因为在 ShadowMapping_5.shader 中，我们只使用了 4 个通道中的一个。

```
float4 frag(v2f i) : COLOR {
float d=i.depth.x/i.depth.y;
return d;
}
```

这个输出其实是 float4(*d*,*d*,*d*,*d*)，这显然是一种浪费。可以使用 UnityCG.cginc 中的 EncodeFloatRGBA (float value)函数来提高精度。经过改进 Z 深度的编码，得到 ShadowMapping_6.shader。

```
Pass {
            Fog { Mode Off }
            CGPROGRAM
            #pragma vertex vert
            #pragma fragment frag
            #include "UnityCG.cginc"
            struct v2f {
            float4 pos : SV_POSITION;
            float2 depth : TEXCOORD0;
            };
            v2f vert (appdata_base v) {
                 v2f o;
                 o.pos = mul (UNITY_MATRIX_MVP, v.vertex);
                 o.depth.xy=o.pos.zw;
            return o;
            }
            float4 frag(v2f i) : COLOR {
            float d=i.depth.x/i.depth.y;
            float4 c=EncodeFloatRGBA(d);//通过编码深度在 4 个通道中提高 Z 的精度
            return c;
            }
            ENDCG
        }
```

然后在 ShadowMappingReciever_6.shader 中把它从 RGBA 的 4 个通道中解码成一个浮点值。

```
float4 frag(vertOut i):COLOR
          {
              float2 shadowTexc=0.5*i.litPos.xy/i.litPos.w+float2(0.5,0.5);
              float litZ=i.litPos.z/i.litPos.w;
              float4 c=tex2D(_myShadow,shadowTexc);
              float t=DecodeFloatRGBA(c);//解码 Z 深度值
              if(litZ>t)
              return 0.3;
              else
              return 0.7;
          }
```

这里所使用到的 float4 EncodeFloatRGBA（float value）和 float DecodeFloatRGBA（float4 color）函数均在 UnityCG.cg 文件中。增加 Z 深度后的效果如图 13.6 所示。

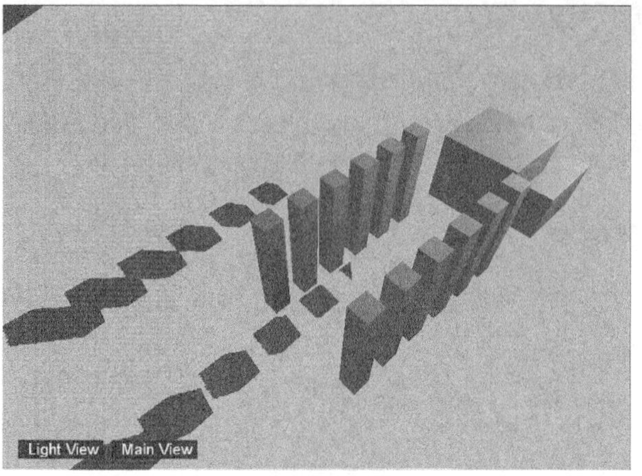

▲图 13.6　增加 Z 深度后的结果

13.3.4　对 Z 深度值进行偏移

显然，Z 深度的精度是个问题，而且通过上述编码操作，已经解决了部分阴影强度的问题。但是主要问题依然存在——物体发生了分离，这个现象叫 Peter Panning，源自迪士斯的一部动画中的主角 Peter Pan，它的影子可以脱离自身活动起来。打开 ShadowMapping_7 场景，对 Z 深度的值做如下修正。

```
float4 frag(v2f i) : COLOR
{
float d=i.depth.x/i.depth.y-4/i.depth.y;//对 Z 的深度值进行偏移
float4 c=EncodeFloatRGBA(d);
return c;
}
```

对相机的 Z 深度做如下修正。

```
float4 frag(vertOut i):COLOR
        {
                float2 shc=0.5*i.litPos.xy/i.litPos.w+float2(0.5,0.5);
                float oZ=i.litPos.z/i.litPos.w-4/i.litPos.w;
                float4 c=tex2D(_myShadow,shc);
                float sZ=DecodeFloatRGBA(c);
                float r=0;
                if(oZ<=sZ)
                r=0.8;
                else
                r=0.5;
                return r;
        }
```

修正后的效果如图 13.7 所示。

如果我们继续深入，还可以研究阴影的锯齿问题和阴影的淡入、淡出问题。本书主要讲解 Unity Shader 编程，这里就不再赘述了。

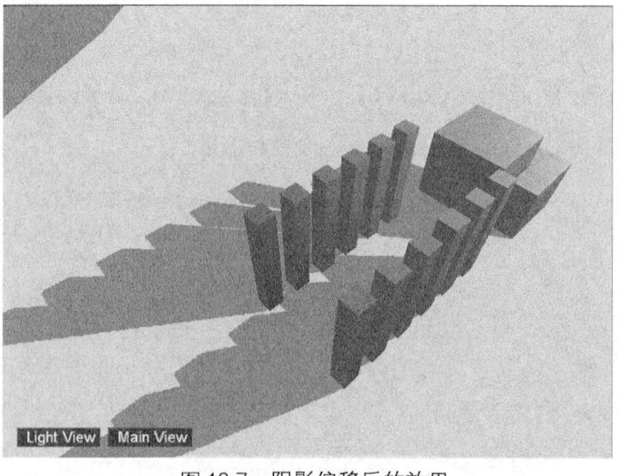

▲图 13.7　阴影偏移后的效果

第 14 章　内置的阴影

如果你是跳过前面几章的内容来直接学习这一章，恭喜你，这一章并不涉及前面介绍的内容，因为本章介绍 Unity 内置的阴影效果。不过你必须知道：阴影是 Unity Pro 的一个特性。

本章用到的文件和场景，都可以在工程文件下的 Assets/Shadow/BuildInShadow 目录中找到。

14.1 Unity 实时阴影的原理

Unity 和多种引擎的主要阴影渲染方式就是阴影贴图。当然，除阴影贴图之外，还有体积阴影方式。本书第 12 章介绍了体积阴影的实现，不明白的读者可以参考一下。之所以用阴影贴图技术较多是因为相比体积阴影，前者的性能更佳（但精度较低，这样容易产生阴影马赫带、阴影边缘锯齿之类的问题）。本节的场景和文件位于工程文件/Assets/Shadow/ShadowMapping/Shadow Map Principle 下，建议运行程序的时候在帧调试器中查看。

14.1.1　基本原理

假设我们在灯光光源处沿光照方向看，那么你能看见的物体应该都是被这个灯光照亮的，而你看不见的物体应该是变暗的，被这个物体遮挡的部分就应该因为变暗而产生阴影。而阴影贴图生成阴影的原理就是如此。

第一步，是在光源的位置进行投影。如果光源是平行光，则使用正交投影；如果是点光源和聚光灯光源，则使用透视投影。作为阴影贴图，每一个光源的阴影贴图都需要单独绘制。另外，针对点光源，阴影贴图是多张贴图拼接而来的 CubeMap。按照光源的视角进行平行光源深度图的渲染的效果如图 14.1 所示。

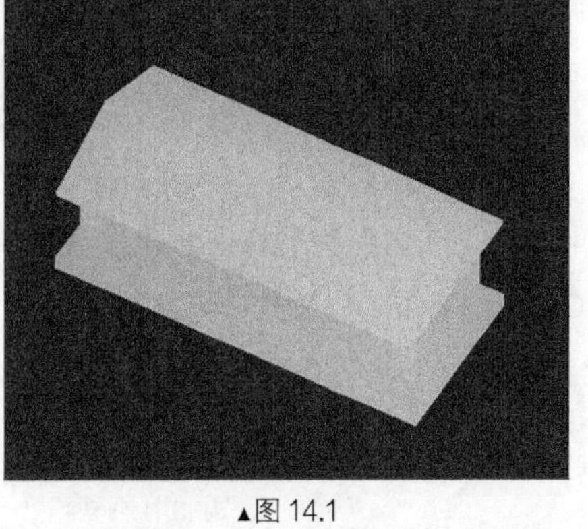

▲图 14.1

接下来就按照相机的正常方法来渲染这个场景。不过渲染的时候，会把每个位置的坐标变换到灯光的坐标系下，然后获取它的实际深度，与阴影贴图采样的深度进行对比，从而得知这个位置应该在阴影中还是在光源中。

14.1.2　软阴影

阴影贴图的值只有简单的 0 和 1，这造成了阴影贴图生成的阴影很容易出现锯齿问题。针对这种问题（我们假设阴影贴图的分辨率比较高，可以显示一定程度的粒度），在渲染阴影纹理的时候，在阴影边缘往往使用采样方法来取均值。Percentage-Closer-Filtering 就是这类方法，并且人们也提出了不同的采样方式（例如，泊松分布采样、随机分布采样等）。

另外，在阴影贴图的分辨率不够高并且场景渲染较大地受到阴影影响的前提下，对特别细小的物体显示出来的阴影效果非常差，如图 14.2 所示。

在 Quality Settings 当中将 Stable Fit 设置成 Close Fit 能缓解此情况。而设置成 Close 会在有限的阴影贴图当中，尽可能地让相机面前的物体占据这张阴影贴图的比例更大。

从 Shadow Map 的引入到现在的实时阴影效果，其实很多复杂的问题需要解决。

▲图 14.2　在距离原点超级远的场景下细小物体的阴影质量较差，产生了边缘锯齿

14.2 投射阴影

14.2.1　使用 ShadowCaster 投射阴影

既然是内置的，当然就要简单易用才行。打开 Caster_1 下的场景，如图 14.3 所示。

▲图 14.3　内置的阴影效果

左边的中间圆柱体和默认材质一样，投射了一个完美的阴影，但是其材质很简单。打开 Caster_1.shader，程序如下。

```
Shader "Tut/Shadow/BuildInShadow/Caster_1" {
SubShader {
     Pass {
          Name "ShadowCaster"
          Tags { "LightMode" = "ShadowCaster" }
          Fog {Mode Off}
          ZWrite On ZTest Less Cull Off
     CGPROGRAM
          #pragma vertex vert
          #pragma fragment frag
          #pragma multi_compile SHADOWS_NATIVE SHADOWS_CUBE
          #pragma fragmentoption ARB_precision_hint_fastest
          #include "UnityCG.cginc"
          struct v2f {
               V2F_SHADOW_CASTER;
          };
          v2f vert( appdata_base v )
          {
               v2f o;
```

```
            TRANSFER_SHADOW_CASTER(o)
        return o;
        }
        float4 frag( v2f i ) : COLOR
        {
            SHADOW_CASTER_FRAGMENT(i)
        }
        ENDCG
    }
    }
}
```

这个着色器只有一个用来渲染阴影的通道，并没有用来呈现物体自身的通道，所有物体的本体是不可见的，因为现在的重点是阴影的渲染，所以就把物体的渲染省略掉了。

14.2.2 在 ShadowCaster 里都做了什么

我们现在来仔细看一下这个通道到底表达了哪些信息？

此通道的 LightMode 是 ShadowCaster，这是很重要的，这个信息告诉了 Unity 的渲染引擎，将此通道当作计算阴影的渲染通道来对待。如果没有此设置，那么 Unity 就会把它当作普通渲染物体形态的通道，这样是不会正确渲染出阴影的。V2F_SHADOW_CASTER 是 UnityCG.cginc 中预定义的一个存储必要阴影信息的结构。该结构中必然包括 float4 pos:SV_POSITION，这是输出到片元时所必需的。如果这是个点光源，那么需要包括 float3 vec:TEXCOORD0；如果 Unity 无法渲染 *Z* 深度，需要包括 float4 hpos:TEXCOORD0。简单来说，可以在 V2F 结构中放置如下 3 个变量。

```
float4 pos : SV_POSITION;
float4 hpos : TEXCOORD1;
float3 vec : TEXCOORD0;
```

用上述程序就可以代替 V2F_SHADOW_CASTER。

而从 vertex 到 fragment 传递的函数 TRANSFER_SHADOW_CASTER(o)主要做了以下事情：如果是点光源，则输出顶点到光源的距离 o.vec = mul(_Object2World, v.vertex).xyz − _LightPositionRange.xyz（对于点光源，_LightPositionRange.xyz 就是这个点光源在世界坐标中的位置）；如果是平行光，根据 GPU 是否支持渲染 *Z* 深度到纹理缓冲区，分别对输出的 *Z* 深度做不同的修正，这些修正其实就是阴影偏差。

在 fragment 函数中，主要把点到灯光的距离编码到 RGBA 通道，使用了 EncodeFloatRGBA (length(i.vec) * _LightPositionRange.w)。如果是平行光 UNITY_OUTPUT_DEPTH(i.hpos.zw)，主要使用 return i.x/i.y。

14.2.3 写一个自己的 ShadowCaster

如果读者觉得 V2F_SHADOW_CASTER、TRANSFER_SHADOW_CASTER()和 SHADOW_CASTER_FRAGMENT()过于抽象，可以像下面这样来写 ShadowCaster 这个通道。

```
Pass {
        Name "ShadowCaster"
        Tags { "LightMode" = "ShadowCaster" }
        Fog {Mode Off}
        ZWrite On ZTest Less Cull Off
        CGPROGRAM
        #pragma vertex vert
        #pragma fragment frag
        #pragma multi_compile SHADOWS_NATIVE SHADOWS_CUBE
        #pragma fragmentoption ARB_precision_hint_fastest
        #include "UnityCG.cginc"
        struct v2f {
         //这个结构对应于 V2F_SHADOW_CASTER
```

```
            float4 pos : SV_POSITION;
            float4 hpos : TEXCOORD1;
            float3 vec : TEXCOORD0;
            };
            v2f vert( appdata_base v )
            {
                v2f o;
                //下面的操作对应于 TRANSFER_SHADOW_CASTER(o)
                o.vec = mul( _Object2World, v.vertex ).xyz - _LightPositionRange.xyz;
                o.pos = mul(UNITY_MATRIX_MVP, v.vertex);
                o.pos.z += unity_LightShadowBias.x;

                float clamped = max(o.pos.z, -o.pos.w);
                o.pos.z = lerp(o.pos.z, clamped, unity_LightShadowBias.y);
                o.hpos = o.pos;
                return o;
            }
            float4 frag( v2f i ) : COLOR
            {
                 //下面的操作对应于 SHADOW_CASTER_FRAGMENT(i)
                return EncodeFloatRGBA( length(i.vec) *( _LightPositionRange.w));
            }
            ENDCG
    }
```

这样做可能会让你感觉到一点存在感，但是，如果在实际开发中，推荐 UnityCg.cginc 中的函数，这样可以让你兼顾不同的平台。

14.2.4　改变 ShadowCaster 的行为

既然已经了解 Unity 中 ShadowCaster 的主要工作原理，就可以改变 Shadowcaster 的行为，加入自己的一些创意，创造一些你认为有意思的东西。

打开 Caster_2 场景，对内置阴影的各种修改如图 14.4 所示，画面稍显有点超现实。

▲图 14.4　对内置阴影的各种修改

呈现这个画面原因是，作者尝试了对 ShadowCaster 所传递信息的改动引起的。修改的内容都很简单，读者可以打开 Caster_2 文件夹下的 Shader 文件查看一下源文件。

14.2.5　阴影和 FallBack 机制

根据 Unity 官方文档的描述，FallBack 机制表示 Unity 无法在当前的显卡配置条件下找到合适的 Shader 时才会选择的材质，不过在计算阴影的时候或当 Unity 无法在当前着色器中找到合适的 ShadowCaster 时，它也会从 FallBack 语句中挑选出一个默认的 ShadowCaster。因此，只要在自己写着色器时加上合适的 FallBack 语句，就可以为自己的着色器添加阴影支持。打开 Caster_3 下的场景，如图 14.5 所示。

▲图 14.5 通过 FallBack 机制产生的阴影

Caster_3.1.shader 的主要代码如下。

```
Shader "Tut/Shadow/Caster_3.1" {
    Properties {
        _MainTex ("", 2D) = "white" {}
    }
    SubShader {
        Tags { "RenderType"="Opaque" }
        LOD 200
            Pass{
            CGPROGRAM
            #pragma vertex vert
            #pragma fragment frag
            #include "UnityCG.cginc"
            sampler2D _MainTex;
            struct vertOut {
                float4 oPos:SV_POSITION;
                float2 uv:TEXCOORD0;
            };
            vertOut vert(appdata_base v)
            {
                vertOut o;
                float4 pos=mul(UNITY_MATRIX_MVP,v.vertex);
                o.oPos=pos;
                o.uv=v.texcoord.xy;
                return o;
            }
            float4 frag(vertOut i):COLOR
            {
                float4 c=tex2D(_MainTex,i.uv);
                return c;
            }
            ENDCG
        }
    }
    FallBack "Diffuse"
}
```

在 Caster_3.1.shader 中并没有显式定义一个 ShadowCaster 或者自定义阴影产生办法，在 SubShader 里有一个只展示一张贴图的通道，但是，这个通道使用了 FallBack"Diffuse"。在使用延迟渲染时，Unity 会在渲染阴影时从默认的 Diffuse 材质中查找 ShadowCaster。

Caster_3.2.shader 也是类似的，我们简单地计算了光照，并使用 FallBack 语句来产生阴影。值得注意的是，着色器中唯一一个通道的 LightMode 是 Vertex，而我们知道 Unity 在渲染路径为 Vertex 时是不会产生阴影的。当然，场景里相机的渲染路径是延迟的。这说明 Unity 在 Deferred

模式下会遍历整个着色器，直到挑选出合适的 SubShader 和合适的通道为止。对于阴影的产生，Unity 显然也使用了统一原则，这有助于我们构建自己的着色器。像上面那样，写一个只计算 Vertex 光照的通道，然后使用默认的 Diffuse 材质产生阴影的路径，这样有一个可以很快渲染物体的通道，同时还能得到延迟模式下的阴影。

14.3 接受阴影

前面已经讲述了如何使用 ShadowCaster，或者说如何投射阴影，ShadowCaster 很好用，所有的内置着色器都可以接收到阴影。问题是自定义的着色器如何接收到其他物体投射的阴影。当然，对于 ShadowCaster，就应该有对应的 ShadowCollector。Unity 内置的着色器中确实有这样一个 ShadowCollector。其完整代码如下。

```
Pass {
     Name "ShadowCollector"
     Tags { "LightMode" = "ShadowCollector" }
     Fog {Mode Off}
     ZWrite On ZTest LEqual
     CGPROGRAM
     #pragma exclude_renderers xbox360
     #pragma vertex vert
     #pragma fragment frag
     #pragma fragmentoption ARB_precision_hint_fastest
     #pragma multi_compile_shadowcollector
     #define SHADOW_COLLECTOR_PASS
     #include "UnityCG.cginc"
     struct appdata {
     float4 vertex:POSITION;
     };
     struct v2f {
          V2F_SHADOW_COLLECTOR;
     };
     v2f vert (appdata v)
     {
          v2f o;
          TRANSFER_SHADOW_COLLECTOR(o)
          return o;
     }
     half4 frag (v2f i) : COLOR
     {
          SHADOW_COLLECTOR_FRAGMENT(i)
     }
     ENDCG
}
```

但是非常遗憾，我们不能像 ShadowCaster 一样，简单地把这个名叫 ShadowCollector 的通道添加到自己的着色器代码中，然后对自己的着色器渲染部分做某些改动，就可以接受其他物体通过 ShadowCaster 投射过来的阴影。在 Unity 3.0 版本之后，要使用 ShadowCollector，就必须使用 Unity 的表面着色器。

14.4 表面着色器和阴影

14.4.1　表面着色器的阴影和 FallBack

打开 Collector_1 下的场景，对于默认创建的表面着色器，如果不使用 FallBack 机制，是不会投射出阴影的，但是却可以接受阴影，如图 14.6 所示。

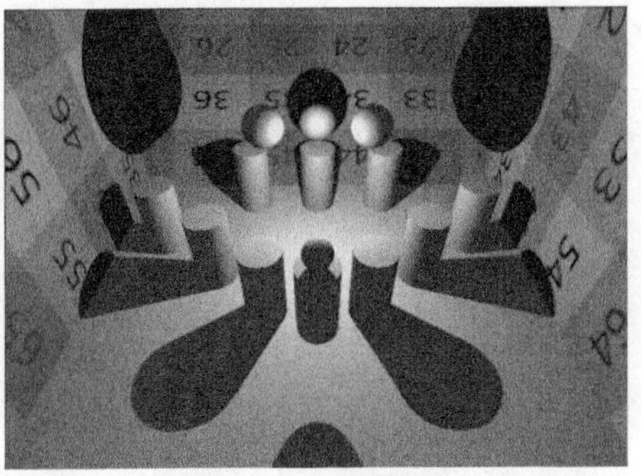

▲图 14.6 接受阴影

这是一个简单的表面着色器，Collector_1.3.shader 的代码如下。

```
Shader "Tut/Shadow/BuildInShadow/Collector_1.3" {
    Properties {
        _MainTex ("Base (RGB)", 2D) = "white" {}
    }
    SubShader {
        Tags { "RenderType"="Opaque" }
        LOD 200
        CGPROGRAM
        #pragma surface surf Lambert
        sampler2D _MainTex;
        struct Input {
            float2 uv_MainTex;
        };
        void surf (Input IN, inout SurfaceOutput o) {
            half4 c = tex2D (_MainTex, IN.uv_MainTex);
            o.Albedo = c.rgb;
            o.Alpha = c.a;
        }
        ENDCG
    }
}
```

在上述 Collector_1.3.shader 中，我们关闭了 FallBack 机制，结果导致着色器可以接受其他物体通过 ShadowCaster 投射的阴影，但是自身不能投射阴影。如果想让自定义的表面着色器投射阴影，就必须使用 ShadowCaster 或者 FallBack 机制。

在自定义表面着色器时，我们也可以选择性地自定义一个光照模型，在 Collector_1.2.shader 中就有两个这样的模型。对应于延迟渲染路径的光照模型的代码如下。

```
half4 LightingCollector_2_PrePass (SurfaceOutput s, half4 light) {
        half4 c;
        c.rgb = s.Albedo * light.a;
        c.b=(1-light.a)+c.b;
        c.a = s.Alpha;
        return c;
    }
```

14.4.2 表面着色器里的灯光参数和阴影

传入的 half4 light 参数的第 4 个元素 light.a 包括了阴影和灯光的衰减值，我们把 light.a 的衰减效果输出到颜色的 B 通道中。

14.4.3 表面着色器对前向渲染路径下阴影的支持

延迟渲染有一个缺点，就是不方便抗锯齿，而前向模式在抗锯齿方面效果很好，但是默认的阴影只有平行光才会支持。当然，这是默认的，Unity 专家早就考虑到我们可能会要求在前向模式下也有各种阴影。

的确如此，Unity 在表面着色器中提供了一个命令选项 fullforwardshadows。

打开 FullForwardShadow 文件夹下面的 FullForwardShadow.shader 材质文件，其代码如下。

```
Shader "Tut/Shadow/BuildInShadow/FullForwardShadow" {
    Properties {
        _MainTex ("Base (RGB)", 2D) = "white" {}
    }
    SubShader {
        Tags { "RenderType"="Opaque" }
        LOD 200
        CGPROGRAM
        #pragma surface surf Lambert fullforwardshadows
        sampler2D _MainTex;
        struct Input {
            float2 uv_MainTex;
        };
        void surf (Input IN, inout SurfaceOutput o) {
            half4 c = tex2D (_MainTex, IN.uv_MainTex);
            o.Albedo = c.rgb;
            o.Alpha = c.a;
        }
        ENDCG
    }
    FallBack "Diffuse"
}
```

这是一个默认的表面着色器，但是在通常的#pragma surface surf Lambert 后面又添加了一个 fullforwardshadows 选项。在场景中，相机的 RenderingPath 为 Forward，有一个点光源，其阴影被打开，并设为 Soft Shadows，可以看到图 14.7 所示的警告。

▲图 14.7　阴影选项和渲染模式的警告

在前向模式下，只有平行光可以有阴影。另外，场景中还有一个绿色的点光源，阴影选项也被打开，设为 Soft Shadow；还有一个蓝色的平行光，阴影也被打开。现在我们可以惊喜地看到，即使在相机的 RenderingPath 为 Forward 时，也可以拥有多个类型的阴影，如图 14.8 所示。

需要注意的是，对于接受阴影的物体，如上例中的地面，其材质必须打开了 fullforwardshadows 选项。此外，根据 Unity 的官方文档，Vertex-Lit 模式的灯光是不会投射阴影的，而基于 Vertex-Lit 材质的物体不会接受阴影，但是会投射阴影。透明（Transparent）物体不会接受或投射阴影，但是 Transparent Cutout 物体可以投射并接受阴影。

▲图 14.8　多个类型的阴影

14.5 阴影的批处理

14.5.1　批处理阴影的好处

阴影是 Drawcall 和几何体帧数据的一个重要来源。

阴影最重要的是投射形体、写 *Z* 深度，而诸如法线、UV、贴图对于阴影都不是必须有的（当然 Cut Off 类型的除外）。实际上渲染阴影所需的数据远远少于照亮一个物体的数据。最重要的是，阴影的材质是一致的，而材质一致也是进行批处理的前提。也就是说，即使不同的物体的表面材质不一样，阴影的材质也是一致的，可合批（批处理）。为了减轻 CPU 的负担，Unity 官方的动态合批有 900 个顶点数据的限制（在统计时法线也属于顶点数据），但是大多数时候这个数量限制太死板了，尤其在 Drawcall 比较紧张的时候。

14.5.2 简单的 Caster

对于复杂的几何体，如游戏角色，我们会希望找出一个简单的几何体。

阴影的 Caster 是现成的，可以完全不受物体着色的通道的影响，来自定义一个实现，这个比较简单，而且在 Unity 5.0 版本以后是将物体渲染到 Z 缓冲区的必要条件。

但是接受阴影比较麻烦，这个计算是和光照一起进行的。理解所有的 Unity 内置着色器的实现方式并且模仿出来一个实现，是一个痛苦的途径。简单的办法是逆向工程，换个说法就是通过查看表面着色器的中间文件，通过删减函数，找到实现阴影必要的、最少的代码。下面是通过这种方式找到的接受阴影的一个通道，而不需通过表面着色器（其实我还保留了与 Light Probes 相关的函数，读者如果还想精简，可以将这部分删掉）。

```
CGPROGRAM
#pragma vertex vert_surf
#pragma fragment frag_surf
#pragma target 3.0
#pragma multi_compile_fog
#pragma multi_compile_fwdbase
#include "HLSLSupport.cginc"
#include "UnityShaderVariables.cginc"
#include "UnityShaderUtilities.cginc"

#define UNITY_PASS_FORWARDBASE
#include "UnityCG.cginc"
#include "Lighting.cginc"
#include "UnityPBSLighting.cginc"
#include "AutoLight.cginc"

#define INTERNAL_DATA
#define WorldReflectionVector(data,normal) data.worldRefl
#define WorldNormalVector(data,normal) normal

sampler2D _MainTex;
struct Input {
    float2 uv_MainTex;
};
struct v2f_surf {
  float4 pos : SV_POSITION;
  float2 pack0 : TEXCOORD0; // _MainTex
  half3 worldNormal : TEXCOORD1;
  float3 worldPos : TEXCOORD2;
  #if UNITY_SHOULD_SAMPLE_SH
  half3 sh : TEXCOORD3; // SH
  #endif
  UNITY_SHADOW_COORDS(4)
  UNITY_FOG_COORDS(5)
};
float4 _MainTex_ST;
v2f_surf vert_surf (appdata_full v) {
  v2f_surf o;
  UNITY_INITIALIZE_OUTPUT(v2f_surf,o);
  o.pos = UnityObjectToClipPos(v.vertex);
  o.pack0.xy = TRANSFORM_TEX(v.texcoord, _MainTex);
  float3 worldPos = mul(unity_ObjectToWorld, v.vertex).xyz;
```

```
    fixed3 worldNormal = UnityObjectToWorldNormal(v.normal);
    o.worldPos = worldPos;
    o.worldNormal = worldNormal;

     #if UNITY_SHOULD_SAMPLE_SH
       o.sh = ShadeSHPerVertex (worldNormal, o.sh);
      #endif

    UNITY_TRANSFER_SHADOW(o,v.texcoord1.xy); // pass shadow coordinates to pixel shader
    UNITY_TRANSFER_FOG(o,o.pos); // pass fog coordinates to pixel shader
    return o;
  }

  fixed4 frag_surf (v2f_surf IN) : SV_Target {
    float3 worldPos = IN.worldPos;
    fixed3 lightDir = _WorldSpaceLightPos0.xyz;

    half3 Albedo = tex2D(_MainTex,IN.pack0.xy).rgb;
    half3 Normal = IN.worldNormal;

       fixed atten = UNITY_SHADOW_ATTENUATION(IN, worldPos);
       half3 litColor=atten;// _LightColor0.rgb;
       Normal = normalize(Normal);

       half outputAlpha;
       half nl = saturate(dot(Normal, lightDir));
       half4 c4=half4(litColor*Albedo,1);
       c4.a = outputAlpha;
    UNITY_APPLY_FOG(IN.fogCoord, c4);
    return c4;
  }
  ENDCG
```

可以打开 Assets/Shadow/BuildInShadow/Caster_Receiver 下面的 CasterReceiver 场景，这里为 Capsule 投射阴影的是一个 Cube，而对阴影的接受是通过上面的这个自定义着色器来实现的，如图 14.9 所示。

▲图 14.9　自定义阴影的投射和接受

14.5.3　静态阴影的批处理

本节介绍如何对静态阴影进行合批。这是一个稍微复杂点的实践。首先打开 Batch Caster 这个场景，里面有两类阴影，即静态的和动态的。然而，它们的材质都一样，而且阴影的投射都是通过一个不同形状的几何体来实现的，这是为了提醒读者物体的光照和阴影是可以分离的。

为了更加系统化一点，创建一个脚本，用于注册 Caster。

```
public class CasterItem : MonoBehaviour
{
   public MeshFilter caster;
```

```
        public CasterKind kind = CasterKind.none;
        [NonSerialized]
        public Transform tr;
        [NonSerialized]
        public Mesh mesh;
        [NonSerialized]
        public int idx;
        void Start()
        {
           tr = caster.transform;
           mesh = caster.sharedMesh;
           caster.gameObject.SetActive(false);
           BatchCasters.casterIdx += 1;
           this.idx = BatchCasters.casterIdx;
        }
        private void OnBecameInvisible()
        {
           BatchCasters.RemoveCaster(this);
        }
        private void OnBecameVisible()
        {
           BatchCasters.AddCaster(this);
        }
     }
     public enum CasterKind
     {
        none = 0,
        dynamicCaster = 1,
        staticCaster = 2,
     }
```

BatchCasters会根据阴影的类型把它们分别交给阴影的静态合批脚本StaticCasters和动态合批脚本DynamicCasters来处理。这个处理主要是对顶点的空间坐标的转换，同样转换到世界坐标里面，计算量会比较小，因为只需要做一次转换，诸如法线这种信息则被舍弃。

下面的函数用于添加或者删除一个Caster设置的状态信息。

```
public virtual void AddCaster(CasterItem caster)
        {
           if (wldVertex.ContainsKey(caster.idx))
           {
               return;
           }
           else
           {
               TransformCaster(caster);
               casters.Add(caster);
               dirty = true;
           }
        }
        public virtual void RemoveCaster(CasterItem caster)
        {
           if (wldVertex.ContainsKey(caster.idx))
           {
               wldVertex.Remove(caster.idx);
               tris.Remove(caster.idx);
               casters.Remove(caster);
               dirty = true;
           }
        }
```

只有顶点信息需要做一次空间的转换。

```
protected virtual void TransformCaster(CasterItem caster)
        {
           int count = caster.mesh.vertexCount;
           Transform tr = caster.tr;
           Vector3[] vertex = caster.mesh.vertices;
```

```
            Vector3[] newVertex = new Vector3[count];
            for (int i = 0; i < count; i++)
            {
               newVertex[i] = tr.localToWorldMatrix.MultiplyPoint3x4(vertex[i]);
            }
            wldVertex.Add(caster.idx, newVertex);
            tris.Add(caster.idx, caster.mesh.triangles);
        }
```

在运行时只需要检测 dirty 的状态，增减阴影的 Caster。没有用代码创建过网格的读者，可能需要深入理解一下三角形索引顶点的偏移。

```
public virtual void Update()
        {
            if (dirty && isActive)
            {
                dirty = false;
                count = 0;
                vertices.Clear();
                triangles.Clear();
                mesh.triangles = null;
                int i;
                foreach (KeyValuePair<int, Vector3[]> kp in wldVertex)
                {
                    if (count + kp.Value.Length < maxCount)
                    {

                        vertices.AddRange(kp.Value);
                        temp = tris[kp.Key];
                        i = 0;
                        for (i = 0; i < temp.Length; i++)
                        {
                            triangles.Add(temp[i] + count);
                        }
                        count = count + kp.Value.Length;
                    }
                    else
                    {
                        break;
                    }

                }
                mesh.SetVertices(vertices);
                mesh.triangles = triangles.ToArray();
            }
        }
```

以上是静态阴影的批处理，静态的意思是物体不动，但是数量是可以改变的，比如，新建一个物体，或者删除一个物体，或者一个物体移进/移出了镜头，这些都是 StaticCasters 要处理的。

14.5.4　动态阴影的批处理

自己写代码做批处理的一个优势就是可以控制更新的频率、更新的条件。

对于动态阴影，最大的不同是 Caster 会运动，因此需要时刻检测物体是否运动了。动态 Caster 继承自静态 Caster，区别在于动态 Caster 使用频率控制（时间），静态 Caster 使用条件控制（距离）。通过距离的阈值判定物体是否运动了，这是为了减少 CPU 的运算量。

```
            public override void Update()
           {
              if (isActive && Time.time > nextTime)
              {
                  nextTime = Time.time + frequence;
                  foreach (CasterItem temp in casters)
                  {
```

```
                if ((temp.tr.position - lastPoses[temp.idx]).sqrMagnitude > sqrDist)
                {
                    lastPoses[temp.idx] = temp.tr.position;
                    RefreshCaster(temp);
                    this.dirty = true;
                }
            }
        }
        base.Update();
    }
```

运行结果如图 14.10 所示，左边是合批的、静态的替代阴影，右边是合批的、动态的替代阴影。

▲图 14.10 运行结果

第 4 篇

Unity 中的各种着色器

第 15 章 通道的通用指令开关

有一些共同的内容，不论是表面着色器、顶点/片元着色器，还是固定流水线着色器，都会用到。本章就讲述这些共同的内容。

本章用到的文件和场景，都可以在工程文件下的 Assets/Shader/Common 目录找到。

15.1 使用 LOD 在运行时决定材质

15.1.1 材质的 LOD

通过给 SubShader 设定一个细节层级（Level Of Detail，LOD）数值，可以在运行时根据硬件设备能力来决定是否使用此着色器，以及使用哪一个层级的 SubShader（如果着色器中包含多个不同 LOD 数值的着色器）。

打开 LOD 文件夹下的 Lab_1 场景，场景正中的球体材质为_SetShader.shader。该着色器包含了 LOD 数值不同的子着色器，其代码如下。

```
Shader "Tut/Shader/Common/_SetShader" {
     Properties {
          _Color ("Main Color", Color) = (1,1,1,0.5)
          _MainTex ("Base (RGB)", 2D) = "white" { }
     }
     SubShader {
          LOD 600
          Pass {
               Material { Diffuse (0,1,0,1)}
               Lighting On
               SetTexture [_MainTex] {Combine texture * primary double}
          }
     }
      SubShader {
          LOD 500
          Pass {
               Material {Diffuse (1,1,0,1)}
               Lighting On
          }
     }
     SubShader {
          LOD 400
          Pass {
               color(1,0,0,1)
          }
     }
}
```

该着色器有 3 个子着色器，其 LOD 分别为 600、500、400。

15.1.2 在运行时设定单个材质的 LOD

打开脚本_SetShaderLOD.cs。其主要代码如下。

```
using UnityEngine;
using System.Collections;
public class_SetShaderLOD : MonoBehaviour {
public Shader myShader;
    …
private float val=6;
     void Update () {
          myShader.maximumLOD = (int)val * 100;//设定着色器的最大 LOD 数值
     }
…
}
```

这个脚本主要设定一个着色器对象的最大 LOD 数值。运行此场景，如图 15.1（a）～（d）所示，从上到下、从左到右依次是 LOD 为 600、500、400 以及 300 时的情景，Unity 也根据渲染情况，使用对应 LOD 数值的子着色器。当此着色器的 LOD 设置为 300 时，因为没有对应 LOD 数值的子着色器，所以物体未被渲染。由此我们可以看到，在 Unity 的着色器中，LOD 与一个类的静态变量类似，而且这个静态变量的名字是 maximumLOD。

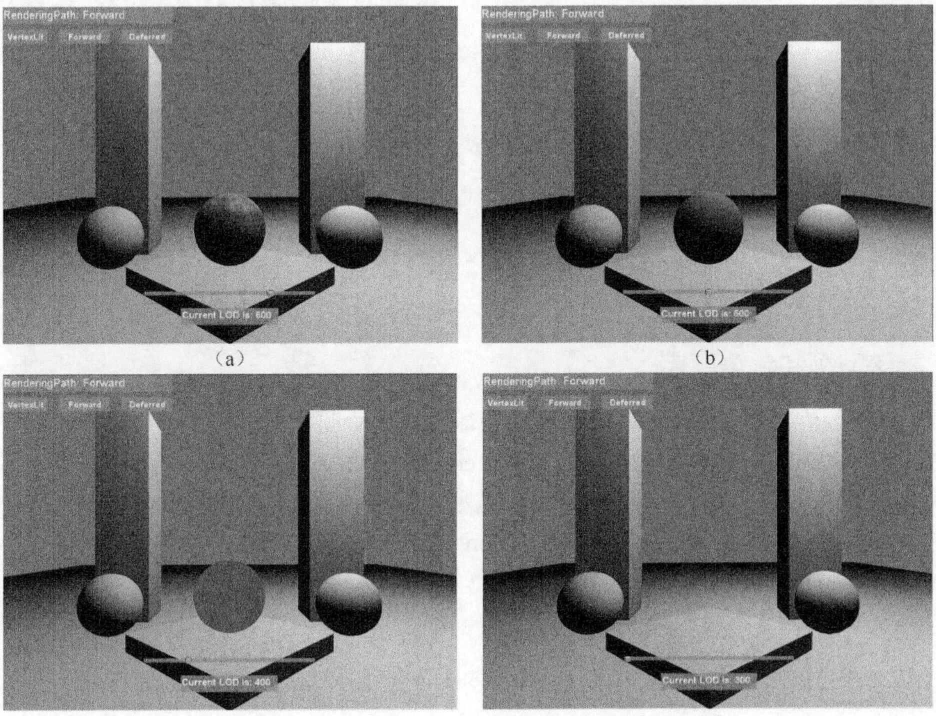

▲图 15.1　不同的 LOD 下的渲染结果

15.1.3　设定全局所有材质的 LOD

除了针对某一特定着色器设置 LOD 数组之外，也可在运行时选择设置一个全局 LOD。打开 Lab_2 场景，该场景中的 3 个球体分别使用了 LOD/_Shader 文件夹下的 3 个着色器——Lod_1、Lod_2、Lod_3。这 3 个着色器都包含两个子着色器，其 LOD 分别是 800 和 100，我们使用_SetGlobalLOD.cs 脚本来改变全局的 LOD 和一个特定着色器的 LOD。其主要代码如下。

```
void Update () {
          myShader.maximumLOD = 800;//特定着色器的 LOD
          Shader.globalMaximumLOD = (int)val * 100;//改变全局的 LOD 数值
     }
void OnGUI()
```

```
        {
            GUI.skin = skin;
            val =(int) GUI.HorizontalSlider(rt, val, 3, 7);
            GUI.Label(r1, "Current Global LOD is: " + val * 100);
            GUI.Label(r2, "Current myShader LOD is: " + 800);
        }
```

图 15.2 所示的是当全局 LOD 为 600、特定着色器的 LOD 为 800 时的情景，Unity 选择了全部着色器中 LOD 为 600 的子着色器。图 15.3 所示的是当全局 LOD 为 100、特定着色器的 LOD 为 800 时的情景，Unity 选择的是 3 个球体的 LOD 为 100 的子着色器，而特定的着色器（即中间 Cube 运行的）仍然是 LOD 为 600 的子着色器。

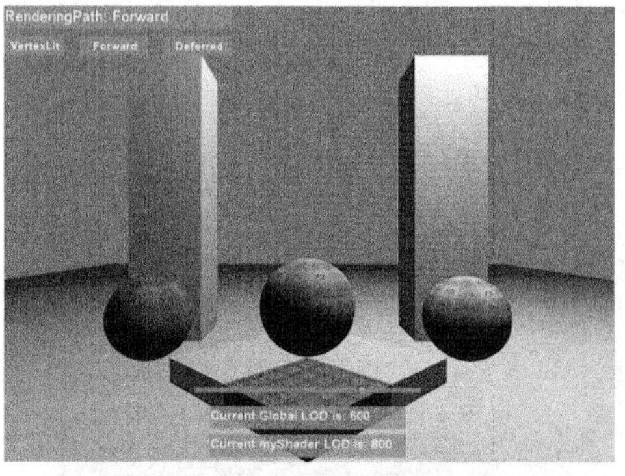

▲图 15.2　调整全局 LOD

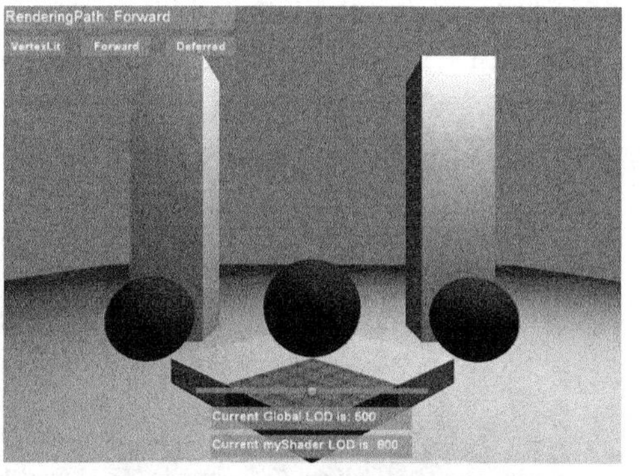

▲图 15.3　再次调整全局 LOD

15.2 渲染队列

15.2.1　标签队列和渲染顺序

渲染队列的数值决定了 Unity 在渲染场景物体时的先后顺序。

首先，打开 RenderQueue 文件夹下的场景 RenderQueue.1，在_Mat 子文件夹下有红、黄、绿、蓝 4 种默认漫反射材质，这意味它们的 ZTest 都为 Lequal。然后，在_Shader 子文件夹下也有红、黄、绿、蓝 4 种材质，但是它都是自定义的 ChangeQueue 的着色器实例，其 ZTest 为 Always。还有一个_SetQueue 的 C#类。其代码如下。

```
using UnityEngine;
using System.Collections;
public class_SetQueue : MonoBehaviour {
public GUISkin skin;
public Material[] matsLeft;//左边的材质，ZTest 为 LEqual
public Material[] matsRight;//右边的材质，ZTest 为 Always
public Rect[] rLabels;
public Rect[] rSlider;
public int[] iQueue;//材质的 RenderQueue 数值
public Rect[] labels;
void Start () {
for (int i = 0; i < matsLeft.Length; i++)
     {//左边和右边都一样，RenderQueue 为 1、2、3、4
          matsLeft[i].renderQueue = i + 1;
          matsRight[i].renderQueue = i + 1;
          iQueue[i] = i + 1;
     }
}
void Update()
{
     for (int i = 0; i < iQueue.Length; i++)
     {//更新渲染队列数值
```

```
                matsLeft[i].renderQueue = iQueue[i];
                matsRight[i].renderQueue = iQueue[i];
            }
        }
        void OnGUI()
        {
            GUI.skin = skin;
            for (int i = 0; i < matsLeft.Length; i++)
            {
  GUI.Label(rLabels[i],"Render Queue: "+matsLeft[i].renderQueue+"  of "+matsLeft[i].name);
            }
            for (int i = 0; i < rSlider.Length; i++)
            { //改变渲染队列数值
                iQueue[i]=(int)GUI.HorizontalSlider(rSlider[i],iQueue[i],1,4);
            }
            GUI.Label(labels[0], "ZTest LEqual");
            GUI.Label(labels[1], "ZTest Always");
        }
    }
```

图 15.4 所示的是场景的初始情况，所有物体都规规矩矩。不论物体在相机的左侧还是右侧，ZTest 都按照离相机的远近渲染。然后我们改变蓝色材质的 RenderQueue，从 2 变到 4，这意味着蓝色应该最后渲染，结果如图 15.5 所示。左边 ZTest 为 LEqual 的 4 个球体正常排列，但是在右边 ZTest 为 Always 的 4 个球体中，蓝色的球体显示到了绿色球体的前面。

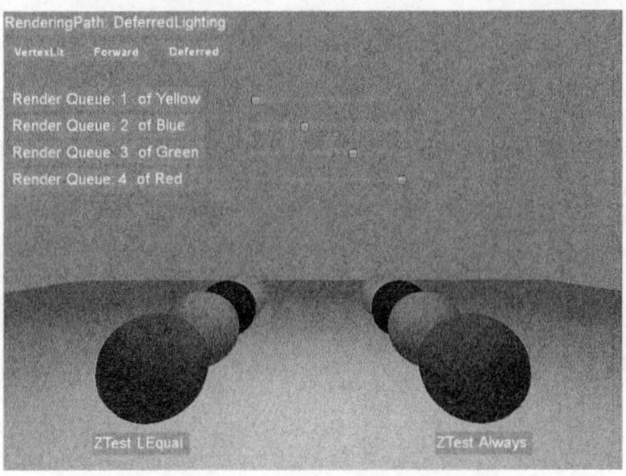

▲图 15.4 场景的初始情况

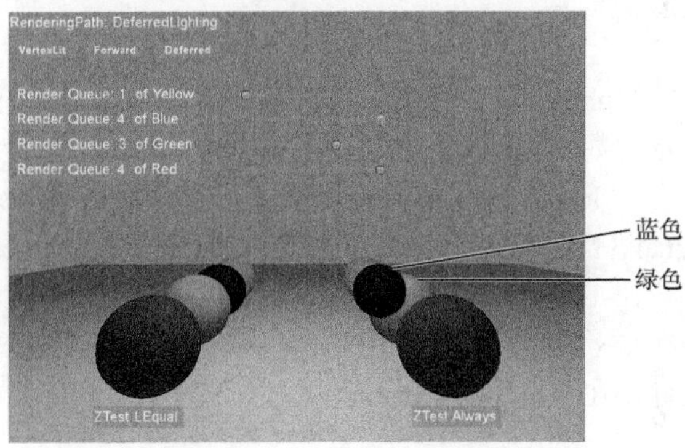

▲图 15.5 在 ZTest 为 Always 时，调整渲染队列

15.2.2 渲染队列和 ZTest 判断

RenderQueue 的确会改变物体渲染的先后顺序，但是并不会改变物体的空间位置。对于 ZTest 为 LEuqal 的材质，其作用无法体现到最后的渲染输出上，但是对于 ZTest 为 Always 的材质，因为 ZTest 没有被遮蔽的情况，所以这种材质的物体修改了 RenderQueue 的数值后，其渲染结果的不同是显而易见的。同样的道理，对于透明物体、混合材质，RenderQueue 的数值对最终的渲染输出都有较大的影响。

15.2.3 Unity 中内置的渲染队列

有 5 个默认适合于渲染队列的值，它们是 Background、Geometry、AlphaTest、Transparent 和 Overlay，分别对应数值 1000、2000、2450、3000 和 4000。

15.2.4 一个利用渲染队列的例子

下面是一个使用渲染队列来产生的切割物体的假象。打开 RenderQueue 文件夹下的场景 RenderQueue.1，这个场景中有 3 个物体，背景墙的渲染队列最小，因此首先会被渲染。因为是第一个被渲染，所以不论其前面是否有其他物体，全部像素都会首先写入新的缓冲区中。其次被渲染的是球体，但是球体的 ColorMask 设置为 0，所以不会写入颜色缓冲区中，但是会写入 Z 缓冲区中。最后被渲染的是渲染队列最大的正方体，球体已经写入了 Z 缓冲区中，因此正方体中遮挡的部分是不会被渲染的，结果就出现了类似正方体被切割的情况，如图 15.6 所示。

▲图 15.6　分割的正方形

15.3 透明的产生

15.3.1　Alpha 检测和 8 种比较条件

Alpha 检测发生在 fragment 函数完成最终的计算之后和即将写入帧缓冲区之前，通过和一个固定的数值相比较，来决定当前 fragment 函数的计算结果要不要写入帧缓冲区中，从而输出到屏幕上。Alpha 检测的具体比较数值可以在运行时确定，而 AlphaTest 的比较条件有 Greater、GEuqal、Equal、NotEqual、Less、LEqual、Always 和 Never 这 8 种情况。

在 Unity 较早的 4.x 版本中，可以通过代码动态生产基于固定流水线的着色器，不过这个功能在 5.x 以后已经无法使用了，所以只好线下通过其他方式预先生成了一系列着色器文件，这些文件都在 GeneratedShaders 文件夹下面。

15.3.2　生成着色器的内容

Unity 中的 Gen()方法会生成 8 种不同的 Alpha 测试条件的材质，并输出 8 种 Alpha 测试条件的材质。这 8 种材质的着色器大致与下面的着色器类似。

```
Shader "Tut/Shader/Common/AlphaTest00" {
     Properties {
          _DstTex ("Dst Tex", 2D) = "white" {}
          _SrcTex ("Src Tex", 2D) = "white" {}
          _CutOff("_Cut Off",float)=0.5
     }
     SubShader {
          Pass{//第一个通道将_DstTex 输出到帧缓冲区中
          AlphaTest Off
          SetTexture[_DstTex] { combine texture}
          }
          Pass{//将_SrcTex 的 Alpha 值和_DstTex 的 Alpha 值做比较
          AlphaTest Greater [_CutOff]
          SetTexture[_SrcTex] {combine texture}
          }
     }
}
```

在这个类型的着色器中，第一个通道会把_DstTex 输出到帧缓冲区中，从而为第二个通道中的 Alpha 测试做准备。第二个通道会依据检测条件将_SrcTex 中的 Alpha 和当前帧中的内容（也就是_DstTex 中的 Alpha）做比较，从而决定是否将当前_SrcTex 的内容写入并输出到屏幕上。

图 15.7 所示的是当 Alpha 测试条件为 Less、值为 0.40625 时，帧缓冲区内的 RGB 颜色以及 Alpha 通道中的内容。读者可以自己试着通过 GUI 提供的两个滑块调整 Alpha 测试的条件及值。

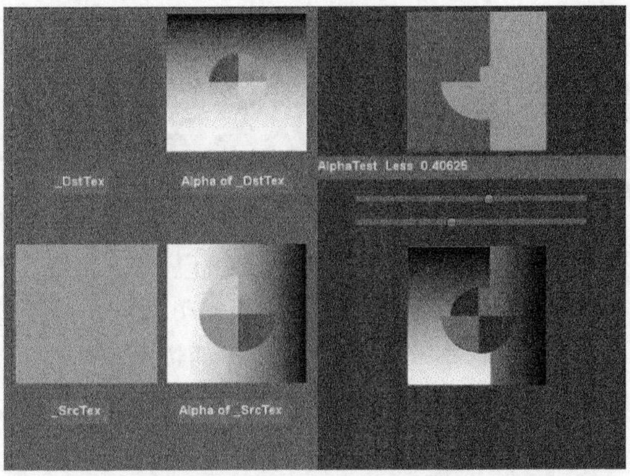

▲图 15.7 帧缓冲区内的 RGB 颜色以及 RGB 通道中的内容

15.3.3 结合 AlphaTest 和 Blend 操作

在 Lab_1 场景下，最终的输出中红（目标）绿（源）分明，这是因为使用了 AlphaTest，而在实际应用中一般是结合图层混合模式来使用的。打开 Lab_2 场景，在此场景中，右上部的面片使用的是 Lab_2/_Shader 子文件夹下的 AlphaBlend.shader。其代码如下。

```
Shader "Tut/Shader/Common/AlphaBlend_1" {
    Properties {
        _DstTex ("Dst Tex", 2D) = "white" {}
        _SrcTex ("Src Tex", 2D) = "white" {}
        _CutOff("_Cut Off",float)=0.5
    }
    SubShader {
        Pass{
        AlphaTest Off
        SetTexture[_DstTex] { combine texture}
        }
        Pass{
        Blend SrcAlpha OneMinusSrcAlpha
        AlphaTest GEqual [_CutOff]
        SetTexture[_SrcTex] {combine texture}
        }
    }
}
```

这个着色器和 Generated Shaders 文件夹下那些着色器类似，不同之处在于第二个通道中使用了不同的图层混合模式。可以从图 15.8 中的颜色和 Alpha 通道的输出看出，在红绿之间，当 Alpha 测试成功时，最终的输出是混合的结果，从而有了颜色的混合过渡。Alpha 通道中的内容也是如此。读者可以打开此场景反复演练。

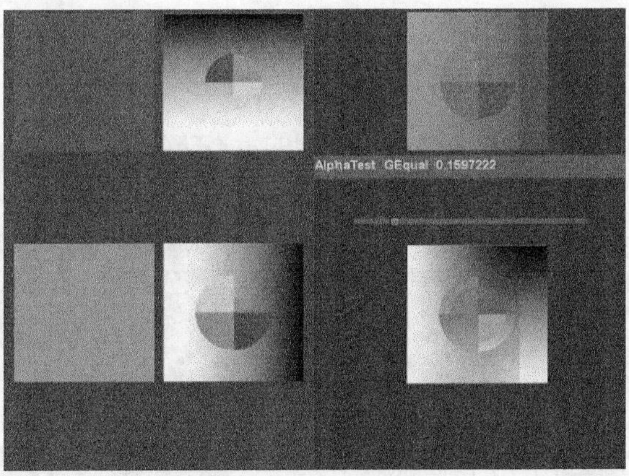

▲图 15.8 Alpha 测试操作 2

在实际应用中，这两个场景中的红色部分其实就是背景，绿色部分是物体，红绿的渐变混合则达到了一种展示透明物体的效果。

15.4 混合操作及其应用

15.4.1　混合操作

混合操作用于在所有的计算已经结束并且已经决定将当前计算结果输出到帧缓冲中时。

混合操作有两个对象——源和目标，因此也有两个对应的因子，即源因子和目标因子。如果我们把 RGB 颜色通道和 Alpha 通道分开操作，那么混合就有 4 个操作对象。我们先考虑只使用两个混合操作对象，也就是 Alpha 和颜色通道的混合使用同一种计算方式。打开 Blend/Lab_1 文件夹下的场景。

15.4.2　生成着色器的代码

和 Alpha 测试一样，这些着色器是线下通过其他 CPU 编程语言预先生成的，这些文件都在 GeneratedShaders 文件夹下面。

用这个方法生成的材质，其着色器与以下代码类似。

```
Shader "Tut/Shader/Common/BlendTest00" {
     Properties {
     _DstTex ("DstTex", 2D) ="white"{}
     _SrcTex ("SrcTex", 2D) ="white"{}
     }
     SubShader {
     Pass{
          SetTexture[_DstTex] {combine texture}//设定混合操作的目标对象
     }
     Pass {
          Blend SrcAlpha DstAlpha//一共 100 种不同的混合操作
          SetTexture [_SrcTex] { combine texture}//混合操作的源对象
     }
     }
}
```

对于输出 Alpha 内容的材质，会多出第三个通道。最后一个通道的内容如下。

```
Pass{
     Blend DstAlpha Zero
     color(1,1,1,1)//可以简单计算一下，1 乘以 Alpha，然后加上 0，结果就是 Alpha
}
```

15.4.3　检测不同的混合操作

运行此场景，通过 GUI 提供的滑块来实现不同的混合操作。屏幕的右边有上下两个这样的对象，这是为了方便对比不同的混合操作而设置的。图 15.9 所示的是混合操作分别为 Blend One Zero 和 Blend Zero One 时的情景，因此输出的分别是源和目标。读者可以实际运行操作，通过 GUI 提供的操作手段，改变为不同的混合操作，自己检测一下。

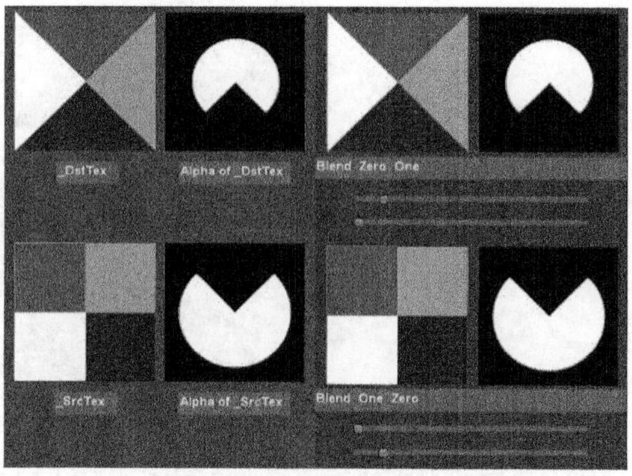

▲图 15.9　混合操作

如图 15.10（a）所示，上下两个混合操作分别为 Blend SrcColor DstColor 和 Blend SrcAlpha DstAlpha。

如图 15.10（b）所示，上下两个混合操作分别为

Blend OneMinusSrcColor DstColor 和 Blend OneMinusSrcAlpha DstAlpha。

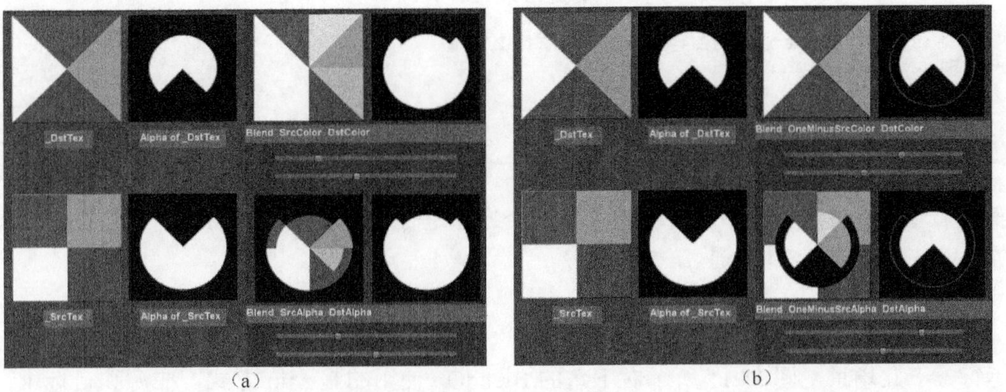

（a）　　　　（b）

▲图 15.10　改变后的混合操作

可以看出，这两个批次的操作，虽然 RGB 通道的结果不同，但是 Alpha 通道的结果完全一样。你还可以对比其他有关 RGB 通道和 Alpha 通道的操作，你会得出以下结论：对于 Alpha 通道的操作，SrcColor 和 SrcAlpha、DstColor 和 DstAlpha、OneMinusSrcColor 和 OneMinusSrcAlpha，以及 OneMinusDstColor 和 OneMinusDstAlpha 的功能是一样的，Color 即是 Alpha。事实上，对于 RGB 通道来说，Color 在计算时，就只会对应于本通道的值，RGB 这 3 个通道是分别独立计算且互不干扰的。

当然，根据 Unity 官方文档，也可以把混合操作的 Alpha 通道和 RGB 通道的因子分开，如像下面的例子所示。

```
Pass {
     Blend One One,DstAlpha zero//将 RGB 颜色通道和 Alpha 通道的因子分开来做
     SetTexture [_SrcTex] { combine texture}
}
```

也可以像上面的例子那样，通过程序动态生成所有这些类型。

15.4.4　BlendOp 选项

正常情况下混合操作都是指分别将源和目标乘以各自的因子，然后相加。在 Unity 3.5 版本以后的 Unity 中，又多了一个 BlendOp 选项，可以在通常的加操作之外执行 Max、Min、Sub 以及 RevSub 这 4 种操作。这大大丰富了混合操作的内容，算起来可以有 2400 种不同类型的混合操作。

下面打开 Lab_2 文件夹下的场景。这里使用的也是预先生成的着色器，其中 100 种是正常的加操作的混合，再组合 4 种 BlendOp，又多出 400 种混合操作，然后对应的还有输出 Alpha 内容到 RGB 通道的材质，就形成了 1000 种混合操作。其实没什么可怕，对应的就是 GUI 上的 3 个滑块，其中两个滑块的区间是 0～9；第三个滑块的区间是 0～3，读者只需要通过 GUI 简单滑动这 3 个滑块，就能检测这 1000 种材质。这个代码生成带有 BlendOp 选项的着色器，其例子代码如下。

```
Shader "Tut/Shader/Common/OpABlendTest00" {
     Properties {
     _DstTex ("DstTex", 2D) ="white"{}
     _SrcTex ("SrcTex", 2D) ="white"{}
     }
     SubShader {
     Pass{
          SetTexture[_DstTex] {combine texture}
     }
     Pass {
```

```
        BlendOp Sub//其他选项是 Min、Max、RevSub
        Blend One One
        SetTexture [_SrcTex] { combine texture}
    }
    Pass{//把 Alpha 通道的内容输出到可视的 RGB 通道
    Blend  DstAlpha zero
    color(1,1,1,1)
    }
    }
}
```

第一个通道设置混合操作的目标帧，第二个通道进行混合操作，第三个通道输出混合操作后帧中的 Alpha 内容到 RGB 通道。

15.4.5 检测 BlendOp 操作

运行一下此场景，图 15.11 所示右下角的 BlendOp 使用的是 Min 方式，在源和目标中，分别对每一个 RGBA 通道进行 Min 操作，然后将结果分别输出到 RGBA 通道。类似地，图 15.12 所示的是分别对 RGBA 通道，从_SrcTex 中减去_DstTex，然后经过（0，1）的 Clamp 操作，分别输出到 RGBA 通道。如果是 RevSub，则会从_DstTex 中减去_SrcTex。这是在混合的源和目标的因子都为 One 的情况下执行的操作。如果源和目标的操作因子不为 One，那么对于 Sub 和 RevSub，将分别乘以各自相应的引子之后再执行 Sub 或者 RevSub 操作。但是对于 BlendOp 为 Min 和 Max 的情况，混合操作中源和目标的因子都将为 One。读者可以自行检测、验证一下。

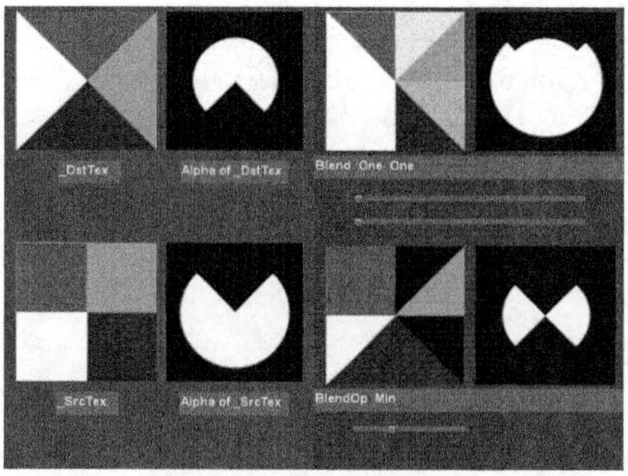

▲图 15.11 BlendOp 为 Min

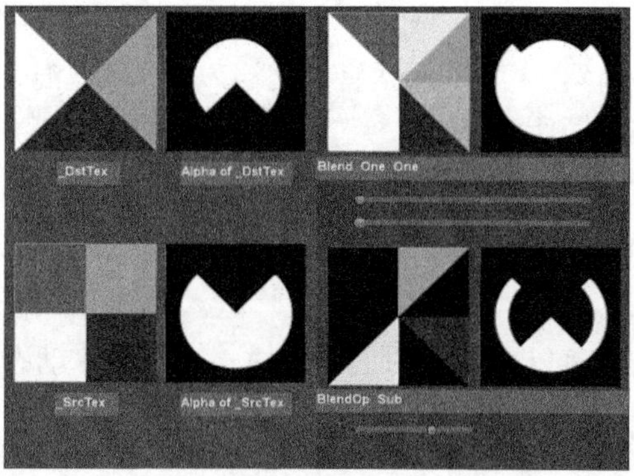

▲图 15.12 BlendOp 为 Sub

15.4.6 两个使用 Blend 生成的效果

以上的代码和操作可能略显抽象，毫无美感，因此这里借助 Blend 操作生成了两个比较有趣的效果，希望能激发读者的想象力。

首先是 Lab_3/文件夹下的 Blend_3a 这个着色器。在这个着色器中读取了场景的 *Z* 深度，把这个 *Z* 深度与预先设定的两个起始值和结束值进行比较，计算之后，作为 Alpha 值输出到颜色缓冲区中。这个时候我们为这个通道设定的 Blend 混合操作开始起作用，根据这个由 *Z* 深度计算到的 Alpha 值进行混合，从而得到一个比较像物体浸在水中的效果。下面是这个着色器的代码。

```
Shader "Tut/Shader/Common/Blend_3a" {
    Properties {
        _Color ("Tint Color", Color) = (1,1,1,1)
        _MainTex ("Base (RGB) Transparency (A)", 2D) = "white" {}
        _Factor("Blend Power",range(0.1,10))=1
        //可以调节 near、far 来控制混合 Blend 的开始和结束位置
        near("Blend From near Z",range(0,1))=0
        far("Blend to far Z",range(0,1))=1
    }
```

```
        SubShader {
            Tags { "Queue" = "Transparent" }
            Pass {
                Blend SrcAlpha OneMinusSrcAlpha
                CGPROGRAM
                #pragma vertex vert
                #pragma fragment frag
                #include "UnityCG.cginc"
                struct v2f
                {
                    float4 pos:SV_POSITION;
                    float2 uv:TEXCOORD0;
                    float4 scr:TEXCOORD1;
                };
                v2f vert(appdata_full v)
                {
                    v2f o;
                    o.pos=mul(UNITY_MATRIX_MVP,v.vertex);
                    o.uv=v.texcoord.xy;
                    o.scr=o.pos;
                    return o;
                }
                float _Factor;
                float near;
                float far;
                float4 _Color;
                sampler2D _MainTex;
                sampler2D _CameraDepthTexture;

                float4 frag(v2f i):COLOR
                {
                    float4 scr=ComputeScreenPos(i.scr);
                    float d=tex2D(_CameraDepthTexture,scr.xy/scr.w).r;
                    d=Linear01Depth(d);
                    float4 c=tex2D(_MainTex,i.uv);
                    c.rgb=c.rgb* _Color.rgb;
                    float t= d-near;
                    t=max(0,t);//保证 d 小于 near 时为 0
                    float t01=t/(far-near);//将 t 从(near,far)转换、映射到（0,1）域
                    c.a=t01;
                    c.a=pow(c.a,_Factor);
                    return c;
                }
                ENDCG
            }
        }
}
```

效果如图 15.13 所示。

在同一个文件夹下 Blend_3b 这个着色器使用的是一样的计算逻辑，但是近似于相反的操作，产生一个完全不同的、比较类似于在球体上种植花草的效果，如图 15.14 所示。

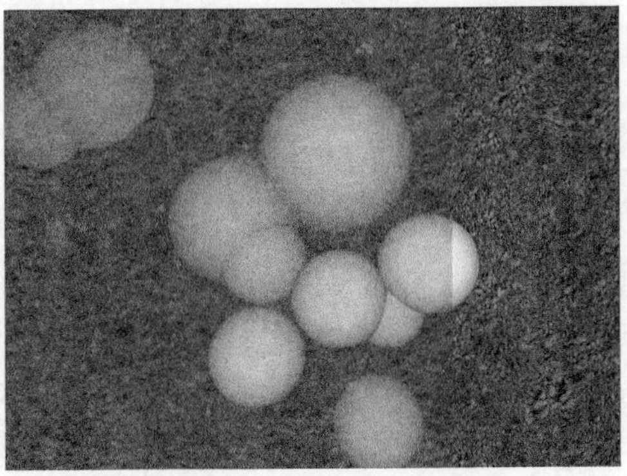

▲图 15.13 Blend 操作 1 的效果

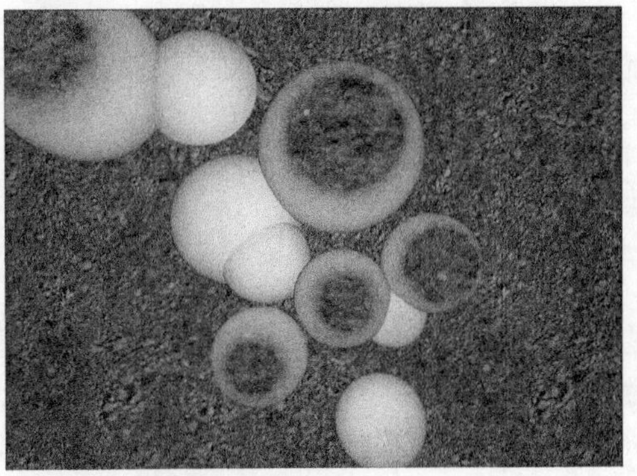

▲图 15.14 Blend 操作 2 的效果

15.5 使用 ColorMask

15.5.1 ColorMask 的作用

ColorMask 可让我们指定渲染结果的输出通道，而不是通常情况下的 RGBA 这 4 个通道皆会被写入。可选参数是 RGBA 的任意组合与 0，这将意味着不会写入任何通道，可以用来单独做一次 *Z* 测试，而不将结果写入颜色通道。

15.5.2 检测 ColorMask

打开 ColorMask/Lab_1 文件夹下的场景，这里有 4 个胶囊状物体，左边 3 个分别赋予了当前文件夹下的 ColorMask_1、ColorMask_2 以及 ColorMask_3 这 3 个材质。下面是它们的代码。

```
Shader "Tut/Shader/Common/ColorMask_1" {
Properties {
     _Color ("Main Color", Color) = (1,1,1,1)
}
SubShader {
     Pass {
          ColorMask RG
          Blend One Zero
          Material {     Diffuse [_Color]          }
          Lighting On
     }
}
}

Shader "Tut/Shader/Common/ColorMask_2" {
Properties {
     _Color ("Main Color", Color) = (1,1,1,1)
}
SubShader {
     Pass{     color(0,0,0,0)     }//打一个黑色的底色
     Pass {
          ColorMask RG
          Material {  Diffuse [_Color] }
          Lighting On
     }
}
}

Shader "Tut/Shader/Common/ColorMask_3" {
Properties {
     _Color ("Main Color", Color) = (1,1,1,1)
}
SubShader {
     Pass {
          Blend One OneMinusSrcColor
          ColorMask RG
          Material {  Diffuse [_Color] }
          Lighting On
     }
}
}
```

可以看到图 15.15 中，对于最左边的物体，ColorMask 为 RG，但是在本来照明应较暗的地方却显现出蓝色，因为当前的材质只写入 RG 通道，导致背景中已经存在的 B 通道被显现出来。参考图 15.16，在左起第二个物体上，因为在其 Shader ColorMask_2 中，我们使用了一个输出 color(0，0，0，0)的通道来形成黑色底色，所以没有出现背景中蓝色透出来的问题；左起的第三个物体使用了 Blend One OneMinusSrcColor 的混合方式，可以看到这是一个明显的透明效果；对

于第 4 个物体，ColorMask 则为 RGB。

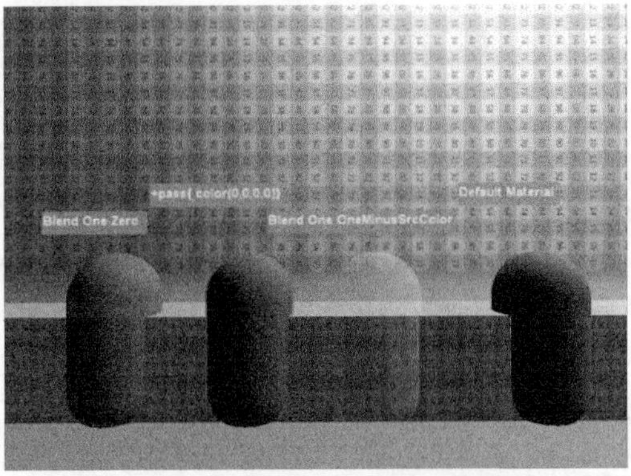

▲图 15.15 最左侧物体的渲染效果

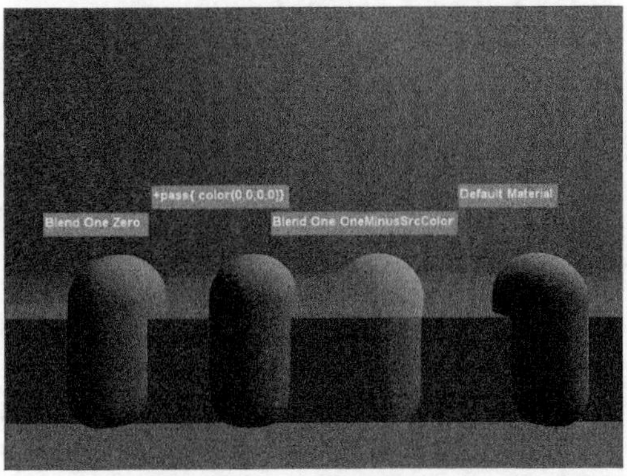

▲图 15.16 不同 ColorMask 的对比

15.5.3 一个使用 ColorMask 的例子

关于 ColorMask 还有一个比较有意思的应用，就是在一个单独的通道中只用来产生遮罩，然后在后续的通道中使用这个遮罩。打开 Lab_2 文件夹下的场景，如图 15.17 所示。

▲图 15.17 用 ColorMask 产生遮罩

这个场景中有两只茶壶。左边红色（见彩插）的茶壶使用的是 Unity 内置的透明材质，可以明显看到，茶壶的把手、壶嘴都和茶壶肚子产生了明显的穿透，大多数情况下这不是我们所希望的，我们更希望的是像右边黄色的茶壶那样。黄色茶壶使用的是一个半透明材质，但是它自身并没穿透的效果。这是使用了两个通道的情况，其中第一个通道使用 ColorMask 单独产生了一个 *Z* 深度遮罩，其代码如下。

```
Shader "Tut/Shader/Common/_TransparentZ_1" {
Properties {
    _Color ("Main Color", Color) = (1,1,1,1)
}
SubShader {
    Tags {"RenderType"="Opaque""Queue"="Transparent"}
    Pass {
        ZWrite On
        ColorMask 0
    }
    Pass {
        ZWrite Off
```

```
            Blend SrcAlpha OneMinusSrcAlpha
            ColorMask RGB
            Material {
                Diffuse [_Color]
            }
            Lighting On
            SetTexture[_]{
            Combine primary double
            }
        }
    }
}
```

这个材质唯一值得注意的就是在第一个通道中，通过 ColorMask 0 产生了一个 Z 深度遮罩，然后在第二个通道中正常计算了 RGB 颜色通道的输出。在实际操作时应该注意，非延迟渲染路径下的材质将在后续的前向或者 VertexLit 渲染路径下渲染。

15.6 深度测试

15.6.1 存取场景的深度测试

在讲解深度测试之前，需要先了解一般情况下如何存取场景（或者说相机镜头下的 Z 深度值）的，即_CameraDepthTexture，但是这个贴图中一定包含正确的内容吗？不一定，要依情况而定。

15.6.2 RenderType 标签和与生成深度测试的关联

打开 ZTest/Lab_0 文件夹下的 Lab_x 场景。该场景中有一个球体，还有一个平面，这个平面的 ZWrite 是关闭的，不写入 Z 缓冲区中，其主要作用是输出_CameraDepthTexture 中的内容。可以非常明确地告诉 Unity，需要产生一张相机视角的 Z 缓冲区，这是通过设定相机的 depthTextureMode 实现的。可以单击这个场景中 GUI 所提供的最后一个按钮，然后就可以通过_CameraDepthTexture 读取当前相机视角下的 Z 深度了，如图 15.18（a）、（b）所示。

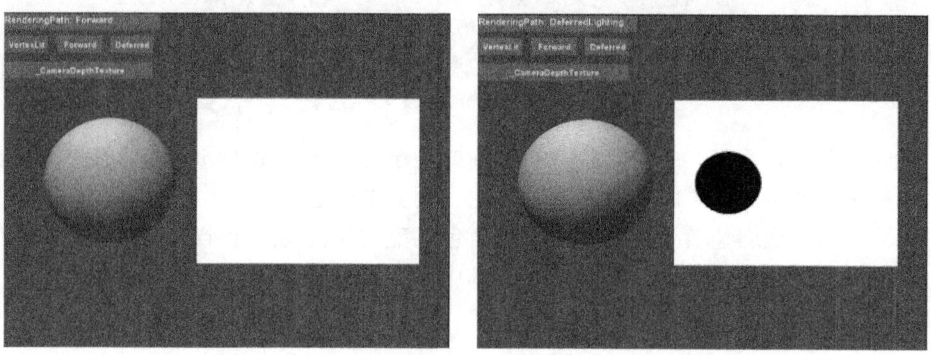

（a）　　　　（b）

▲图 15.18　展示相机的 Z 深度

那么关于_CameraDepthTexture 的内容是否就此完结了呢？在 4.x 版本中是这样子的。刚才的演示中使用的是默认材质，默认材质都有一个名叫 RenderType 的标签，这个标签很重要，因为 Z 深度缓存在当前渲染的路径下，如果从硬件设备中不能直接取得，Unity 就会通过着色器替换的办法单独在一个通道中产生，这个替代渲染的过程就会使用 RenderType 标签。这是 Unity 以前的事情。在 Unity 2017 版，物体在_CameraDepthTexture 上留下痕迹的必要条件是 ShadowCaster 的存在，在 FallBack 机制下会掩饰这个情况。如果你关闭了 FallBack，着色器中又不存在一个 ShadowCaster，物体就会在_CameraDepthTexture 上消失。图 15.19 展示了 ShadowCaster 和 Z 深度贴图的关系。

▲图 15.19 ShadowCaster 和 Z 深度贴图的关系

15.6.3 内置 RenderType 的值

Unity 自己经常使用 Opaque、Transparent、TransparentCutout、Background、Overlay、TreeOpaque、TreeTransparentCutout、TreeBillboard、Grass、GrassBillboard。请各位读者务必牢记在心，相关解释请参阅官方和与着色器替换相关的文档。

15.6.4 前向渲染路径下的深度测试

下面打开 Lab_1 文件夹下的场景，在_Shader 子文件夹下有 7 个着色器，分别使用了不同的深度测试条件，其中 ZAlways 的代码如下。

```
Shader "Tut/Shader/Common/ZAlways" {
Properties {
     _MainTex ("Base (RGB) Trans (A)", 2D) = "white" {}
}
SubShader {
     Tags { "RenderType"="Opaque""Queue"="Geometry+300"}
     Pass{
          ZTest Always
          Material{Diffuse(1,1,1,1)}
          Lighting On
          SetTexture[_MainTex]{combine texture*primary}
     }
     }
Fallback "Diffuse"
}
```

这个着色器有一个值为 Opaque 的 RenderType 标签，还有一个值为 Geometry+300 的 Queue 标签，这保证应用此着色器的物体在一般的非透明物体之后被渲染。对于其他的 6 个着色器，除深度测试的条件和此着色器不同之外，其他完全一致。我们通过 GUI 滑块来调整其中带贴图纹理的物体的材质，使其将不同的深度测试条件遍历一遍。从上到下、从左到右的深度测试条件依次为 Less、LEqual、Euqal、NotEqual、Greater、GEqual 和 Always。首先可以确定深度测试并不改变 Z 的输出，它只是用来确定是否要将一个像素写入帧缓冲区中，只有测试成功，才会写入进去。其次，所有这些名词（如 Greater、Euqal、Less）的意思非常明显。前向渲染路径下的深度测试如图 15.20 所示。

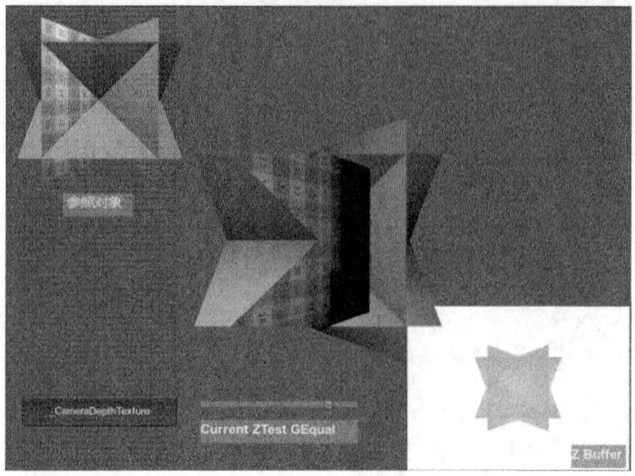

▲图 15.20　前向渲染路径下的深度测试

15.7 Z深度的偏移量

15.7.1　干预正常深度测试的手段

Offset 指令给了我们一个操作正常的深度测试检测结果的手段。深度测试有两个参数，这两个参数理解起来比较抽象，而且具体实现是和硬件相关的。我们先来进行实际操作。

在 Unity 4.x 的早期版本中不可以在运行时改变 Offset 的值，不过 5.0 版本以后已经可以了。

15.7.2　观察偏移量在不同应用条件下的表现

实际运行此场景，看一下在不同渲染路径下，不同 Offset 值的效果。图 15.21 所示分别是“Offset −40，0”和“Offset 40，0”的情形。在 VertexLit 和 Forward 模式下，Offset 的结果是一致的，负值可以将物体呈现得更靠近镜头一些，而正值可以将物体显示得仿佛离镜头更远一些。此外，Offset 只会对深度测试的条件做修正，但是并不会改变最后的 Z 缓冲区。

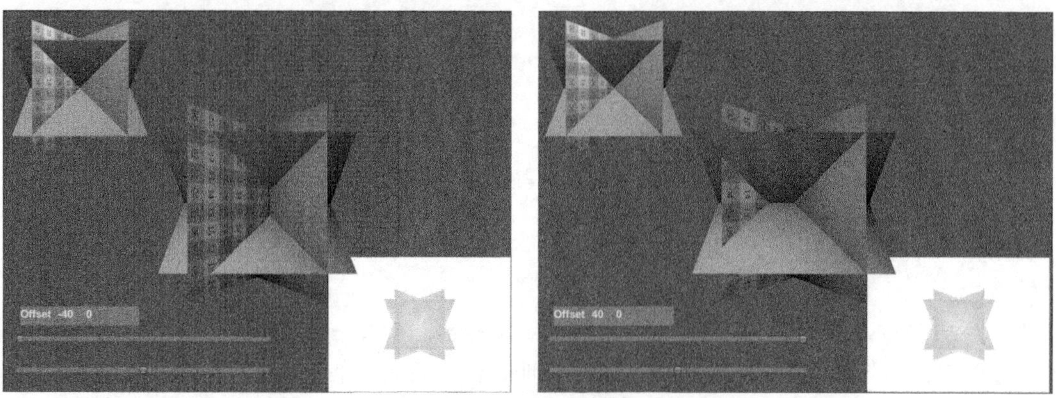

▲图 15.21　不同 Offset 下的情形

15.8 面的剔除操作

在渲染的时候，默认情况下只有朝向摄像机的面才会被渲染，也可以用 Cull 指令告诉 Unity

你想渲染的面。在计算体积阴影时，会用到 Cull 指令来计算和物体相交的投影。这里使用 Cull 指令计算一个简单的描边效果。打开 Cull 文件夹下的场景，如图 15.22 所示，左边的球体使用的是 Cull Back，中间的球体是默认的 Cull Front 情形，而右边的球体则包含两个通道。第一个通道使用的是 Cull Back，并将球体沿法线挤出一点；第二个通道使用 Cull Front，正常渲染，两个通道结合，产生了描边效果。

▲图 15.22　面的剔除实验场景

15.9 自动生成贴图的坐标

以前可以通过 TexGen 自动为贴图属性生成坐标。TexGen 的生成方式有 5 种——ObjectLinear、EyeLinear、SphereMap、CubeNormal 和 CubeReflect，分别对应 OpenGL 的 5 种生成方式。如果使用了自定义的顶点着色器，那么 TexGen 会被忽略掉，这也意味着经常使用 TexGen 的地方应该是使用固定流水线形式的着色器。但是这种固定流水线的功能 Unity 已经不支持了，不过作为一种坐标 UV 的代码生成方式，仍然值得展示。

15.9.1　ObjectLinear 和等价的 Cg 代码

打开 TexGen 文件夹下的 Lab_1 场景，这里展示了 ObjectLinear 这种坐标生成方式。图 15.23 所示的是所使用的贴图，图 15.24 所示的则是此种 TexGen 的效果。下面的代码展示了如何在属性中使用 TexGen。

▲图 15.23　使用的贴图

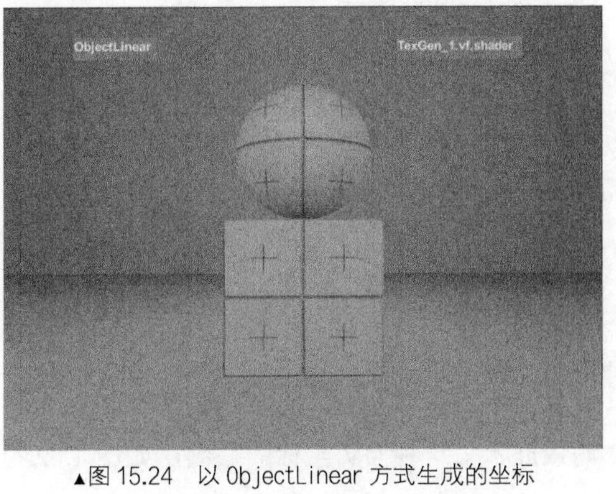

▲图 15.24　以 ObjectLinear 方式生成的坐标

这个着色器和 TexGen_1.vf.shader 的效果是相同的，或者说两者生成的坐标 UV 和读取的结果是一样的。TexGen_1.vf.shader 的主要代码如下。

```
        Shader "Tut/Shader/Common/TexGen_1.vf" {
        Properties {
            _MainTex ("Base (RGB)", 2D) = "white" {}
        }
        SubShader {
            Pass{
            Tags{"LightMode"="Vertex"}
            CGPROGRAM
            #pragma vertex vert
            #pragma fragment frag
            #include"UnityCG.cginc"
            sampler2D _MainTex;
            struct v2f {
                float4 pos:SV_POSITION;
                float4 uv:TEXCOORD0;
                float3 vc:TEXCOORD1;
            };
            v2f vert (appdata_full v) {
                v2f o;
                o.pos=mul(UNITY_MATRIX_MVP,v.vertex);
                o.uv=v.vertex;
                o.vc=ShadeVertexLights(v.vertex,v.normal);
                return o;
            }
            float4 frag(v2f i):COLOR
            {
                float4 c=tex2Dproj(_MainTex,i.uv);
                c.xyz*=i.vc;
                return c*2;
            }
            ENDCG
            }
        }
}
```

15.9.2　EyeLinear 和等价的 Cg 代码

对于生成方式为 EyeLinear 的 TexGen 贴图方式，对应的 Cg 代码如下。

```
struct v2f {
    float4 pos:SV_POSITION;
    float4 uv:TEXCOORD0;
    float3 vc:TEXCOORD1;
};
v2f vert (appdata_full v) {
    v2f o;
    o.pos=mul(UNITY_MATRIX_MVP,v.vertex);
    o.uv=mul(UNITY_MATRIX_MV,v.vertex);
    o.vc=ShadeVertexLights(v.vertex,v.normal);
    return o;
}
float4 frag(v2f i):COLOR
{
    float4 c=tex2Dproj(_MainTex,i.uv);
    c.xyz*=i.vc;
    return c*2;
}
```

Lab_2 场景展示了这种 UV 坐标的贴图，如图 15.25 所示。

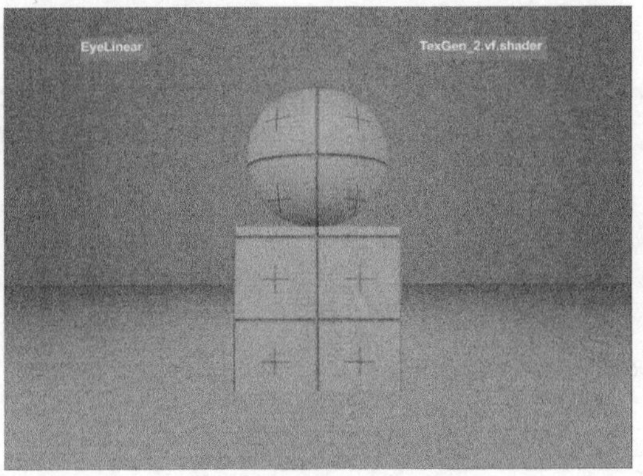

▲图 15.25 坐标的贴图

15.9.3 SphereMap 和等价的 Cg 代码

对于生成方式为 SphereMap 的 TexGen 贴图，一般应用于鱼眼相机拍摄的照片中，并且用来作为环境贴图。虽然以 Cube Mapping 作为环境贴图的效果更好，但是因为这种环境贴图方式只需要一张贴图，而不是 Cube Mapping 所需的 6 张，所以还是有用武之地的。这种贴图坐标的生成方式与下面这段 Cg 代码的效果类似。

```
struct v2f {
     float4 pos:SV_POSITION;
     float2 uv:TEXCOORD0;
     float3 vc:TEXCOORD1;
};
v2f vert (appdata_full v) {
     v2f o;
     o.pos=mul(UNITY_MATRIX_MVP,v.vertex);
     float3 vn=mul(float3x3(UNITY_MATRIX_MV),SCALED_NORMAL);
     o.uv.x=vn.x/2+0.5;
     o.uv.y=vn.y/2+0.5;
     o.vc=ShadeVertexLights(v.vertex,v.normal);
     return o;
}
float4 frag(v2f i):COLOR
{
     float4 c=tex2D(_MainTex,i.uv);
     c.xyz*=i.vc;
     return c*2;
}
```

这种贴图的效果如图 15.26 所示。

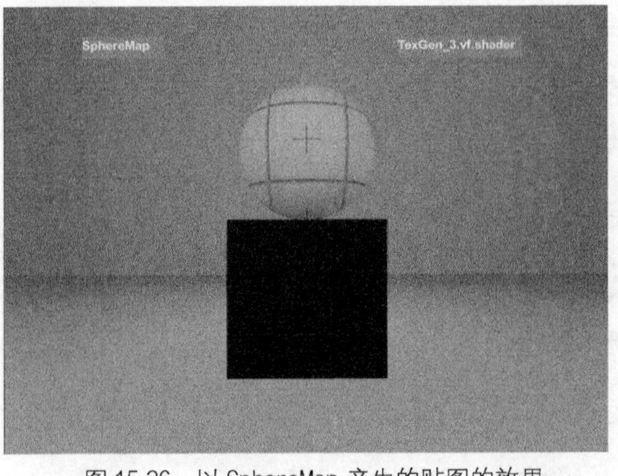

▲图 15.26 以 SphereMap 产生的贴图的效果

15.9.4　CubeReflect 和等价的 Cg 代码

如果 TexGen 的生成方式为 CubeReflect，则其贴图坐标的产生方式和下面的 Cg 代码类似。

```
struct v2f {
     float4 pos:SV_POSITION;
     float2 uv:TEXCOORD0;
     float3 vc:TEXCOORD1;
};
v2f vert (appdata_full v) {
     v2f o;
     o.pos=mul(UNITY_MATRIX_MVP,v.vertex);

     float3 viewDir=-ObjSpaceViewDir(v.vertex);
     viewDir=mul(float3x3(UNITY_MATRIX_MV),viewDir);
     viewDir=normalize(viewDir);
     float3 vn=mul(float3x3(UNITY_MATRIX_MV),SCALED_NORMAL);
     o.uv=reflect(viewDir,vn).xy;

     o.vc=ShadeVertexLights(v.vertex,v.normal);
     return o;
}
float4 frag(v2f i):COLOR
{
     float4 c=tex2D(_MainTex,i.uv);
     c.xyz*=i.vc;
     return c*2;
}
```

在 Lab_4 场景中展示了这种 TexGen 方式，如图 15.27 所示。

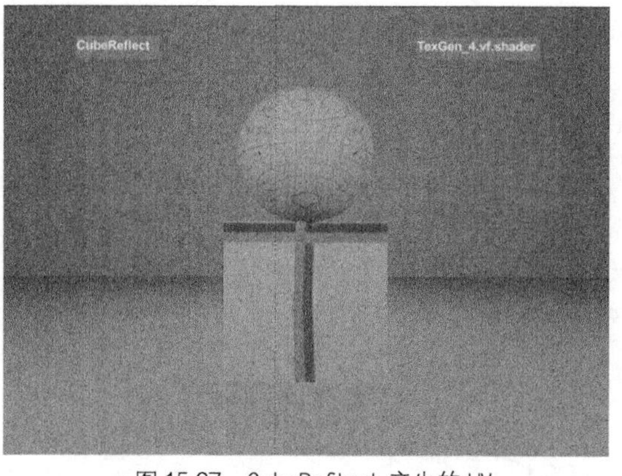

▲图 15.27　CubeReflect 产生的 UV

15.9.5　CubeNormal 和等价的 Cg 代码

至于 CubeNormal 方式的 TexGen，则在 Lab_5 场景中做了展示，如图 15.28 所示。以这种方式生成的坐标和下面的 Cg 代码类似。

```
struct v2f {
     float4 pos:SV_POSITION;
     float2 uv:TEXCOORD0;
     float3 vc:TEXCOORD1;
};
v2f vert (appdata_full v) {
     v2f o;
     o.pos=mul(UNITY_MATRIX_MVP,v.vertex);
     float3 vn=mul(float3x3(UNITY_MATRIX_MV),SCALED_NORMAL);
     o.uv=vn.xy;
     o.vc=ShadeVertexLights(v.vertex,v.normal);
```

```
        return o;
}
float4 frag(v2f i):COLOR
{
        float4 c=tex2D(_MainTex,i.uv);
        c.xyz*=i.vc;
        return c*2;
}
```

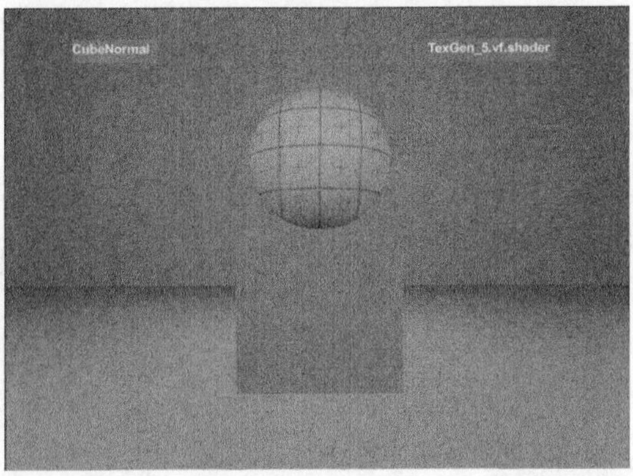

▲图 15.28　CubeNormal 产生的 UV

15.10 抓屏操作

15.10.1　如何使用 GrabPass

GrabPass 可以抓取屏幕的内容作为一张贴图。如果你没有对它进行命名，可以通过_GrabTexture 来读取它，从而进行一些高级的处理，如反射等。打开 GrabPass 文件夹下的 Lab_1 场景，如图 15.29 所示，其中的小图就是 GrabPass 抓取的屏幕内容。下面是进行这个操作的着色器的代码：

▲图 15.29　GrabPass 文件夹下的 Lab_1 场景

```
Shader "Tut/Shader/GrabPass/Grab_1" {
Properties {
        _MainTex ("Base (RGB)", 2D) = "white" { }
    }
    SubShader {
    GrabPass {      "_MyGrab"    }
    Pass{
        CGPROGRAM
        #pragma vertex vert
        #pragma fragment frag
        #include"UnityCG.cginc"
        sampler2D _MyGrab;
        sampler2D _MainTex;
        float4 _MainTex_ST;
        struct v2f {
            float4 pos:SV_POSITION;
            float2 uv:TEXCOORD0;
        };
        v2f vert (appdata_full v) {
            v2f o;
            o.pos=mul(UNITY_MATRIX_MVP,v.vertex);
            o.uv=TRANSFORM_TEX(v.texcoord,_MainTex);
            return o;
        }
```

```
            float4 frag(v2f i):COLOR
            {
                float4 c=tex2D(_MainTex,i.uv);
                c=c*tex2D(_MyGrab,i.uv);
                return c;
            }
            ENDCG
            }
        }
}
```

这个着色器给 GrabPass 抓取的 Texture 进行了命名，从而能够以一个唯一的名字对其进行引用。

15.10.2　一个模拟曲面反射的例子

图 15.30 所示的球体是 Lab_1Ref 场景中使用 GrabPass 抓取后用来做曲面反射的效果。下面是这个球体做曲面反射所使用的代码。

▲图 15.30　模拟曲面反射

```
Shader "Tut/Shader/GrabPass/Grab_1Ref" {
    SubShader {
    GrabPass {      "_MyGrab"            }
    Pass{
    Tags{"LightMode"="Vertex"}
        CGPROGRAM
        #pragma vertex vert
        #pragma fragment frag
        #include"UnityCG.cginc"
        sampler2D _MyGrab;
        struct v2f {
            float4 pos:SV_POSITION;
            float2 uv:TEXCOORD0;
            float3 vc:TEXCOORD1;
        };
        v2f vert (appdata_full v) {
            v2f o;
            o.pos=mul(UNITY_MATRIX_MVP,v.vertex);
            float3 vn=mul(float3x3(UNITY_MATRIX_MV),SCALED_NORMAL);
            o.uv.x=asin(vn.x)/3.14+0.5;
            o.uv.y=asin(vn.y)/3.14+0.5;
            o.vc=ShadeVertexLights(v.vertex,v.normal);
            return o;
        }
        float4 frag(v2f i):COLOR
        {
            float4 c=tex2D(_MyGrab,i.uv);
            return c*float4(i.vc,1)*3;
        }
        ENDCG
        }
    }
}
```

15.11 雾效

15.11.1　雾效和 Unity 的 3 种实现

雾效可以用来为场景添加景深效果。在 Unity 中，我们既可以在全局意义上通过 RenderSettings 提供的属性来控制雾的消散、浓度和颜色等应用属性，也可以在某一着色器上单独控制应用此材质的 Fog 属性。

可以打开 Lab_1 文件夹下的场景，实际操作 Fog 的各种属性，通过 GUI 可改变 Fog 的应用格式与开关等。

图 15.31 所示的是 Linear 形态的雾效，简单地说，就是，物体受雾浓度影响的大小是和它到相机的线性距离成正比的。对于这种模式的雾，Unity 通过 RenderSettings 提供了两个参数，一个是雾的 fogStartDistance，雾开始产生的离相机的起始距离；另一个是 fogEndDistance，雾的浓度达到离相机的最远距离。同时要记住，fogDensity 不是针对 Linear 雾效的参数。

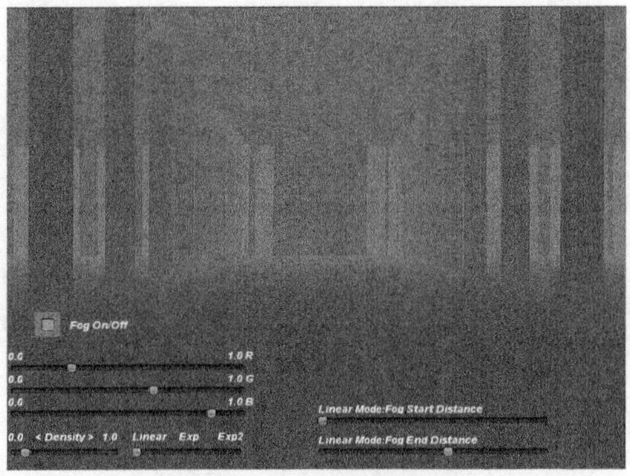

▲图 15.31　雾效线性衰减

图 15.32 所示的是 Exp 形态的雾效，这个形态的雾效没有了远近、消散和距离的控制，但是可以通过 fogDensity 来控制雾的浓度。

图 15.33 所示的是 Exp2 形态的雾效，相对于 Exp 形态，这种雾效有了对距离更敏感的消散现象。

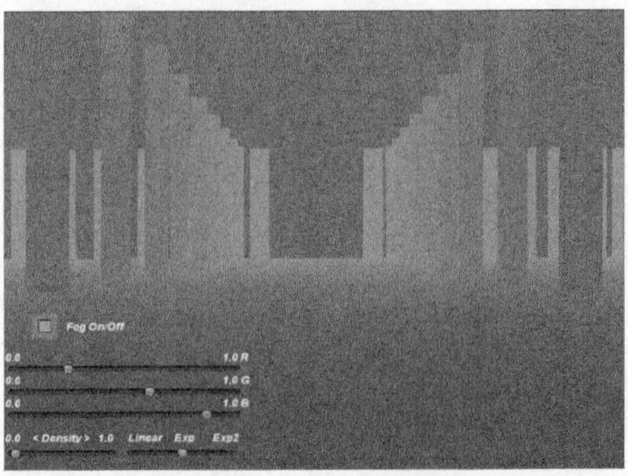

▲图 15.32　Exp 形态的雾效

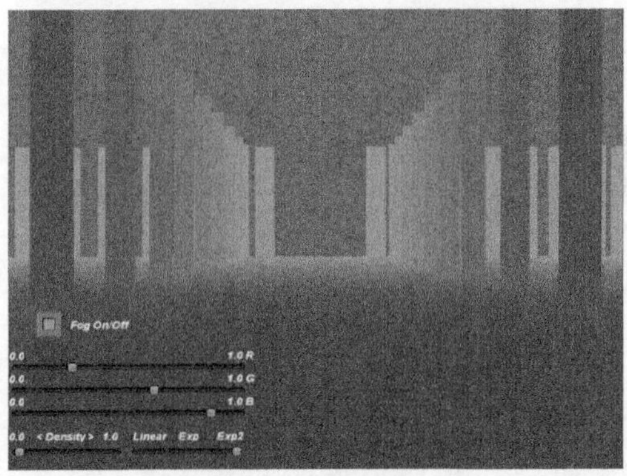

▲图 15.33　Exp2 形态的雾效

15.11.2　材质中对雾效的控制

我们不仅可以通过 RenderSettings 来对雾进行全局意义上的控制，也可以通过以 ShaderLab 写的着色器控制，对于某一材质来说雾效的消散、浓度和颜色。

打开 Lab_2 文件夹下的场景。_Shader 文件夹下是一些通过表面着色器对雾效进行定制的着色器。FogOff.shader 简单地通过如下指令在物体上关闭了雾效。

```
Fog{Mode off}
```

FogLinear.shader 定义了一个红色，范围为从距离相机 10 个单位开始，至 90 个单位结束的线性雾效，其代码如下。

```
Fog{Mode Linear Color(1,0,0)  Range 10,90}
```

FogExp2 定义了一个红色的指数平方的雾效，代码如下。

```
Fog{Mode Exp2 Color(0,1,0)  Density 0.01}
```

运行场景，结果如图 15.34 所示，地面黄色（见彩插）的雾效是通过 GUI 调整 RenderSettings 得到的，左边较浓的绿色雾效是 FogExp.shader 的雾效，下面较淡一点的绿色雾效是 FogExp2.shader 的雾效，右边较浓的红色雾效是 FogLinear.shader 应用在

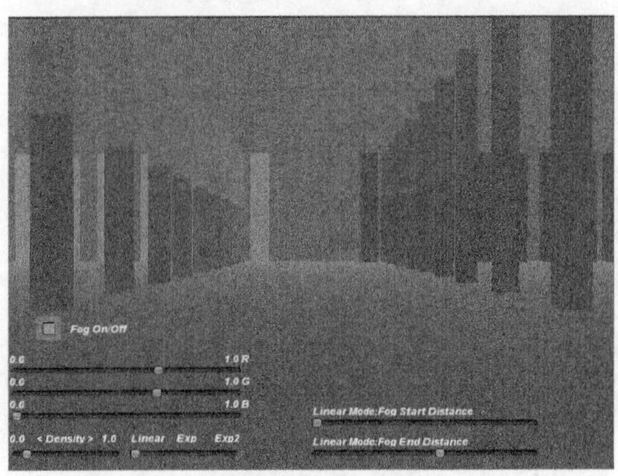

▲图 15.34　雾效对比

（10，90）范围内的线性雾效，下边较淡的红色雾效则是 FogLinear_1.shader 应用在（30，90）范围内的雾效。

15.11.3　实现自己的雾效

Unity 提供的对雾效的控制途径对有些读者来说还不够用，既然本书讲解的是着色器，我们就来看看如何自定义雾效。

打开 Lab_3 文件夹下的场景，在_Shader 文件夹下，LinearFog.shader 自定义了一个线性雾效，其代码如下。

```
Shader "Tut/Effects/Fog/Lab_3/LinearFog" {
     Properties {
          _Color ("Base Color", color) =(1,1,1,1)
          _Density("Density",Range(0,10))=1
          _nearDist("Near Disttance",float)=0
          _farDist("Far Distance",float)=30
     }
     SubShader {
          Pass{
          Tags{ "LightMode"="ForwardBase"}
          Fog { Mode off}
          CGPROGRAM
          #pragma vertex vert
          #pragma fragment frag
          #pragma multi_compile_fwdbase
          #include "UnityCG.cginc"
          #include "Lighting.cginc"
          float4 _Color;
          float _Density;
          float _nearDist;
          float _farDist;
          struct vertOut{
               float4 pos:SV_POSITION;
               float4 depth : TEXCOORD0;
          };
          vertOut vert(appdata_base v)
          {
               vertOut o;
               o.pos=mul(UNITY_MATRIX_MVP,v.vertex);
               o.depth=mul(UNITY_MATRIX_MV,v.vertex);
               o.depth.z=-o.depth.z;
               o.depth.w=(_farDist-_nearDist)*o.depth.w;
               return o;
          }
          float4 frag(vertOut i):COLOR
          {
                    float fg=0;
                    if(i.depth.z>_nearDist&&i.depth.z<_farDist)
                    {
                         fg=i.depth.z/i.depth.w;
                    }elseif(i.depth.z>_farDist)
                    {
                         fg=_farDist/i.depth.w;
                    }
               float4 c=fg*_Density*_Color;
               return c;
          }
          ENDCG
          }
     }
}
```

首先，我们关闭了默认的雾效。然后，通过在视空间，也就是从模型空间经过矩阵 UNITY_

MATRIX_MV 转换后的空间里，通过计算物体顶点与镜头的距离来计算雾的浓度，并提供了 nearDist 和 farDist 两个参数来控制雾的消散。用这个着色器创建的材质在 Inspector 中的参数如图 15.35 所示。通过着色器的属性，可以在运行时动态地控制雾的远近消散距离、颜色和浓度，甚至与 Alpha 通道的混合。

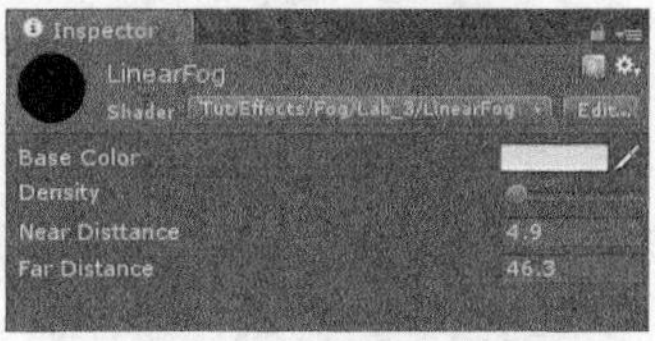

▲图 15.35　试验用的材质

Exp2Fog.shader 计算了一种和默认的 Exp2 雾效相似的雾，其代码如下。

```
Shader "Tut/Effects/Fog/Lab_3/Exp2Fog" {
     Properties {
          _Color ("Base Color", color) =(1,1,1,1)
          _Density("Density",Range(0,1))=0.001
     }
     SubShader {
          Pass{
          Tags{ "LightMode"="ForwardBase"}
          Fog { Mode off}
          CGPROGRAM
          #pragma vertex vert
          #pragma fragment frag
          #pragma multi_compile_fwdbase
          #include "UnityCG.cginc"
          #include "Lighting.cginc"
          float4 _Color;
          float _Density;

          struct vertOut{
               float4 pos:SV_POSITION;
               float fogExp : TEXCOORD0;
          };
          vertOut vert(appdata_base v)
          {
               vertOut o;
               o.pos=mul(UNITY_MATRIX_MVP,v.vertex);
               float4 posV=mul(UNITY_MATRIX_MV,v.vertex);
               float dist=length(posV.xyz);
               o.fogExp=dist*dist*_Density;
               return o;
          }
          float4 frag(vertOut i):COLOR
          {
                    float ff=exp2(-abs(i.fogExp));
               float4 c=(1-ff)*_Color;
               return c;
          }
          ENDCG
          }
     }
}
```

雾效对比如图 15.36 所示，金色（见彩插）的地面使用的是自定义 LinearFog.shader 的材质，雾效范围为距离镜头（5，45）；左边蓝色的立柱使用了 Exp2Fog.shader 的雾效，右边绿色的立柱应用的是 ExpFog.shader 的材质，中间的长方体使用的是 Unity 自带的雾效，可以通过 GUI 来改变此雾效，从而对比默认的雾效和自定义的雾效。

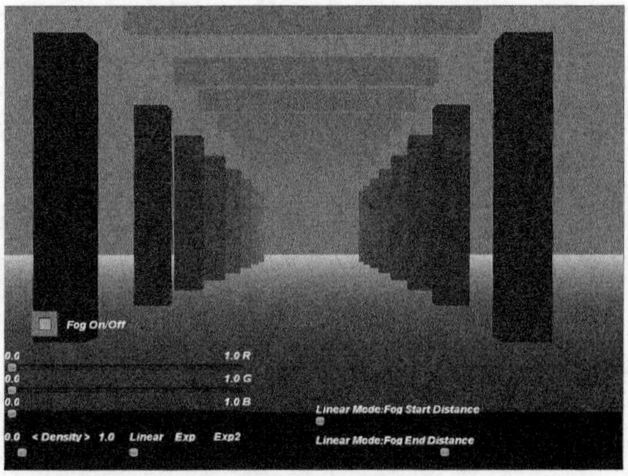

▲图 15.36　雾效对比

15.12 蒙版

15.12.1　蒙版测试、Z 深度和 Alpha 测试

蒙版（Stencil）检测和深度测试、Alpha 测试类似，都是决定一个潜在的像素是被丢弃，还是写入帧内。深度测试的比较数据在 *Z* 缓冲区中，Alpha 测试的比较对象则是颜色缓冲区的值，而蒙版测试的比较数据则在蒙版中。与深度测试和 Alpha 测试相比，蒙版检测更靠前，在 fragment 函数执行之前就会执行蒙版测试，因此如果不通过蒙版检测，fragment 函数就不会执行。

15.12.2　使用蒙版测试改变渲染结果

因为能否通过蒙版测试，决定一个潜在的像素的 fragment 函数是否执行，所以可以通过蒙版测试改变渲染的进程和结果。打开 Stencil/Lab_1/文件夹下的场景，这个场景中的长方体和球体使用的是同一个着色器的不同材质，在这里影响最终渲染流程的是属性中的 int 变量，这个 int 值会在蒙版测试时使用，用来和蒙版缓冲区中已经存在的值做比较。如果和比较条件吻合，这个 int 值就会被写入到蒙版缓冲区中，而在 GPU 流水线中，会继续当前像素的下一步深度测试，然后是 fragment 函数。这个着色器中和蒙版测试相关的主要代码如下。

```
Properties {
          _Tex1("Texture 1",2D)="white"{}
          _refVal("Stencil Ref Value",int)=0//蒙版测试所使用的值
     }
     ......
//这意味着我们不用考虑深度测试的结果，我们也没有在此使用到 Alpha 测试，因此，决定一个像素是否能写入颜
//色缓冲区中，就只有进行蒙版测试验证了
          ZTest Always
          Stencil
          {
               Ref [_refVal] //引用属性块中的变量
               Comp GEqual //比较成功的条件：大于或等于
               Pass Replace //条件成立，写入蒙版中
               Fail keep   //条件不成立，保存在蒙版中
               ZFail keep //深度测试失败，保存在蒙版中
          }
```

在这个场景中，右侧的相机揭示了球体的位置在长方体之后，但是正面的相机看到的球体是在长方体之前。两个物体使用的是同一个着色器，但是材质参数不同，球体的 Ref 值更大，而正方体的 Ref 值小一点。这样在渲染的时候，正方体虽然在前面，但是在第一步执行蒙版测试时，与蒙版缓冲区中的值做比较会失败，因此从不会执行 fragment 函数。而球体虽然在正方体的后面，但是因为蒙版测试会成功，所以会将其更大的 Ref 值写入蒙版缓冲区中，并且会执行其 fragment 函数，最后显示结果就是球体被完全渲染，并写入颜色缓冲区，导致球体看似在正方体的前面，如图 15.37 所示。

▲图 15.37　用模板测试改变渲染结果

15.12.3　综合使用蒙版和队列

RenderQueue 能够改变物体渲染的先后顺序，而蒙版测试则能够决定一个像素是否被丢弃，可以综合使用这两种手段达到一些比较出彩的效果。打开 Stencil/Lab_2 文件夹下的场景，这个场

景里有 3 个物体，其中作为背景墙面的队列最小，这也意味着它首先被渲染，其次被渲染的是场景中的球体，最后被渲染的是场景中的长方体。

背景墙首先被渲染，除了写入颜色缓冲区外，还总会将一个较小的值写入蒙版中。其次被渲染的球体不会写入颜色缓冲区，但是会将一个最大的值写入蒙版中，此时颜色缓冲区中的内容仍是背景墙被渲染时的内容。最后被渲染的正方体，在进行蒙版测试时，其使用的比较值大于背景墙，但是小于球体，所以在球体部分出现的蒙版测试总会失败。相关像素被丢弃之后，根本不会执行后续的深度测试和 fragment 函数，因此不会写入颜色缓冲区中。最终蒙版测试失败的部分，将保留为最先的背景墙写入的结果，就好像长方体被切割掉了一部分一样，如图 15.38 所示。

在 Stencil/Lab_3 文件夹下的场景里，是一个类似的例子。这个场景中有两个使用了蒙版测试的着色器，分别是 Stencil_Base 和 Stencil_Add。其中 Stencil_Base 这个着色器会首先被渲染，并且总是将其 Ref 值写入蒙版缓冲区，当 Stencil_Add 被渲染时，使用了和 Stencil_Base 相同的 Ref 值，并且比较条件为 Equal，这样使用了 Stencil_Add 这种材质的物体在 Stencil_Base 出现的地方总会通过蒙版测试，从而达到了区域切割的效果，如图 15.39 所示，左边是使用蒙版遮罩的效果，右边是正常渲染时的效果。

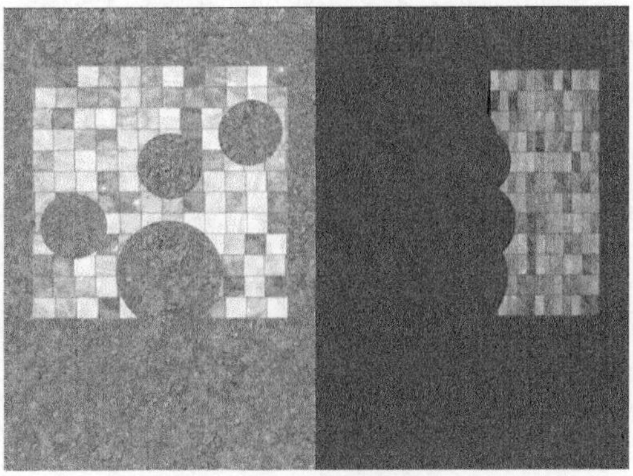

▲图 15.38　蒙版的切割效果

▲图 15.39　用蒙版实现区域切割

第 16 章　固定流水线

简而言之，固定流水线是和现在的大多数 GPU 所支持的可编程着色器相对应的，是支持旧显卡的一种模式，其语法形式和 NVIDIA 的 CgFX 以及微软的 FX 文件类似。使用固定流水线写出来的着色器都基于顶点照明。相对于逐像素的照明方式，这种照明方式的计算速度更快。当然，效果会差一点。如果你想写一个逐顶点照明的着色器，但是又不知道怎么能放心地存取 unity_LightPosition 这样的数组，那么固定流水线是一个不错的选择。固定流水线是 Unity 的 4.0 版本的一种着色器形式，在 Unity 5.x 和 2017.x 版本中仍然可以使用，这种着色器会在内部被转换为顶点/片元着色器。编写这类着色器需要严格注意格式，有的时候多一个空格或少一个空格都会使着色器编译不正确。

本章用到的文件和场景，都可以在工程文件下的 Assets/Shader/FixedFuncs 目录中找到。

16.1 Unity 中的固定流水线

16.1.1 固定流水线基本形态

下面的着色器是固定流水线在 Unity 官方文档中的基本形态。

```
Shader "Tut/Shader/FixedFuncs/BaseForm_1" {
   Properties {
       _Color ("Main Color", Color) = (1,1,1,0.5)
       _SpecColor ("Spec Color", Color) = (1,1,1,1)
       _Emission ("Emmisive Color", Color) = (0,0,0,0)
       _Shininess ("Shininess", Range (0.01, 1)) = 0.7
       _MainTex ("Base (RGB)", 2D) = "white" { }
   }
   SubShader {
       Pass {
          Material {
             Diffuse [_Color]
             Ambient [_Color]
             Shininess [_Shininess]
             Specular [_SpecColor]
             Emission [_Emission]
          }
          Lighting On
          SeparateSpecular On
          SetTexture [_MainTex] {
             constantColor [_Color]
             Combine texture * primary DOUBLE, texture * constant
          }
       }
   }
}
```

16.1.2 与照明相关的 Material 块

Material 块里面把在属性块中定义的数值映射到固定流水线照明所用的属性上。除使用定义的属性之外，Material 块中也可以直接使用数值，如 Specular(1,0.3,1,0.4)。Lighting On 打开了基于逐顶点的照明，SeparateSpecular On 则允许我们为高光使用一个不同于主颜色的颜色。目前，这些 ShaderLab 的命令会直接映射到 OpenGL/Direct3D 硬件模型的功能上。

16.1.3 处理纹理的 SetTexture 块

在接下来的 SetTexture 块中，constantColor 定义了一个常量颜色值，除了以[_Color]这样引用属性之外，我们还可以直接使用数值，如 constantColor (1, 0.5, 0.25, 0)。

16.1.4 流水线基本形态的另一种写法

也可以将固定流水线的基本形态写成下面的形式。

```
Shader "Tut/Shader/FixedFuncs/BaseForm_2" {
   Properties{
      _Val ("Shininess", Range(0, 1)) = 0.5
   }
   SubShader {
       Pass {
          Material {
             Diffuse (1,1,1,1)
             Ambient (1,1,1,1)
             Shininess 0.7
             Specular (1,1,1,1)
             Emission (0.2,0.1,0.1,1)
          }
          Lighting On
          SeparateSpecular On
          SetTexture [_] {
             constantColor (0,[_Val],0,1)
             Combine constant * primary
          }
          SetTexture [_] {
             Combine previous  QUAD
          }
       }
   }
}
```

此着色器中 primary 是上一步的顶点光照，constant 是 constantColor 中的定义，previous 则是以上所有步骤的计算结果，QUAD 表示乘以 4。

16.1.5 Combine 语句

在使用固定流水线的着色器时，还会经常用到 lerp 命令。它使用贴图的 Alpha 通道来进行线性插值，示例代码如下。

```
SetTexture[_MainTex]{
   constantColor[_rColor]
   combine previous lerp(texture) constant
}
SetTexture[_MainTex]{
   constantColor(0,0,0,[_Factor])
   combine previous lerp(constant) texture
}
```

除此之外，还会经常对贴图使用加、减、乘这 3 个操作。

```
combine src1 + src2
combine src1 - src2
combine src1 +- src2//结果是 src1+src2-0.5
```

```
//以下 3 个操作中使用的都是 src2 的 Alpha 通道
combine src1 * src2 + src3
combine src1 * src2 +- src3
combine src1 * src2 - src3
```

16.2 使用顶点色

16.2.1　使用 ColorMaterial

如果你想使用顶点色，可以使用 ColorMaterial，代码如下。

```
Pass {
   ColorMaterial AmbientAndDiffuse//使用顶点色代替 Material 块中的漫反射和环境色
   Material{
      Ambient [_Color]
      Diffuse [_Color]
   }
   Lighting On
   SetTexture[_]
   {
      combine primary double
   }
}
```

ColorMaterial 也可以配合 Emission 一起使用，从而使用顶点色作为自发光的色彩。

16.2.2　使用 Bind

除此之外，还可以通过绑定通道来使用顶点色，代码如下。

```
pass {
   BindChannels{
      Bind "Vertex",vertex
      Bind "Normal",normal
      Bind "Color",color
      Bind "Texcoord",texcoord0
      Bind "Texcoord1",texcoord1
   }
   SetTexture[_]{combine primary}
}
```

▲图 16.1　顶点色

如果你在网上看到了 2008 版的 Unity 官方文档，上面关于绑定的部分也提到了 Tangent，但是 Unity 官方又认为对于固定流水线的顶点处理来说，Tangent 这个概念是没有必要的，所以如果试图写“Bind ‘Tangent’，tangent”，编译器会报错。

此外，如果读者实在没有听说过顶点色这个概念，也不熟悉 3ds Max 之类的软件，可以打开 VertexColor 文件夹下的场景，给模型的每一个顶点着色。图 16.1 所示的是在 3ds Max 中的顶点色，使用了上面提到的方法。当然，也可以把这个 FBX 文件导入 3ds Max 中，自己研究一下。

16.3 在固定流水线中使用光照贴图

如果要在固定流水线中使用烘焙出来的光照贴图，代码很可能和下面的代码类似。

```
pass {
    Tags { "LightMode" = "VertexLM" }
    BindChannels {
        Bind "Vertex", vertex
        Bind "normal", normal
        Bind "texcoord1", texcoord0
        Bind "texcoord", texcoord1
    }
    SetTexture [unity_Lightmap] {
        matrix [unity_LightmapMatrix]
        combine texture
    }
}
```

LightMode 的设定是必要的，VertexLM 对应的是 double-LDR 编码形式的光照贴图，在大多数移动设备和旧式台式机的 GPU 上都会使用。对于比较新的台式机而言，光照贴图的编码应该是 RGBM 形式，因此对应的 LightMode 应设定为 VertexLMRGBM。

16.4 嵌套 Cg 代码

Cg 代码和固定流水线不能始终在各种目标平台上运行。示例代码如下。

```
Shader "Tut/Shader/FixedFuncs/CombineCg" {
    Properties {
        _MainTex ("Base (RGB)", 2D) = "white" {}
        _Extr("Extrude",range(0,1))=0
    }
    CGINCLUDE
    #pragma exclude_renderers gles
    #pragma only_renderers d3d9
    #pragma vertex vert
    float _Extr;
    float4 vert(float4 v:POSITION,float3 n:NORMAL):SV_POSITION
    {
        v.xyz+=n*_Extr;
        float4 pos=mul(UNITY_MATRIX_MVP,v);
        return pos;
    }
    ENDCG
    SubShader {
        Pass{
            CGPROGRAM
            ENDCG
            Lighting on
            SetTexture[_MainTex]{
                combine texture
            }
        }
    }
}
```

此外，如果在该程序中增加 AlphaToMask True 这行代码，就表示当使用全屏抗锯齿（Full Screen Anti-Aliasing，FSAA）时，Alpha 测试中的透明物体可以有一个更光滑的轮廓。

第 17 章　表面着色器

在 Unity 中表面着色器对内封装了渲染路径和选择性的功能，这种封装是通过代码冗余实现的。对于一些选择性功能，Unity 又提供了一些指令标志进行删减。对外，也对着色器的开发者提供了基本的 Surf 函数，这个函数会在渲染通道的 fragment 中调用，另外还有可选的 vertex 函数和光照函数 LightingModel。作为对开发者友好的一种表示，在编辑器中表面着色器还提供了一种完全体，将其所包括的功能适应性完全展示出来，这种形式对于开发者来说是一种很好的入手途径。虽然初看起来有很多密密麻麻的#IF、#ELSE、#ENDIF，但实际学习难度不高。

对表面着色器的讲解，将从表面着色器的功能、对外函数 surf 以及选择性功能开关开始。

本章用到的文件和场景，都可以在工程文件下的 Assets/Shader/SurfaceShader 目录中找到。

17.1 表面着色器的适应性

17.1.1 一个分析策略

新的 Unity 官方文档关于表面着色器方面的表述更加详细。Unity 官方提供的表面着色器的功能更强大，参数也更多。表面着色器的强大（或者说适应性）是通过通道的冗余来实现的。选择性地剔除这些功能冗余，可以让我们对表面着色器有一个更清晰的认识。

在 Lab_1/_Shader 文件夹下有 3 个着色器，其中一个是标准的，另外两个关掉了 FallBack 功能，并分别通过 exclude_path 剔除了前向路径和延迟路径，然后切换相机的渲染路径。

17.1.2 测试用的场景

打开文件夹 Lab_1 下的场景，测试的场景中提供了 3 个按钮，用于在运行时切换相机的渲染路径，运行效果如图 17.1（a）～（c）所示。

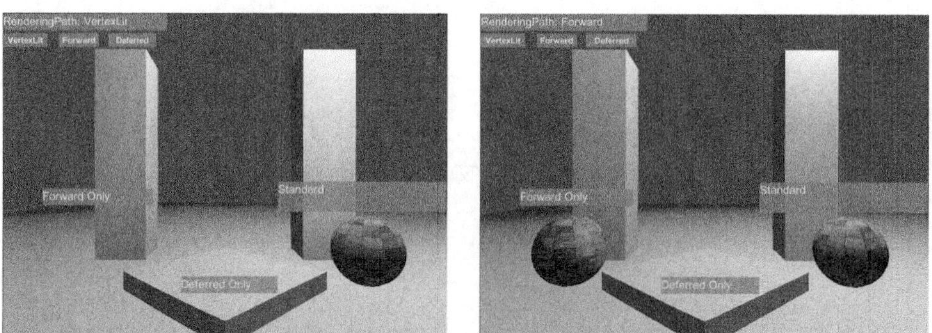

（a）　　　　（b）

▲图 17.1　不同渲染路径下的渲染效果

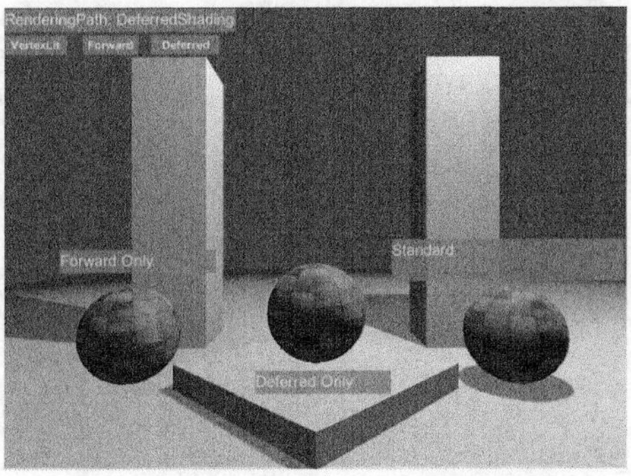

(c)

▲图 17.1 不同渲染路径下的渲染效果（续）

17.1.3 检测结果

在 VertexLit 渲染路径下，只有标准着色器被渲染，这是通过 FallBack 机制实现的，另外两个材质因为关闭了 FallBack 机制，所以在 VertexLit 渲染路径下无法被渲染。

在前向渲染路径下，只有延迟的材质没有被渲染，而且都没有影子。

在延迟渲染路径下，物体均被渲染。这是因为在正常的延迟渲染之后，又渲染了前向材质。但是在延迟渲染路径下，也只有标准着色器有影子，这是因为产生阴影投射的通道是通过 FallBack 最终在 Mobile-VertexLit 这个官方标准着色器中实现的。

除 exlcude_path 之外，表面着色器还有两个参数——nometa 和 noforwardadd，可以分别减少一个通道。其中 nometa 减少了一个和全局照明相关的通道，而 noforwardadd 则不会为前向渲染路径产生一个附加通道来处理像素光源，除了平行光之外，所有光源都在 ForwardBase 中，多用顶点光源或者 LightProbe 处理。

17.2 延迟渲染和 GeoBuffer

延迟渲染的硬件要求

使用延迟渲染需要多渲染目标（Multi-Render Target，MRT）的支持。目前 Unity 在手机上不支持延迟渲染，官方说法是 SM 3.0 在手机上的使用并不多。MTR 即使被支持，也会有精度位数的限制。不过作为 Unity 中唯一的、非传统渲染的高级渲染方式，还是学习一下 MRT 较好。下面的相关内容都是相对于/GeoBuffer 文件夹的。在着色器环境中这个多渲染目标是_CameraGBufferTexture0，Unity 的官方文档中这个名词少了下划线。输出到 RT0 中的是颜色和环境阻塞（Ambient Occlusion）贴图，RGB 是材质贴图×颜色，AO 贴图在 Alpha 通道中。需要说明的是，这个 AO 贴图并不是实时生产的，而是材质在 AO 贴图通道中的值，如图 17.2 所示，只有中间那个物体具有 AO 贴图。

RT1 中存放的是高光，Alpha 通道中存放的是粗糙度，这个值和表面着色器材质的 Metal 与光滑程度密切相关。GeoBuffer 中的粗糙度如图 17.3 所示。

RT3 中存储的是世界坐标中的法线。该法线不仅是几何数据中的法线，还合并了法线贴图中数值的法线。RT3 的 Alpha 通道暂时没有利用。GeoBuffer 中的法线如图 17.4 所示。

RT3 存储的是不同的光照信息的和，自发光+实时光+光照贴图+LightProbes 这 4 种信息的和，不是 4 个通道的意思。请注意，自发光是表面着色器的 Emission 的贴图通道。样例场景中只有中间那个形似战舰的奇怪物体使用了自发光贴图通道。GeoBuffer 中的光照信息如图 17.5 所示。

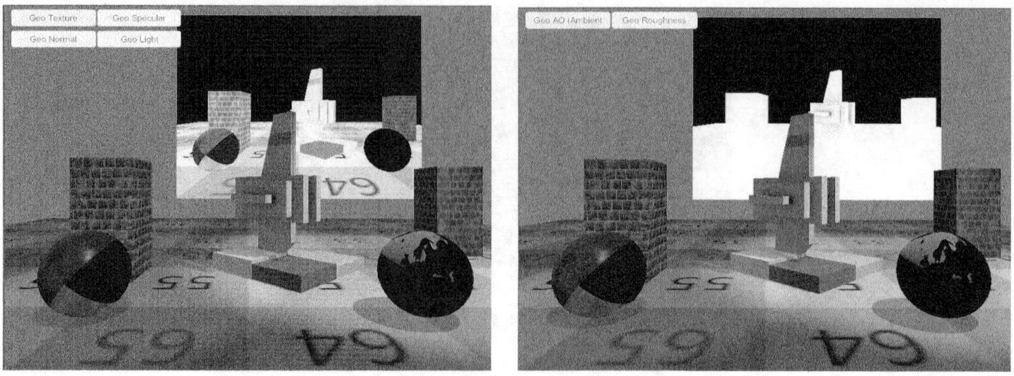

▲图 17.2　GeoBuffer 中的颜色和 AO 贴图

▲图 17.3　GeoBuffer 中的粗糙度

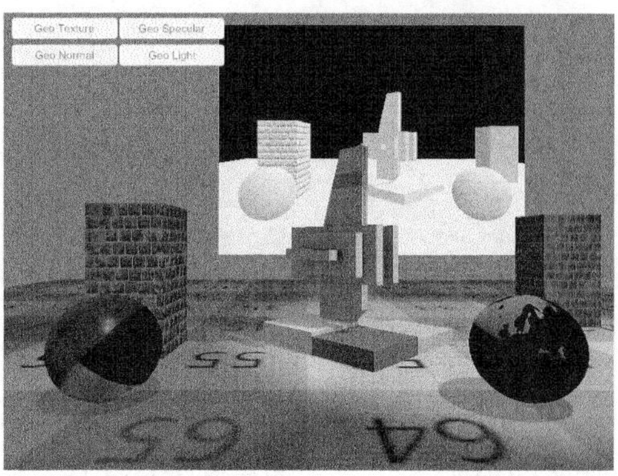

▲图 17.4　GeoBuffer 中的法线

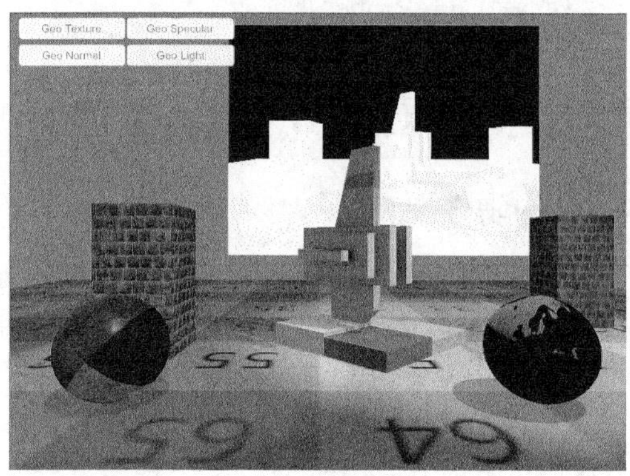

▲图 17.5　GeoBuffer 中的光照信息

当然，GeoBuffer 少不了 *Z* 深度，如果不通过写着色器的方式，通过帧调试器也可以观察到这些数值。

17.3 表面着色器的特殊性

17.3.1　表面着色器的混合和透明

如果使用一般的顶点+片元的方式，可以自定义混合模式。但如果使用表面着色器，那么在代码片段里面或者外面用 Blend 来改变混合状态就是无意义的，只能使用跟在 Surf 函数后面的 alpha、alphatest 或 decal 指令实现透贴。下面这些代码是实现 SurfaceShader 透贴的正确方式。表面着色器的混合和透明示例如图 17.6（a）～（c）所示。

```
#pragma surface surf Standard fullforwardshadows alpha:auto
#pragma surface surf Standard fullforwardshadows alpha:blend
#pragma surface surf Standard fullforwardshadows alpha:fade
#pragma surface surf Standard fullforwardshadows alpha:premul
#pragma surface surf Standard fullforwardshadows alphatest:_MyCut
#pragma surface surf Standard fullforwardshadows decal:add
#pragma surface surf Standard fullforwardshadows decal:blend
```

（a）（b）（c）

▲图 17.6 表面着色器的混合和透明示例

17.3.2 自定义 Vertex 函数

因为表面着色器的封装性，如果想操作顶点进行变形，需要使用类似 vertex:myFunc 的指令，用这种方式指定一个会被 Vertex 函数执行的函数。

```
CGPROGRAM
#pragma surface surf Standard fullforwardshadows vertex:vert
#pragma target 3.0
sampler2D _MainTex;

struct Input {
     float2 uv_MainTex;
};
half _Glossiness;
half _Metallic;
half _amt;
fixed4 _Color;

void vert(inout appdata_full v)
{
     float4 col = tex2Dlod(_MainTex, float4(v.texcoord.xy, 0, 0)).a;
     v.vertex.xyz = v.vertex.xyz + v.vertex.xyz*col*_amt;
```

```
        }
        void surf (Input IN, inout SurfaceOutputStandard o) {
             fixed4 c = tex2D (_MainTex, IN.uv_MainTex) * _Color;
             o.Albedo = 0.5;// c.rgb;
             o.Metallic = _Metallic;
             o.Smoothness = _Glossiness;
             o.Alpha = c.a;
        }
        ENDCG
```

上面这段代码为表面着色器自定义了一个在 Vertex 函数内会被执行的函数，该函数使用 tex2Dlod 读取贴图上一个像素的 Alpha 通道，使用这个值来对顶点进行变形，如图 17.7 所示。

▲图 17.7　自定义 Vertex 函数的效果

关于表面着色器，Unity 官方文档有丰富的样例。通过官方的例子，读者就可以比较完整地掌握其用法了。查看 Unity 为表面着色器生成的顶点+片元形式的代码，也就是表面着色器“解压缩”后的形式，如图 17.8 所示，相信大部分读者看过之后都会恍然大悟。

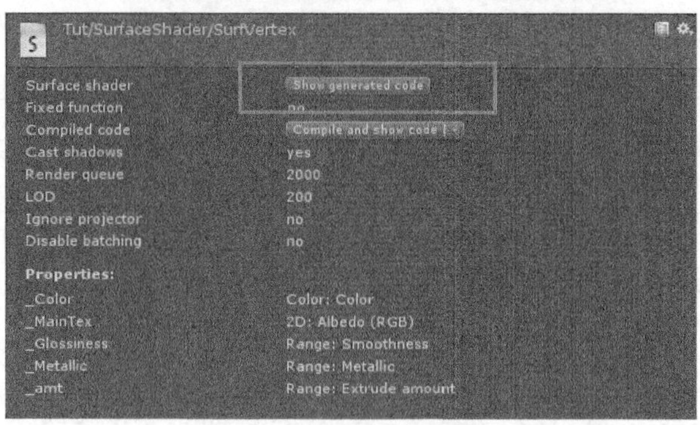

▲图 17.8　查看表面着色器的代码

第 18 章　凹凸材质

关于通过凹凸贴图产生细节的应用，读者都不会陌生，但是说到切空间，可能大多数没写过着色器程序的读者都会觉得比较深奥。如果提到视差映射（Parallax Mapping）与地势映射（Relief Mapping），想必会有更多的人感到难以理解。我们先从凹凸贴图开始讲解。

本章用到的文件和场景，都可以在工程文件下的 Assets/Shader/Bumpy 目录中找到。

18.1 切空间

如果要理解法线贴图的用法，就要知道切空间（Tangent Space）。什么是切空间？假设你站在地球上，以自己为原点，以从脚到头指向天空的方向为 *z* 轴，以正前方为 *x* 轴，右手为 *y* 轴。所谓的切空间就是以法线 Normal（从脚到头的方向）、Tangent（切方向，双眼直视正前方）和 Binormal（在水平方向上沿右胳膊的方向）这 3 个矢量构造的一个空间。如果把这 3 个方向矢量（也就是当前像素位置的 Tangent、Binormal、Normal）表示为一个矩阵，那么它就是一个和_World2Object 类似的矩阵，乘以它就会得到某一向量在当前位置的切空间的表示。具体来说，就是太阳对于当前这个人来说的角度。这个时候，如果你在当前位置挖个坑，这坑的法线也就是从 BumpMap 读取到的 Normal。此时，你可以放心地用当前的太阳方位来进行计算，不用担心有人提醒你太阳的角度不对。记住，以你自己为中心所观察到的世界就是切空间。

18.2 凹凸贴图

18.2.1　计算到切空间的矩阵

法线贴图中的信息是表示在切空间中的，因此光照的计算需要在切空间中进行。如果我们得到这个空间的 3 个与世界坐标系 *x*、*y*、*z* 轴类似的矢量，就能够把所需要的信息（如光源），传递到切空间。Unity 已经提供了 Normal 和 Tangent，我们只需要计算一个矢量叉积就可以得到 Binormal。打开 Bump 文件夹下的 Lab_1 场景，然后打开 Shader 文件 Bump_1，其代码如下。

```
Shader "Tut/Shader/Bumpy/Bump_1" {
     Properties {
          _BumpMap("BumpMap",2D)="white"{}
     }
     SubShader {
          Pass{
          Tags{"LightMode"="ForwardBase"}
          CGPROGRAM
          #pragma vertex vert
          #pragma fragment frag
          #include "UnityCG.cginc"
          float4 _LightColor0;
          sampler2D _BumpMap;
```

```
            struct v2f {
                float4 pos:SV_POSITION;
                float2 uv:TEXCOORD0;
                float3 lightDir:TEXCOORD1;//传递到片元着色器中的一个切空间光源方向
            };
            v2f vert (appdata_full v) {
                v2f o;
                o.pos=mul(UNITY_MATRIX_MVP,v.vertex);
                o.uv=v.texcoord.xy;
                float3 binormal=cross(v.normal,v.tangent)*v.tangent.w;
                float3x3 rotation=float3x3(v.tangent.xyz,binormal,v.normal);//切空间矩阵
                o.lightDir= mul(_World2Object, _WorldSpaceLightPos0).xyz; //平行光源
                o.lightDir=mul(rotation,o.lightDir);//把光源转换到切空间
                return o;
            }
            float4 frag(v2f i):COLOR
            {
                float4 c=1;
                float4 packedN=tex2D(_BumpMap,i.uv);
                float3 N=float3(2.0*packedN.wy-1,1.0);//
                N.z=sqrt(1-N.x*N.x-N.y*N.y);
                float diff=max(0,dot(N,i.lightDir));//计算漫反射
                c=_LightColor0*diff;
                return c*2;//乘以 2 是为了和默认的 Unity 光照传统保持一致
            }
            ENDCG
            }
        }
    }
```

为了展示切空间矩阵是如何产生的，这里使用经典的顶点+片元组合，同时为了简单，只解释必要的部分，使用了一个 ForwardBase 的通道。读者如果仔细看过本书中有关 Forward 的部分，应该知道在 ForwardBase 中的_WorldSpaceLightPos0 只可能为平行光。首先计算 Binormal，然后得到从世界空间到切空间的转换矩阵 rotation，通过这个矩阵，在顶点着色器中把光源转换到切空间。

18.2.2　Unity 中法线贴图的压缩格式

在 fragment 中，我们首先把从法线贴图得到的 RGB 通道的信息转换到切空间的（−1，1）内，在非移动平台上，Unity 会把法线贴图转换为 DXT5nm 格式。在这种法线贴图的压缩格式中，只有两个有效的 GA 通道，这样可以节省空间，从而用更大的贴图来提供更多的细节。对于移动平台，Unity 使用传统的 RGB 通道。在 DXT5nm 格式下，GA 通道对应法线的 x、y 分量，z 分量需要通过一次简单的算术运算来求得。之后，通过一个简单的矢量点积计算漫反射。最后的输出之所以乘以 2，是为了和 Unity 中默认材质的光照亮度保持一致，

18.2.3　使用切空间矩阵的另一种方法

当然，在 Bump_1.shader 中，将光源转换到了切空间中。也可以将从贴图中得到的法线转换到世界坐标，这里在 Bump_2.shader 中就是这么做的。其主要代码如下。

```
struct v2f {
    float4 pos:SV_POSITION;
    float2 uv:TEXCOORD0;
    float3 lightDir:TEXCOORD1;
    float3 tangent:TEXCOORD2;
    float3 binormal:TEXCOORD3;
    float3 normal:TEXCOORD4;
};
v2f vert (appdata_full v) {
    v2f o;
    o.pos=mul(UNITY_MATRIX_MVP,v.vertex);
    o.uv=v.texcoord.xy;
```

```
        o.tangent=v.tangent.xyz;
        o.binormal=cross(v.normal,v.tangent)*v.tangent.w;
        o.normal=v.normal;
        o.lightDir= mul(_World2Object, _WorldSpaceLightPos0).xyz;
        return o;
}
float4 frag(v2f i):COLOR
{
        float4 c=1;
        float3x3 rotation=float3x3(i.tangent.xyz,i.binormal,i.normal);
        float4 packedN=tex2D(_BumpMap,i.uv);
        float3 N=float3(2.0*packedN.wy-1,1.0);
        N.z=sqrt(1-N.x*N.x-N.y*N.y);
        N=normalize(mul(N,rotation));//把从贴图中得到的法线转换到世界坐标中
        float diff=max(0,dot(N,i.lightDir));
        c=_LightColor0*diff;
        return c*2;
}
```

这里，在 fragment 中把从贴图中得到的法线转换到世界坐标中，在从 vertex 传递到 fragment 的结构中添加了 3 个变量。当然，不把光源转换到切空间效率更高。

18.2.4 Unity 对切空间计算的支持

计算到切空间的矩阵和解压缩法线贴图都是常用操作，因此 Unity 提供了现成的操作，这里将简化这些操作。打开 Bump_3.shader，这是一个使用 Unity 函数来应用法线贴图的着色器，其主要代码如下。

```
struct v2f {
        float4 pos:SV_POSITION;
        float2 uv:TEXCOORD0;
        float3 lightDir:TEXCOORD1;
};
v2f vert (appdata_full v) {
        v2f o;
        o.pos=mul(UNITY_MATRIX_MVP,v.vertex);
        o.uv=v.texcoord.xy;
        TANGENT_SPACE_ROTATION;
        o.lightDir= mul(_World2Object, _WorldSpaceLightPos0).xyz;
        o.lightDir=mul(rotation,o.lightDir);
        return o;
}
float4 frag(v2f i):COLOR
{
        float4 c=1;
        float3 N=UnpackNormal(tex2D(_BumpMap,i.uv));
        float diff=max(0,dot(N,i.lightDir));
        c=_LightColor0*diff;
        return c*2;
}
```

在这个着色器中，TANGENT_SPACE_ROTATION 这句话是在 UnityCG.cginc 中定义的，其实就相当于插入了以下代码。

```
float3 binormal = cross( v.normal, v.tangent.xyz ) * v.tangent.w;
float3x3 rotation = float3x3( v.tangent.xyz, binormal, v.normal )
```

这行代码之后，就可以使用 rotation 这个代表从世界坐标到切空间的矩阵了。不过记得这句话后面要加个分号。

18.2.5 解压缩法线贴图的函数

fragment 中使用了 Unity 同样定义在 UnityCG.cginc 中的函数 UnpackNormal。下面是这个函数

的原型。

```
inline fixed3 UnpackNormal(fixed4 packednormal)
{
#if defined(SHADER_API_GLES) && defined(SHADER_API_MOBILE)
     return packednormal.xyz * 2 - 1;
#else
     fixed3 normal;
     normal.xy = packednormal.wy * 2 - 1;
     normal.z = sqrt(1 - normal.x*normal.x - normal.y * normal.y);
     return normal;
#endif
}
```

这看起来比 Bump_1.shader 中的方法复杂，那是因为它多了对移动设备的支持。在移动设备上，Unity 对 Normal 贴图使用的是简单的 RGB 格式，而不是像独立平台那样的 DXT5nm 格式。

18.2.6　在切空间中计算高光

如果我们想在计算高光时考虑法线贴图的影响，就应该在切空间中计算高光。简单来说，就是把视方向也和光源转换到切空间，在 Bump_Spec.shader 中就是这么做的。其主要代码如下。

```
          struct v2f {
               float4 pos:SV_POSITION;
               float2 uv:TEXCOORD0;
               float3 lightDir:TEXCOORD1;
               float3 viewDir:TEXCOORD2;
          };
          v2f vert (appdata_full v) {
               v2f o;
               o.pos=mul(UNITY_MATRIX_MVP,v.vertex);
               o.uv=v.texcoord.xy;
               TANGENT_SPACE_ROTATION;
               o.lightDir=ObjSpaceLightDir(v.vertex);
               o.viewDir=ObjSpaceViewDir(v.vertex);
               o.lightDir=mul(rotation,o.lightDir);
               o.viewDir=mul(rotation,o.viewDir);//把 viewDir 也转换到切空间
               return o;
          }
          float4 frag(v2f i):COLOR
          {
               float4 c=1;
               float3 N=UnpackNormal(tex2D(_BumpMap,i.uv));
               float3 h=normalize(i.lightDir+i.viewDir);
//因为是平行光，所以没必要归一化 lightDir，它在 Vertex 函数中已经归一化过
               float diff=max(0,dot(N,i.lightDir));
               float nh=max(0,dot(N,h));//计算高光
               float spec=pow(nh,32.0);
               c=_LightColor0*(diff+spec);
               return c*2;
          }
          ENDCG
}
```

在上面的代码中，和光源一样，viewDir 在 Vertex Shader 中转换到了切空间，然后在片元着色器中用来计算高光。

18.2.7　表面着色器和切空间

上面为了解释切空间，以及如何在其中计算光照和高光，所以没有使用表面着色器。如果使用了 Unity 的表面着色器，事情会简单很多，我们甚至无须考虑切空间这个概念，因为在 Unity 提供的表面着色器中，当代表光源的 lightDir 和 viewDir 应用到 surface 函数中时，它们其实已经

被转换到了切空间。在 surface 函数中，只需要像下面一样操作。

```
void surf (Input IN, inout SurfaceOutput o) {
     fixed4 c = tex2D(_MainTex, IN.uv_MainTex) * _Color;
     o.Albedo = c.rgb;
     o.Alpha = c.a;
     o.Normal = UnpackNormal(tex2D(_BumpMap, IN.uv_BumpMap));
}
```

把法线贴图中的信息保存到 SurfaceOutput 结构中。在 Unity 中，无高光的和有高光的 surface LightingModel 分别是 Lambert 和 BlinnPhong，分别对应 Lighting.cginc 中的 LightingLambert 和 LightingBlinnPhong 函数。图 18.1 所示的是上面几个着色器的示例。

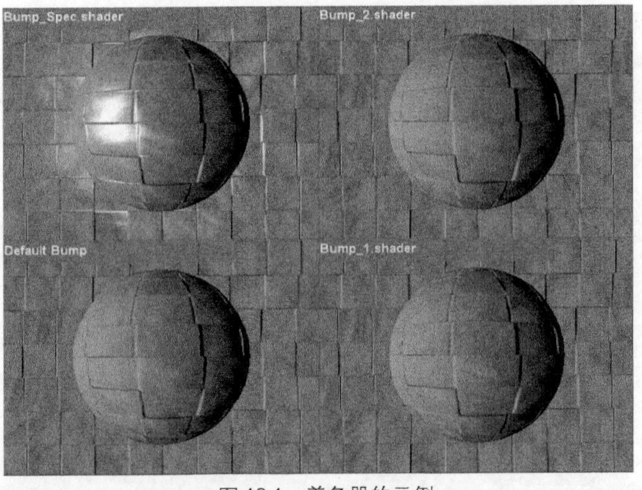

▲图 18.1　着色器的示例

18.3 视差映射

18.3.1　视差映射及其别名

视差映射也可以称为偏移量映射（Offset Mapping），准确来讲，可以称为 UV 偏移。现在的问题是我们要如何怎么偏移贴图的 UV。用高度图表示，这张图中的亮色代表高点，暗色代表低点；也可以用深度图表示，如果像 Z 深度一样，暗色代表近处的点，亮色代表离视点更远的点。本节将会一直使用高度图的概念，白色是高点。

18.3.2　一个使用灰度图来偏移 UV 的材质

首先打开 Parallax/Lab_0 文件夹下的 Lab_x 场景，如图 18.2 所示。上排最左边的是贴图 UV 坐标的 V 方向，从黑到白，值是 0～1。中间的黑白图是用来做 UV 偏移计算的，在中间 0.25 的宽度内有一个从黑到白的线性渐变。在下面的一排中，最左边的是 UV 偏移为 0 时（即原始贴图）的样子，后面 4 个是贴图中间 0.25 的宽度内 UV 的 V 方向，分别表示黑白图线性偏移值为 0.08、0.16、0.24 和 0.32 时的样子。

下面是用来根据灰度图偏移 UV 的 Shader 的代码。

```
Shader "Tut/Shader/Bumpy/UV_offset_1" {
     Properties {
          _MainTex("MainTex",2D)="white"{}
          _OffsetMap("UV Offset Map(A)",2D)="white"{}
```

```
        _Amt("UV Offset Amount",float)=0.0//V 的最大偏移值
    }
    SubShader {
        Pass{
        CGPROGRAM
        #pragma vertex vert
        #pragma fragment frag
        #include "UnityCG.cginc"
        sampler2D _MainTex;
        sampler2D _OffsetMap;
        float4 _MainTex_ST;
        float _Amt;
        struct v2f {
            float4 pos:SV_POSITION;
            float2 uv:TEXCOORD0;
        };
        v2f vert (appdata_full v) {
            v2f o;
            o.pos=mul(UNITY_MATRIX_MVP,v.vertex);
            o.uv=TRANSFORM_TEX(v.texcoord,_MainTex);
            return o;
        }
        float4 frag(v2f i):COLOR
        {
            float4 c=1;
            float p=tex2D(_OffsetMap,float2(0.5,i.uv.y)).a;//取 Alpha 值
            p = _Amt *p;//调整偏移量
            float2 offset=float2(0,p);
            i.uv+=offset;//调整 UV
            c=tex2D(_MainTex,float2(i.uv));//显示
            return c;
        }
        ENDCG
        }
    }
}
```

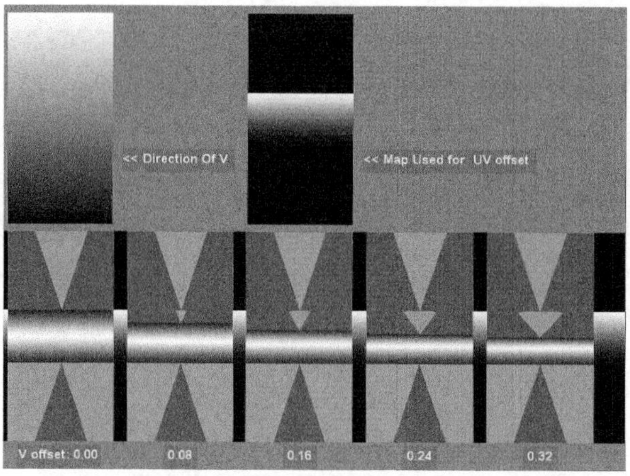

▲图 18.2　用灰度图偏移 UV 的 V 方向

这个着色器没有什么特别之处，只是简单地读取了一个 Alpha 值，然后根据偏移量的大小构造一个二元矢量，用来调整将要读取图的 UV，结果如图 18.2 所示。

有读者也许会好奇这有什么用？这个例子中，只偏移了 UV 的一个方向。如果偏移两个方向，那么可以用来实现一种具有深度的效果。打开同一文件夹下的 Lab_y 场景，如图 18.3 所示。这个例子与上面的类似，不同之处在于同时偏移了 UV 的两个方向，可以明显看出一种被挤出的高度效果。这是在 UV_Offset_2.shader 中做的。其主要代码如下。

```
float4 frag(v2f i):COLOR
{
    float4 c=1;
    float p=tex2D(_OffsetMap,float2(i.uv)).a;
    float s =(p*2.0-1.0)*_Offset;
    float2 offset=float2(s);
    i.uv+=offset;
    c=tex2D(_MainTex,float2(i.uv));
    return c;
}
```

▲图 18.3 用灰度图偏移 UV

和上一个着色器类似，不过这里是同时在 UV 两个方向上偏移，以 0.5 为中值，也就是当值为 0.5 时，则不会发生偏移。

如图 18.3 所示，我们可以通过 UV 的偏移来“欺骗”眼睛，模拟高度的变换。

18.3.3 结合法线贴图

上面的实现只对颜色贴图进行 UV 的偏移，如果和光源相作用，更好的表现效果还需要法线贴图。打开同一文件夹下的 Lab_y 场景，如图 18.4 所示。左侧第一个只有 Bump（凸凹）效果，第二个根据一张高度图对 Bump 的 UV 做了最大 0.06 的偏移，而第三个则对 Bump 的 UV 做了最大 0.1 的偏移。可以看出，相对于只有 Bump 作用的情况，通过高度图对 UV 的偏移控制，只需一个简单的平面就可以呈现出让人印象深刻的深度。

图 18.5（a）和（b）所示的是此例所用到的控制 UV 偏移的高度图和法线贴图。

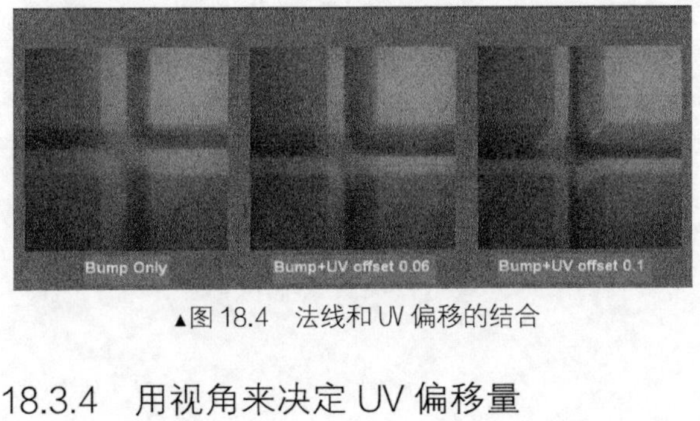

▲图 18.4 法线和 UV 偏移的结合

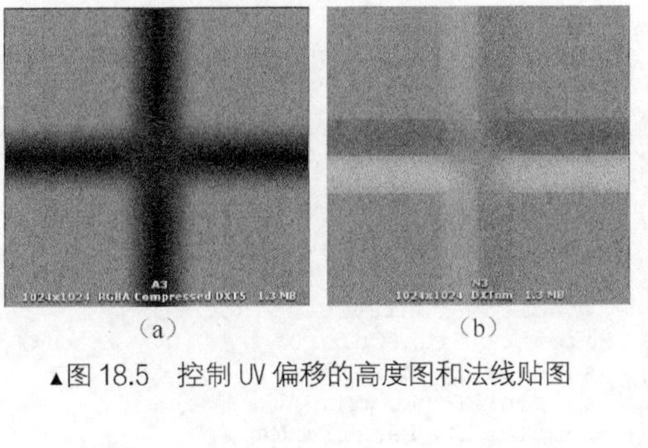

（a） （b）

▲图 18.5 控制 UV 偏移的高度图和法线贴图

18.3.4 用视角来决定 UV 偏移量

上面的实现只通过改变一个 float 值来固定地偏移 UV 的大小，对于一个游戏来说，需要不断变化视角。利用一个视角来调节 UV 的偏移量，以达到真正欺骗眼睛的目的，即所谓的视差映射。

首先简单地用切空间内与切平面平行的视角的 xy 对 UV 进行偏移。

```
float p=tex2D(_ParallaxMap,i.uv).a;
p = _Parallax *( p*2.0 - 1.0);
float3 v = normalize(i.viewDir);
float2 offset= p * v.xy;//
i.uv+=offset;
```

不过更好的选择是像 UnityCG.cginc 中下面的函数那样，通过与切平面垂直的 Z 分量的大小控制 UV 基于 xy 分量的偏移大小，使视角与切平面角度较小时 UV 的偏移更大。当视角与切平面的角度接近于垂直时，UV 偏移更小，更接近于普通凸凹贴图的表现。对应代码如下。

```
inline float2 ParallaxOffset( half h, half height, half3 viewDir )
{
     h = h * height - height/2.0;
     float3 v = normalize(viewDir);
     v.z += 0.42;
     return h * (v.xy / v.z);
}
```

18.3.5　一个完整的实现

打开 Lab_1 文件夹下的场景，如图 18.6 所示，右边是 Parallax_2.shader 的效果，左边是默认的凸凹效果。

▲图 18.6　视差映射

Parallax_2.shader 的主要代码如下。

```
Pass{
Tags{"LightMode"="ForwardAdd"}
Blend One One
CGPROGRAM
#pragma vertex vert
#pragma fragment frag
#include "UnityCG.cginc"
float4 _LightColor0;
sampler2D _MainTex;
sampler2D _BumpMap;
sampler2D _ParallaxMap;
float4 _MainTex_ST;
float _Parallax;
struct v2f {
```

```
        float4 pos:SV_POSITION;
        float2 uv:TEXCOORD0;
        float3 lightDir:TEXCOORD1;
        float3 viewDir:TEXCOORD2;//计算 Parallax Mapping，viewDir 是必要的
        float4 posW:TEXCOORD3;
    };
    v2f vert (appdata_full v) {
        v2f o;
        o.pos=mul(UNITY_MATRIX_MVP,v.vertex);
        o.uv=TRANSFORM_TEX(v.texcoord,_MainTex);
        TANGENT_SPACE_ROTATION;
        o.lightDir=ObjSpaceLightDir(v.vertex);
        o.viewDir=ObjSpaceViewDir(v.vertex);
        o.lightDir=mul(rotation,o.lightDir);
        o.viewDir=mul(rotation,o.viewDir);
        o.posW=mul(_Object2World,v.vertex);
        return o;
    }
    float4 frag(v2f i):COLOR
    {
        float p=tex2D(_ParallaxMap,i.uv).a;
        float2 offset = ParallaxOffset (p, _Parallax, i.viewDir);
        i.uv+=offset;
        float4 c=tex2D(_MainTex,i.uv);
        float3 N=UnpackNormal(tex2D(_BumpMap,i.uv));
        float diff=max(0,dot(N,i.lightDir));
        float atten=length(_WorldSpaceLightPos0-i.posW);
        atten=1/(1+atten*atten);
        c=c*_LightColor0*diff*atten;
        return c;
    }
    ENDCG
    }
```

18.4 地势映射

18.4.1 视差映射的极限和地势映射的面世

视差映射能够提供比凹凸映射更深的深度，尤其是与小视角相比。但是如果想提供更深的深度，视差映射就无能为力，试图强制性地使用更大的 UV 偏移只会导致失真。打开 Relief 文件夹下的 Lab_1 场景，如图 18.7（a）所示。因此就有程序员开发了地势映射技术，其效果如图 18.7（b）所示。这个方法更容易提供更深的深度，还可以做出自阴影和闭塞效果，效果很好，但算法有些复杂。

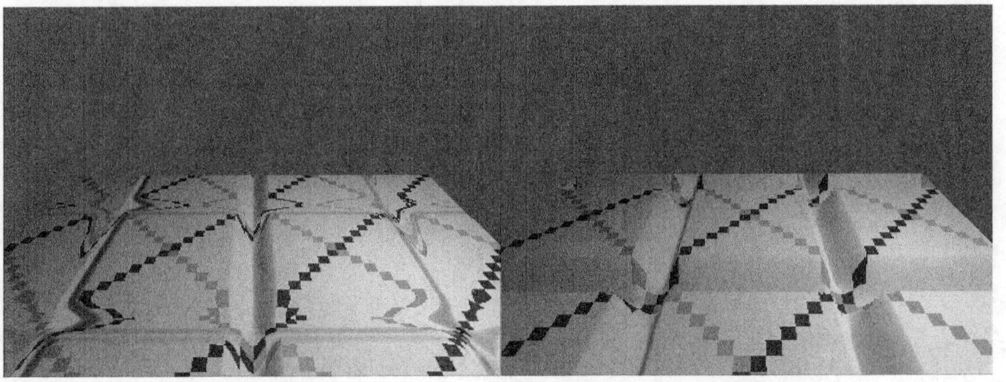

（a）视差映射　　（b）地势映射

▲图 18.7　视差映射和地势映射

18.4.2　地势映射的算法

想必读者都知道 Z 缓冲区的概念，这只是一个黑白照，也是整个相机视野内所有物体空间位置信息的一个快照。通过 Z 缓冲区，我们就能了解整个相机空间。把一张普通灰度图当作一个 Z 缓冲区看待，也可以把这张灰度图作为一个空间看待，而且它和 Z 缓冲区类似，是一个值域在（0，1）范围内的空间。既然这是一个空间，那么当我们把手伸进去时会摸到什么？

假设有一条射线与平面相交于一点 *P*，UV 坐标为（s，t）。在一般情况下，在图 18.8（a）中，我们就会用坐标（*s*，*t*）取颜色贴图上的值。在视差映射技术中，在图 18.8（b）中，我们会根据这条射线的倾斜度和前点坐标（*s*，*t*）读高度图的灰度值，一次性计算出 UV 偏移，然后读取颜色贴图和法线贴图。在地势映射的实现中，在图 18.8（c）中，我们也试图计算出一个 UV 的偏移，但不是根据当前点（*s*，*t*）高度图的值一次性做出判断。我们需要这条射线继续往前，在高度图构造的（0，1）空间内，这条射线一定会在到达空间底部之前与空间内的一个点交叉。这个点的 UV 才是我们真正需要的 UV，使用这个 UV 读取颜色贴图和法线贴图，如图 18.8（a）～（c）所示。

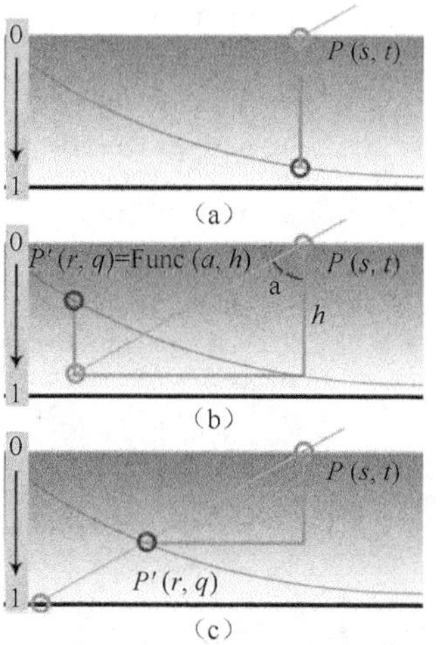

▲图 18.8　3 种算法的原理

上面所说是地势映射的想法或者说概念，具体实现这个想法的步骤就是算法。首先，我们要知道在什么情况下这条射线与高度图中的某一个点相交，我们把 0～1 分为平均的 *n* 段。其次，在射线到达 1 的时候，就和视差映射相似，根据射线的角度，这个点的 UV 位置是可知的，现在我们从当前点 *P*（*s*，*t*）一步步移向 *P'*（*r*，*q*），当前的每一个步幅为（*P*–*P'*）/*n*，即一步中 UV 偏移量的大小，同时再从 0～1 的方向每一步增加 1/*n*，高度图的分布也位于（0，1）内，这样在高度图的深度方向就有了可比性，因此步幅方向是从 0 开始，而高度图是从 1 开始。因为刚开始步幅方向的深度必然小于高度图，而当它们相遇之后，步幅方向的值大于此时点的高度图中的值，如图 18.9（a）所示。在算法中，每一步都为 *P*–*P'*/*n* 的大小，因此只要记录此时的步数，就可以知道此时点的 UV，而相遇的那个点必然在向后的一步之内。此时我们再按照新的方式计算，每向前走一步的一半就可以迅速地收缩相遇的点，因此这个算法的主要难点在确定相遇的点上，尤其是在判断什么时候已经相交的情况。如果步幅太小，就会增加性能的消耗；反之，虽然可以降低运算量，但又可能会因步幅过大而错过细节，如图 18.9（b）所示。

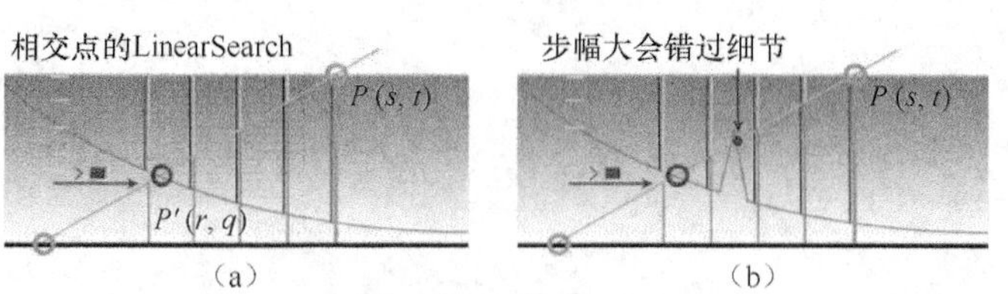

▲图 18.9　地势映射的算法细节

18.4.3　一个完整的实现

打开 Relief 文件夹下的 Lab_2 场景，如图 18.10 所示，左边是视差映射的效果，右边是地势映射的效果。

这个效果是在 Relief_1.shader 中实现的，其代码如下。

▲图 18.10 视差映射和地势映射

```
Shader "Tut/Shader/Bumpy/ReliefMap_1" {
    Properties {
        _MainTex("MainTex",2D)="white"{}
        _BumpMap("BumpMap",2D)="white"{}
        _HeightMap("Displacement Map(A)",2D)="white"{}
        _Height("Displacement Amount",range(0,0.1))=0.05
    }
    SubShader {
        Pass{
            Tags{"LightMode"="ForwardBase"}
            CGPROGRAM
            #pragma vertex vert
            #pragma fragment frag
            #pragma only_renderers d3d9
            #include "UnityCG.cginc"
            float4 vert(appdata_base v):SV_POSITION
            {
                returnmul(UNITY_MATRIX_MVP,v.vertex);
            }
            float4 frag(float pos):COLOR
            {
                return0;
            }
            ENDCG
        }
        Pass{
        Tags{"LightMode"="ForwardAdd"}
        Blend One One
        CGPROGRAM
        #pragma vertex vert
        #pragma fragment frag
        #pragma target 3.0
        #pragma only_renderers d3d9
        #include "UnityCG.cginc"
        sampler2D _MainTex;
        sampler2D _BumpMap;
        sampler2D _HeightMap;
        float4 _MainTex_ST;
        float4 _LightColor0;
        float _Height;
        struct v2f {
            float4 pos:SV_POSITION;
            float2 uv:TEXCOORD0;
            float3 lightDir:TEXCOORD1;
            float3 viewDir:TEXCOORD2;
            float4 posW:TEXCOORD3;
        };
        v2f vert (appdata_full v) {
            v2f o;
```

```
                o.pos=mul(UNITY_MATRIX_MVP,v.vertex);
                o.uv=TRANSFORM_TEX(v.texcoord,_MainTex);
                TANGENT_SPACE_ROTATION;
                o.lightDir=ObjSpaceLightDir(v.vertex);
                o.viewDir=ObjSpaceViewDir(v.vertex);
                o.lightDir=mul(rotation,o.lightDir);
                o.viewDir=mul(rotation,o.viewDir);
                o.posW=mul(_Object2World,v.vertex);
                return o;//把光源和视线传递到切空间，为地势映射做准备
            }
            float4 frag(v2f i):COLOR
            {//把视线转变成一个向点看过去的射线
                float3 viewRay=normalize(i.viewDir*-1);
                viewRay.z=abs(viewRay.z);//z 分量将用来和从高度图中取的值做对比，因此取正值
                float3 shadeP=float3(i.uv,0);//构造我们步进的原始点的 UV 和 Z 的组合，Z 的初始值为 0
                viewRay.xy*=_Height;//通过_Height 限定最大的 UV 偏移量
                int linearStep=20;//线性搜索
                int binaryStep=10;//二进制搜索
                //把 viewRay 除以 viewRay.z 会将步进的域压缩到（0，1）内，从而和高度图处于同一域空间内
                float3 offset=(viewRay/viewRay.z)/linearStep;
                for(int i=0;i<linearStep;i++)//线性搜索
                {
                    float d=1-tex2D(_HeightMap,shadeP.xy).a;
                //判定射线是否已经到达高度图之下
                    if(shadeP.z<d) {//
                        shadeP.xy=shadeP.xy+offset.xy;     //继续 UV 的步进
                    shadeP.z=shadeP.z+offset.z; //相应地计算此时的 Z 深度
                        }
                }
                float3 biOffset=offset;//通过二进制搜索，快速收敛到相交点
                for(int i=0;i<binaryStep;i++)
                {
                    biOffset=biOffset/2;
                    float d=1-tex2D(_HeightMap,shadeP.xy).a;
                    if(shadeP.z<d)
                    shadeP+=biOffset;//向前半步
                    else
                    shadeP-=biOffset;
                }
                float4 c=tex2D(_MainTex,shadeP.xy);
                float3 N=UnpackNormal(tex2D(_BumpMap,shadeP.xy));
                float diff=max(0,dot(N,i.lightDir));
                float atten=length(_WorldSpaceLightPos0-i.posW);
                atten=1/(1+atten*atten);
                c=c*_LightColor0*diff*atten;
                return c*2;
            }
            ENDCG
            }
        }
    }
```

这段代码看起来有点长。首先，为了在 ForwardAdd 中只计算一个点光源，因此在 ForwardBase 中什么事情都没有做。在 vertex 函数中所做的一切用于在 fragment 中做好切空间的地势映射的准备，这里在场景里准备了一个点光源，因为相对于平行光，点光源的表现力更强一点。然后，构造了射线，通过乘以_Height 应用了地势映射，并通过 Linearstep 检测是否遇到了相交点。如果没有，继续检测，直到达到最大次数，然后使用二进制搜索快速收敛到相交的点，计算出真正的射线所遇到的点，也就是 UV 的位置。使用这个 UV 来取法线贴图和颜色贴图的值，计算光照，效果如图 18.10 所示。有时候单单根据视线和高度图来做 UV 的偏移会导致值很大且有些失真，因此可应用一个偏移量来限制，就如 Relief_2.shader 所做的那样，其中相关代码如下。

```
float bias=1-viewRay.z;
bias=1-pow(bias,4);
viewRay.xy=viewRay.xy*bias*_Height;
```

第 19 章　卡通材质

卡通着色（Toon Shading 或 Cell Shading）是一种把三维模型表现得像卡通或者手绘效果的非照片渲染方式。

本章用到的文件和场景，都可以在工程文件中的 Assets/Shader/Toon 目录中找到。

19.1 描边

19.1.1　沿法线挤出轮廓

要沿法线挤出轮廓，比较简单的一种方式是先将物体挤出，形成一个轮廓。打开 Outline/Lab_1 文件夹下的 Lab_1 场景，如图 19.1 所示。

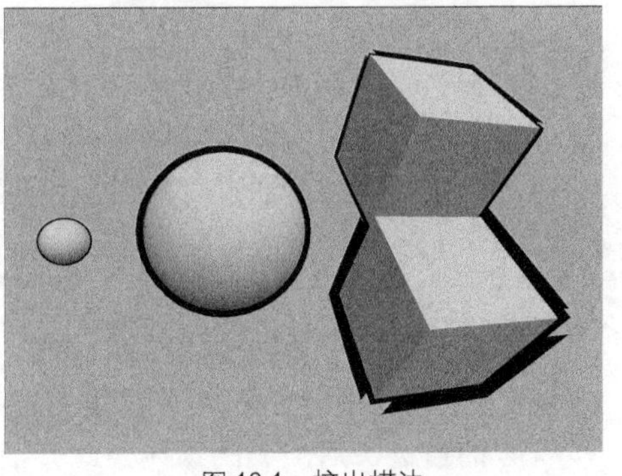

▲图 19.1　挤出描边

该场景有 3 个物体，它们应用的都是 Shader Outline_1.shader 的实例。其代码如下。

```
Shader "Tut/Shader/Toon/Outline_1" {
     Properties {
          _Outline("Outline",range(0,0.2))=0.02
     }
     SubShader {
          Pass{//对物体进行描边
          Tags{"LightMode"="Always"}
          Cull Off
          ZWrite Off
          CGPROGRAM
          #pragma vertex vert
          #pragma fragment frag
          #include "UnityCG.cginc"
          float _Outline;
          struct v2f {
               float4 pos:SV_POSITION;
          };
          v2f vert (appdata_full v) {
               v2f o;
               v.vertex.xyz+=v.normal*_Outline;
               o.pos=mul(UNITY_MATRIX_MVP,v.vertex);
               return o;
          }
          float4 frag(v2f i):COLOR
          {
               float4 c=0;
               return c;
          }
          ENDCG
          }
          Pass{//对物体进行照明计算
          Tags{"LightMode"="ForwardBase"}
          CGPROGRAM
          #pragma vertex vert
          #pragma fragment frag
```

```
            #include "UnityCG.cginc"
            float4 _LightColor0;
            struct v2f {
                 float4 pos:SV_POSITION;
                 float3 lightDir:TEXCOORD0;
                 float3 viewDir:TEXCOORD1;
                 float3 normal:TEXCOORD2;
            };
            v2f vert (appdata_full v) {
                 v2f o;
                 o.pos=mul(UNITY_MATRIX_MVP,v.vertex);
                 o.normal=v.normal;
                 o.lightDir=ObjSpaceLightDir(v.vertex);
                 o.viewDir=ObjSpaceViewDir(v.vertex);
                 return o;
            }
            float4 frag(v2f i):COLOR
            {
                 float4 c=1;
                 float3 N=normalize(i.normal);
                 float3 viewDir=normalize(i.viewDir);
                 float diff=dot(N,i.lightDir);
                 diff=(diff+1)/2;
                 diff=smoothstep(diff/12,1,diff);
                 c=_LightColor0*diff;
                 return c;
            }
            ENDCG
            }
      }
}
```

这个着色器在 ForwardBase 中主要计算了一个平行光，我们将和卡通相关的重点放在第一个通道中，这个通道通过将物体的顶点沿法线方向挤出，并不对 Z 缓冲区进行写入，从而形成一个黑色的背景，然后再通过正常的渲染形成一个轮廓。

19.1.2　容易产生的问题

如果只看这个场景中的球体，初学读者一定会自我感觉良好。现在请看图 19.1 的右边，你会发现两个问题。第一，在两个物体的重叠区域，描边没有出现，这是因为我们关闭了对 *Z* 的写入。没有 *Z* 的痕迹，后渲染的物体因此会根据深度测试的结果将自己的渲染输出写入，从而将挤出的轮廓擦去。第二个问题不太明显，但是如果读者实际操作，会发现物体轮廓的粗线并不是一个常量，而是一个和距离相机远近相关的值。距离越远，轮廓越细，就像场景的小球体那样，这个小球体是大球体的一个副本，只不过离镜头更远些罢了。当然，如果这是读者想要的，那就不算问题了，但这很可能不是你想要的。另外，在下面的那个立方体上比较明显，当我们沿法线方向挤出轮廓时，如果相邻面的法线方向彼此分离，比如说像这个立方体那样，相邻的面的法线是彼此垂直的，那么沿法线挤出顶点的后果就是面被分离开了，从而导致轮廓间断。

19.1.3　在视空间中挤出

我们先解决前两个问题。打开同一文件夹下的 Lab_1x 场景，这个场景中的物体应用的都是改进的着色器，它和描边相关的主要代码如下。

```
Pass{
Tags{"LightMode"="Always"}
Cull Front
ZWrite On
CGPROGRAM
#pragma vertex vert
#pragma fragment frag
```

```
#include "UnityCG.cginc"
float _Outline;
struct v2f {
     float4 pos:SV_POSITION;
};
v2f vert (appdata_full v) {
     v2f o;
     o.pos=mul(UNITY_MATRIX_MVP,v.vertex);
     float3 norm   = mul ((float3x3)UNITY_MATRIX_IT_MV, v.normal);
     float2 offset = TransformViewToProjection(norm.xy);
     o.pos.xy += offset * o.pos.z *_Outline;
     return o;
}
float4 frag(v2f i):COLOR
{
     return0;
}
ENDCG
}
```

首先使用 Cull Front，我们只挤出物体的背面，这样就可以打开对 *Z* 的写入，第一个问题就解决了，物体不会因为重叠而出现轮廓被擦去的现象了。第二问题的解决思路也很简单，我们只想按照最终的屏幕输出角度来衡量挤出，而不关心它和相机镜头的远近。简单地说就是在镜头面前做这件事，同时不考虑物体离镜头的远近。如代码所示，将 Normal 乘以 UNITY_MATRIX_IT_MV，将其从对象空间转换到视图空间。不使用和转换顶点相同的 UNITY_MATRIX_MV 来转换 Normal，是因为 UNITY_MATRIX_MV 这个矩阵在转换顶点时，比如非均匀缩放物体时，会改变物体顶点间的相对位置，从而导致法线不再垂直于物体的表面，再使用此矩阵来转换 Normal 到视空间，得到的仍是一个不和物体的表面相垂直的 Normal。此时要使用对顶点做了改变的矩阵的逆转置矩阵，这种情况下就是 UNITY_MATRIX_IT_MV。如果读者仍然不明白，可以用上网搜索一下，然后单独将挤出方向、视空间的 Normal、和屏幕位置有关的 *xz* 分量转换到投影空间，以其为偏移基准对输出的点进行偏移，从而得到一个和物体里离镜头远近无关的挤出，即最终的轮廓。修正后的挤出描边如图 19.2 所示。两个离镜头一远一近的球体轮廓基本一致，右边的重叠立方体的轮廓依然存在，不会因为重叠而被擦去。

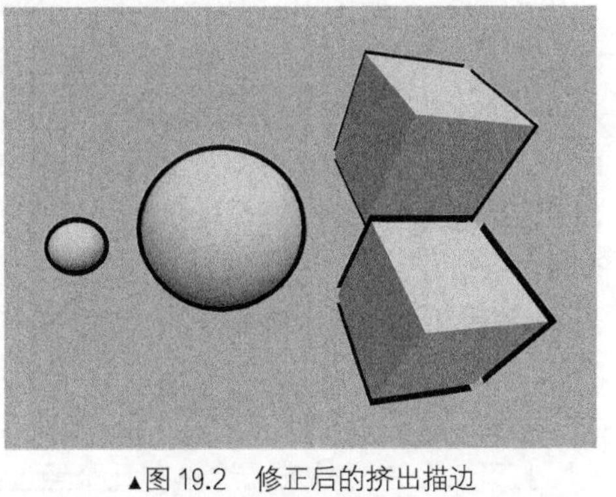

▲图 19.2　修正后的挤出描边

19.1.4　顶点位置的另一个含义

第三个问题依然存在，如果相邻面的法线方向不一致，导致挤出的面方向也不一致，从而出现轮廓线断裂的情况。为什么会这么麻烦呢？大多数情况下，游戏中物体相邻的面是紧密相连的，这是因为它们共享相同的顶点，因此，我们在场景中缩放物体就不会有这种相邻面被撕断的情况。但是像图 19.2 所示的立方体那样，在 GPU 处理的每一个批次中，每个面都有定义自己顶点的一份副本。这种现象是可以避免的。如果我们这样考虑事情，不仅把顶点数据当作一个位置，而是当作一个方向矢量，不论它被多少个面共享，都仅把它当作方向，那么对于所有相邻的面，每一个共享顶点所定义的方向都是一致的。下面按照这个方向来挤出。打开 Lab_2 文件夹下的场景，如图 19.3 所示。

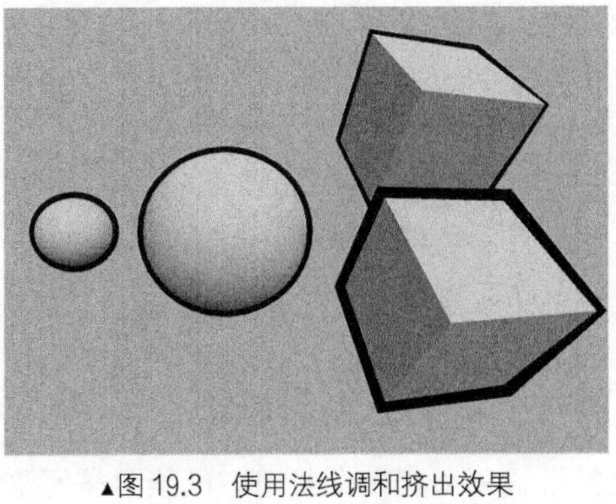

▲图 19.3　使用法线调和挤出效果

该场景中使用的着色器是 Outline_2.shader。其轮廓操作部分的主要代码如下。

```
Pass{
        Tags{"LightMode"="Always"}
        Cull Front ZWrite On
        CGPROGRAM
        #pragma vertex vert
        #pragma fragment frag
        #include "UnityCG.cginc"
        float _Outline;
        struct v2f {
            float4 pos:SV_POSITION;
        };
        v2f vert (appdata_full v) {
            v2f o;
            o.pos=mul(UNITY_MATRIX_MVP,v.vertex);
            float3 dir=normalize(v.vertex.xyz);
            dir   = mul ((float3x3)UNITY_MATRIX_IT_MV, dir);
            float2 offset = TransformViewToProjection(dir.xy);
            o.pos.xy += offset * o.pos.z *_Outline;
            return o;
        }
        float4 frag(v2f i):COLOR
        {
            return0;
        }
        ENDCG
        }
```

这个着色器和上一个的主要不同之处就是使用了 vertex.xyz 作为顶点的挤出方向，其实就是一个缩放动作，这样就不会产生沿法线方向可能出现的轮廓断裂现象了。但这也并不代表一定不会出现问题。如图 19.4 所示，这也是沿着顶点方向挤出的轮廓，但是因为茶壶模型空间的原点在底部，而不是几何中心，导致最终的挤出轮廓不是均匀地套在物体的四周。这是一个极端的例子，但这确实是一个很可能会出现的问题。如果想简单地挤出一下，还是会遇到各种想象不到的情形。不过我们还是可以稍微改进一下，使挤出轮廓的这种方法可以适用于绝大多数情况。

▲图 19.4　挤出描边的极端例子

19.1.5　调和法线和顶点方向

打开 Lab_3 文件夹，这里有几个经过改造的挤出轮廓的例子。第一种比较简单，就是在两个可能的挤出方向 vertex.xyz 和 Normal 之间线性插值。其代码如下。

```
v2f vert (appdata_full v) {
    v2f o;
    o.pos=mul(UNITY_MATRIX_MVP,v.vertex);
    float3 dir=normalize(v.vertex.xyz);
    float3 dir2=v.normal;
    dir=lerp(dir,dir2,_Factor);
    dir= mul ((float3x3)UNITY_MATRIX_IT_MV, dir);
    float2 offset = TransformViewToProjection(dir.xy);
    offset=normalize(offset);
    o.pos.xy += offset * o.pos.z *_Outline;
    return o;
}
```

19.1.6　判断顶点的指向

可在模型的条件比较简单时按照法线方向挤出。如果模型很复杂，在有些地方继续要按照法线方向挤出，沿有些方向按照顶点方向挤出，那么这个办法就不起作用。作为一个具有普遍适用性的着色器，我们需要判定什么时候顶点的方向指向几何中心，什么时候背离它。该如何判定呢？用 Normal，虽然相邻面的法线可能指向不同的方向，但是可以肯定它是指向或背离几何中心的。因此，当我们把 vertex 数据作为一个方向来使用，根据它和 Normal 的点积的正负，就可以判定 vertex、xyz 是指向还是背离几何中心。同时，根据分布在（–1，1）的值，我们还能大概判定其背离的程度，因此就有了 Outline_3x.shader 和下面这些代码。

```
v2f vert (appdata_full v) {
     v2f o;
     o.pos=mul(UNITY_MATRIX_MVP,v.vertex);
     float3 dir=normalize(v.vertex.xyz);
     float3 dir2=v.normal;
     float D=dot(dir,dir2);
     D=(D/_Factor+1)/(1+1/_Factor);//
     dir=lerp(dir2,dir,D);//根据点积的结果在 Normal 和 Vertex 之间进行调节
     dir= mul ((float3x3)UNITY_MATRIX_IT_MV, dir);
     float2 offset = TransformViewToProjection(dir.xy);
     offset=normalize(offset);
     o.pos.xy += offset * o.pos.z *_Outline;
     return o;
}
```

这些代码主要根据点积的结果在 Normal 和 Vertex 之间进行线性插值。效果可以参照 Lab_3x 场景，如图 19.5 所示。

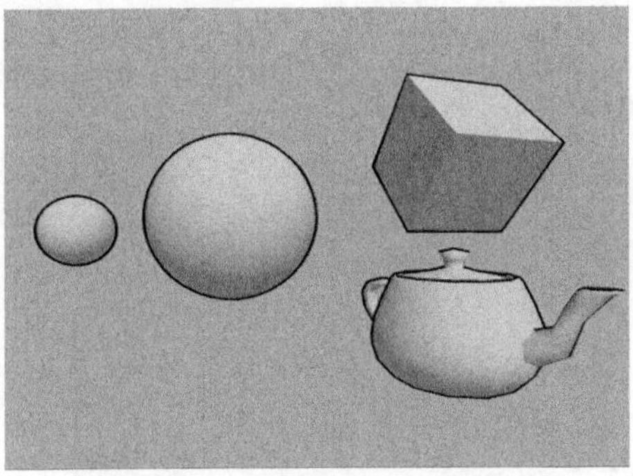

▲图 19.5 调和法线和顶点进行挤出

19.1.7 不仅仅是轮廓

此时我们发现，立方体位于中间地带的边没有描边。这是由我们的解决方案所决定的。上述的例子实际上只为单独的网格挤出了轮廓，那该如何解决这个问题呢？打开 Lab_4 文件夹下的 Lab_4.0 场景，如图 19.6 所示。

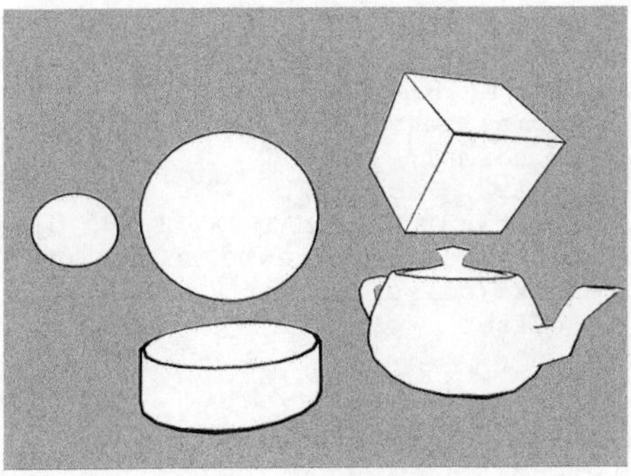

▲图 19.6 为立方体描边

挤出了两次，通过 Normal 方向和 Vertex 方向的落差达到了描边的效果。这是在 Outline_4.0.shader 中做的。其代码如下。

```
Shader "Tut/Shader/Toon/Outline_4.0" {
     Properties {
          _Outline("Out line",range(0,0.1))=0.02
          _Outline2("Out line2",range(0,0.1))=0.02
          _Factor("Factor",range(0,1))=0.5
          _Factor2("Factor",range(0,1))=0.5
     }
     SubShader {
          Pass{
          Tags{"LightMode"="Always"}
          Cull Back ZWrite On
          CGPROGRAM
          #pragma vertex vert
          #pragma fragment frag
          #include "UnityCG.cginc"
          float _Outline;
          float _Factor;
          struct v2f {
               float4 pos:SV_POSITION;
          };
          v2f vert (appdata_full v) {
               v2f o;
               o.pos=mul(UNITY_MATRIX_MVP,v.vertex);
               float3 dir=normalize(v.vertex.xyz);
               float3 dir2=v.normal;
               dir=lerp(dir,dir2,_Factor);
               dir= mul ((float3x3)UNITY_MATRIX_IT_MV, dir);
               float2 offset = TransformViewToProjection(dir.xy);
               offset=normalize(offset);
               o.pos.xy += offset * o.pos.z *_Outline;
               return o;
          }
          float4 frag(v2f i):COLOR
          {
               returnfloat4(1,1,1,1);
          }
          ENDCG
          }
          Pass{
          Tags{"LightMode"="Always"}
          Cull Front ZWrite Off
          CGPROGRAM
          #pragma vertex vert
          #pragma fragment frag
          #include "UnityCG.cginc"
          float _Outline2;
          float _Factor2;
          struct v2f {
               float4 pos:SV_POSITION;
          };
          v2f vert (appdata_full v) {//.2
               v2f o;
               o.pos=mul(UNITY_MATRIX_MVP,v.vertex);
               float3 dir=normalize(v.vertex.xyz);
               float3 dir2=v.normal;
               dir=lerp(dir,dir2,_Factor2);
               dir= mul ((float3x3)UNITY_MATRIX_IT_MV, dir);
               float2 offset = TransformViewToProjection(dir.xy);
               offset=normalize(offset);
               o.pos.xy += offset * o.pos.z *_Outline2;
               return o;
          }
          float4 frag(v2f i):COLOR
          {
                returnfloat4(0,0,0,0);
```

```
            }
            ENDCG
            }
        }
    }
```

这个着色器中两个通道的代码似乎完全一样，不同之处在于第一个通道使用了 Cull Back，只挤出面向相机的面。在这个通道中，挤出方向应该沿着法线方向，也就是_Factor 的值更趋向于 1，这样相邻面的法线是背离的，就会形成一个空隙。我们在第二个通道中利用这个空隙，即第二个通道更多地沿着顶点方向挤出，也就是_Factor 的值偏离 1，这样就在边缘和第一个通道沿法线挤出导致的面的空隙之处形成了描边。接下来可以把这个结果作为进一步渲染的基础。打开 Lab_4.1 场景，如图 19.7 所示。

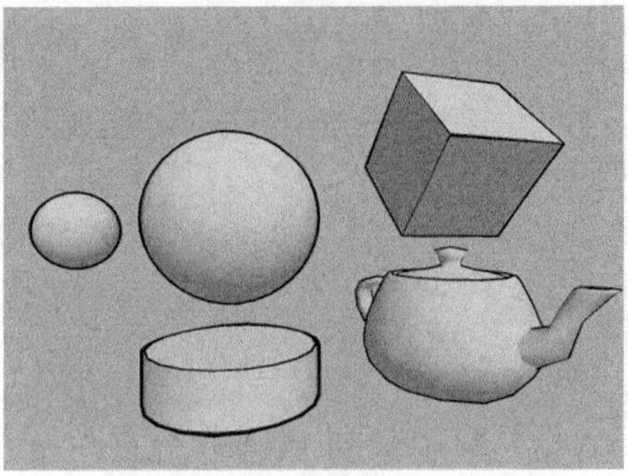

▲图 19.7　为立方体描线最终效果

这个结果是在 Outline_4.1.shader 中实现的。其着色部分的主要代码如下。

```
    Pass{
            Tags{"LightMode"="ForwardBase"}
            Blend DstColor Zero//利用刚才两个描边 Pass 的渲染结果的混合模式
            CGPROGRAM
            #pragma vertex vert
            #pragma fragment frag
            #include "UnityCG.cginc"
            float4 _LightColor0;
            sampler2D _MainTex;
            float _Factor;
            float _Outline;
            struct v2f {
                float4 pos:SV_POSITION;
                float3 lightDir:TEXCOORD0;
                float3 viewDir:TEXCOORD1;
                float3 normal:TEXCOORD2;
            };
            v2f vert (appdata_full v) {
                v2f o;
                o.pos=mul(UNITY_MATRIX_MVP,v.vertex);
                //为了能让深度测试正常进行，需要进行和 Cull Back 的通道同样的顶点挤出操作
                float3 dir=normalize(v.vertex.xyz);
                float3 dir2=v.normal;
                dir=lerp(dir,dir2,_Factor);
                dir= mul ((float3x3)UNITY_MATRIX_IT_MV, dir);
                float2 offset = TransformViewToProjection(dir.xy);
                offset=normalize(offset);
                o.pos.xy += offset * o.pos.z *_Outline;
                o.normal=v.normal;
                o.lightDir=ObjSpaceLightDir(v.vertex);
                o.viewDir=ObjSpaceViewDir(v.vertex);
                return o;
            }
            float4 frag(v2f i):COLOR
            {
                float4 c=1;
                float3 N=normalize(i.normal);
                float3 viewDir=normalize(i.viewDir);
                float diff=max(0,dot(N,i.lightDir));
                diff=(diff+1)/2;
                diff=smoothstep(0,1,diff);
                c=_LightColor0*diff;
                return c;
            }
```

```
            ENDCG
            }
```

这个着色器的巧妙之处就在于使用了一个可以利用描边结果的 Blend DstColor Zero 混合模式。另外，为了能够让深度测试顺利通过，也进行了和两个描边通道之中那个 Cull Back 的通道相同的挤出操作。虽然使用了两个通道来进行描边，但都是顶点操作，占用 CPU 的时间不是很长。

19.1.8　通过 Z 偏移量来描边

除了这种反复的挤出操作之外，还有一种办法是通过对 Z 的偏移来进行的，最简单的就是 Offset，只要一句代码即可。图 19.8 所示的是 Lab_5 文件夹下的场景，使用的就是这种对 Z 偏移的操作，具体实现的着色器是 Outline_5。其主要相关代码如下。

```
Shader "Tut/Shader/Toon/Outline_5" {
      SubShader {
            Pass{
            Tags{"LightMode"="Always"}
            Cull Front//设定一个黑底，并稍微朝向相机挪一下 z 的位置
            ZWrite On
            Offset -1,-1
......
                  return0;
            ......
            }
      Pass{
            Tags{"LightMode"="ForwardBase"}//这个通道正常渲染，但是将 z 稍微往后移动了一点
            Offset 2,-1
            ......
            }
      }
}
```

这段代码很简单，就是一个通道成形一个黑色的底色，然后朝相机挪了一步。在正常渲染的通道中却往后挪了一步，从而导致 Z 的差异，将先前的黑底色显现成边，效果如图 19.8 所示。

读者还可以通过 Normal 和视线的点积来判断当前点是否处于物体的边缘，这个方法常用于实现 Rim 效果，但是用来描边有些不稳定。

如果读者使用的是 Unity Pro 版本，在 Image Effects 中介绍了如何使用 Depth Normal 来检测边缘轮廓，效果很好，可以普遍适应各种情况。

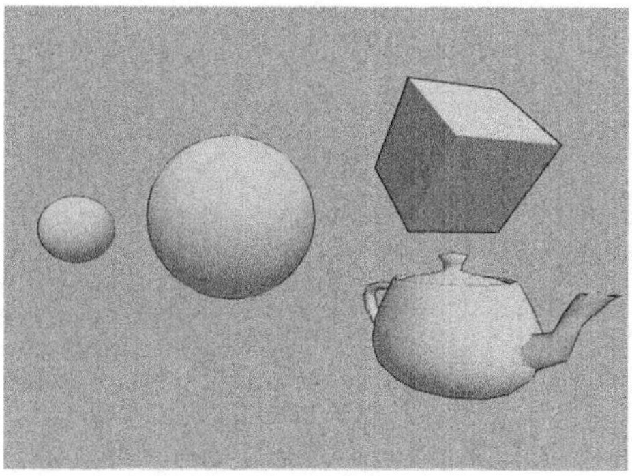

▲图 19.8　通过偏移 Z 来描边

19.2 卡通着色

有两种办法可以把通常情况下，光滑连续的光照计算转换为我们所期待的卡通效果。一种是使用数学方法进行值域的离散化处理；另一种是使用一维贴图，重新映射正常的光照结果。

19.2.1　对光照进行离散化

下面先讲述第一种方法。打开 ShadeCel/Lab_1 文件夹下的场景，如图 19.9 所示。

场景中的材质都是 Cel_1.shader 的实例。下面是它去掉了描边部分、仅留下了着色部分的代码。

▲图 19.9 将光照值离散化

```
Shader "Tut/Shader/Toon/Cel_1" {
     Properties {
          _Color("Main Color",color)=(1,1,1,1)
          _Outline("Thick of Outline",range(0,0.1))=0.02
          _Factor("Factor",range(0,1))=0.5
          _ToonEffect("Toon Effect",range(0,1))=0.5
          _Steps("Steps of toon",range(0,9))=3
     }
     SubShader {
          Pass{
          //描边的通道可参照上一节
          }
          Pass{
          Tags{"LightMode"="ForwardBase"}
          Cull Back
          CGPROGRAM
          #pragma vertex vert
          #pragma fragment frag
          #include "UnityCG.cginc"
          float4 _LightColor0;
          float4 _Color;
          float _Steps;
          float _ToonEffect;
          struct v2f {
               float4 pos:SV_POSITION;
               float3 lightDir:TEXCOORD0;
               float3 viewDir:TEXCOORD1;
               float3 normal:TEXCOORD2;
          };
          v2f vert (appdata_full v) {
               v2f o;
               o.pos=mul(UNITY_MATRIX_MVP,v.vertex);
               o.normal=v.normal;
               o.lightDir=ObjSpaceLightDir(v.vertex);
               o.viewDir=ObjSpaceViewDir(v.vertex);
               return o;
          }
          float4 frag(v2f i):COLOR
          {
               float4 c=1;
               float3 N=normalize(i.normal);
               float3 viewDir=normalize(i.viewDir);
               float3 lightDir=normalize(i.lightDir);//在 ForwardBase 中计算一个平行光
               float diff=max(0,dot(N,i.lightDir)); //计算漫反射
               diff=(diff+1)/2;
               diff=smoothstep(0,1,diff);
               float toon=floor(diff*_Steps)/_Steps;//对值域进行离散化处理
               diff=lerp(diff,toon,_ToonEffect);//调节卡通效果的强弱
               c=_Color*_LightColor0*(diff);
               return c;
          }
          ENDCG
```

```
            }
            Pass{
            Tags{"LightMode"="ForwardAdd"}
            Blend One One
            CGPROGRAM
            #pragma vertex vert
            #pragma fragment frag
            #include "UnityCG.cginc"
            float4 _LightColor0;
            float4 _Color;
            float _Steps;
            float _ToonEffect;
            struct v2f {
                 float4 pos:SV_POSITION;
                 float3 lightDir:TEXCOORD0;
                 float3 viewDir:TEXCOORD1;
                 float3 normal:TEXCOORD2;
            };
            v2f vert (appdata_full v) {
                 v2f o;
                 o.pos=mul(UNITY_MATRIX_MVP,v.vertex);
                 o.normal=v.normal;
                 o.viewDir=ObjSpaceViewDir(v.vertex);
                 o.lightDir=_WorldSpaceLightPos0-v.vertex;
                 return o;
            }
            float4 frag(v2f i):COLOR
            {
                 float4 c=1;
                 float3 N=normalize(i.normal);
                 float3 viewDir=normalize(i.viewDir);
                 float dist=length(i.lightDir);//计算到光源的距离
                 float3 lightDir=normalize(i.lightDir);
                 float diff=max(0,dot(N,i.lightDir)); //计算漫反射
                 diff=(diff+1)/2;
                 diff=smoothstep(0,1,diff);
                 float atten=1/(dist);
                 float toon=floor(diff*atten*_Steps)/_Steps; //离散化处理
                 diff=lerp(diff,toon,_ToonEffect);//调节卡通效果的强弱

                 half3 h = normalize (lightDir + viewDir);//计算高光
                 float nh = max (0, dot (N, h));
                 float spec = pow (nh, 32.0);
                 float toonSpec=floor(spec**atten*2)/2;//对高光进行二元离散化处理
                 spec=lerp(spec,toonSpec,_ToonEffect);

                 float atten=1/(dist);//计算点光源的衰减
                 c=_Color*_LightColor0*(diff+spec)*atten;
                 return c;
            }
            ENDCG
            }
        }
}
```

在 ForwardBase 中，我们对一个平行光的漫反射结果进行了离散化处理，并使用一个调节参数来控制卡通效果和普通渲染的调和。离散化处理主要通过一个 Cg 函数 floor 进行向下取整操作，在此之前先乘以_Steps，把光照的域扩大，floor 取整后，再除以_Steps，最后的光照就会按强度被离散化为_Steps 段。ForwardAdd 对光源的处理和 ForwardBase 中的类似，不同之处在于我们计算了点光源的高光，并对其做了离散化处理，结果如图 19.9 所示。离散化处理其实也可以依据光源的衰减来做，而不是仅根据 Dot 法线之后的结果，这样在实现卡通效果时就多了一种途径，但这只对有衰减的光源有效。

19.2.2　使用 2D 贴图重新映射光照

打开 Lab_2 文件夹下的 Lab_2 场景，如图 19.10 所示。

▲图 19.10　使用贴图重新映射光照

该场景中使用的都是 Cel_2.shader 的实例。其着色部分的主要相关代码如下。

```
float4 frag(v2f i):COLOR
{
      float4 c=1;
      float3 N=normalize(i.normal);
      float3 viewDir=normalize(i.viewDir);
      float dist=length(i.lightDir);
      float3 lightDir=normalize(i.lightDir);
      float diff=max(0,dot(N,i.lightDir));
      diff=(diff+1)/2;
      diff=smoothstep(0,1,diff);
      float atten=1/(dist);
      diff=diff*atten;
      //使用一个 1D 的贴图来重新映射光照结果，使用原始光照强度作为查询的坐标
      float toon=tex2D(_ToonMap,float2(diff,diff)).r;
diff=lerp(diff,toon,_ToonEffect);
      half3 h = normalize (lightDir + viewDir);
      float nh = max (0, dot (N, h));
      float spec = pow (nh, 32.0);
      float toonSpec=floor(spec*atten*2)/2;
      spec=lerp(spec,toonSpec,_ToonEffect);
      c=_Color*_LightColor0*(diff+spec);
      return c;
}
```

这个着色器的主要不同之处在于，使用最终的光照强度作为坐标来查询一个 1D 贴图，并使用最终结果作为最终的光照，从而达到重新映射光照的目的，效果和使用的 1D 贴图如图 19.10 所示。

第 20 章　镜面材质

本章所实现的镜面反射本质和官方的实现并无区别，但是本章会展示一个更清晰的、逻辑更直观的实现步骤。

本章用到的文件和场景，都可以在工程文件下的 Assets/Shader/Rays/Mirror 目录中找到。

20.1 镜像一个相机

20.1.1　镜子里的世界和我的计划

对于镜子里的世界，或者说如果我们看镜子上的一个点，该点最终会将我们的实现带到哪里去呢？这是初中物理中的光学问题。在此处的实现中，这个点带我们去哪里不重要，重要的是镜子上所有点反射的反向延长线最终都会交于镜子里的另一个点，这个点就是当前视点，或者说相机在镜子里的镜像。如图 20.1 所示，这里的计划就是把当前相机镜像到镜子世界里，透过这个镜子里的相机来看镜子外面的世界，然后把渲染结果投射回镜子上。图 20.1 右下角的小图就是镜子里的相机所看到的世界。最终要把这张小图投射到白色的镜子上。

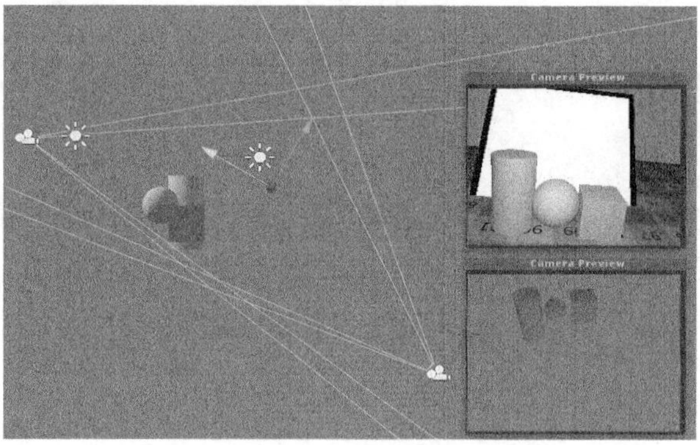

▲图 20.1　做相机物体的镜像

20.1.2　在脚本中对位置和角度进行镜像

图 20.1 所示的是脚本 Mirror_1.cs 在场景 Lab_1 里的操作结果。该脚本的主要代码如下。

```
publicvoid OnWillRenderObject()
      {
Camera cam = Camera.main;
           mirCam.CopyFrom(cam);
           //通过设为镜子的子物体，把两个相机转换到镜子物体的空间
           mirCam.transform.parent = transform;
Camera.main.transform.parent = transform;
Vector3 mPos = mirCam.transform.localPosition;
```

```
            mPos.y *= -1f;//对镜子法线方向的坐标取负，对位置做镜像
            mirCam.transform.localPosition = mPos;
//下面的代码把角度也镜像了
Vector3 rt = Camera.main.transform.localEulerAngles;
Camera.main.transform.parent = null;
            mirCam.transform.localEulerAngles = newVector3(-rt.x,rt.y,-rt.z);
        }
```

在这个脚本中，首先通过把两个相机设定为镜子的子物体，其实也就是都转到镜子物体的空间内。然后通过反转 y 轴，镜像的相机就被转换到了镜子的那一边去了，但此时只是位置被镜像了，相机的角度还没有被镜像。对于镜子的另一边来说，除了与镜子垂直的那个轴向之处，其他轴向的旋转都是反的，也就是你沿镜子的 x、z 轴顺时针旋转，镜子的那一边其实沿 x、z 轴逆时针旋转。通过用这个方法，也可以将相机的角度做一下镜像，最后，在镜子的两边都有了对称的相机，相机的姿势如图 20.1 所示。

需要注意的是，如果想在编辑器的编辑视口中观察这些操作，Camera.current 很可能是当前视口的相机，而不是你所期望的那个。

20.2 使用镜像相机来渲染和投影

现在打开 Lab_2 场景，运行效果如图 20.2 所示，效果已经表现得和镜子一样了。

▲图 20.2 镜像初步效果

20.2.1 镜面材质的工作——采样被投影的渲染结果

镜子物体所使用的 Shader 是 Mirror_2.1.shader。其完整代码如下。

```
Shader "Tut/Rays/Mirror_2.1" {
    Properties {
        _RefTex ("Reflection Tex", 2D) = "white" {}//镜像相机的渲染结果
    }
    SubShader {
        Pass{
        Tags {"LightMode"="Always"}
        CGPROGRAM
        #pragma vertex vert
        #pragma fragment frag
        #include "UnityCG.cginc"
        sampler2D _RefTex;
        float4x4 _ProjMat;//在镜像相机空间内的投影矩阵
        struct v2f {
            float4 pos:SV_POSITION;
            float4 texc:TEXCOORD0;
        };
        v2f vert(appdata_base v)
```

```
            {
                float4x4 proj;
                proj=mul(_ProjMat,_Object2World);//把镜子物体的顶点先转换到世界坐标
                v2f o;
                o.pos=mul(UNITY_MATRIX_MVP,v.vertex);
                o.texc=mul(proj,v.vertex);
                o.texc.y=o.texc.y;
                return o;
            }
            float4 frag(v2f i):COLOR
            {
                float4 c=tex2Dproj(_RefTex,i.texc);//投射到镜子物体上
                return c;
            }
            ENDCG
            }
        }
}
```

这个着色器会要求一个在镜像相机空间内投影的矩阵，具体操作中，首先会将镜子物体的顶点转换到世界坐标，然后再使用此投影矩阵，最终顶点在屏幕上的投影会作为 UV 坐标来采样镜像相机渲染出来的 RenderTexture。

20.2.2　脚本的工作——渲染镜像相机和设置投影矩阵

这个投影矩阵的设定与镜像相机的渲染都是在 Mirror_2.cs 脚本中完成的。它比 Mirror_1.cs 脚本多出来的主要代码如下。

```
        void Update()
        {
            renderer.material.SetTexture("_RefTex", refTex);
        }
    void OnWillRenderObject()
    {
        …
            mirCam.targetTexture = refTex;
            mirCam.Render();//渲染镜像相机
            Proj();//设定到镜子的投影矩阵
            renderer.material.SetMatrix("_ProjMat", cm);
    …
        }
    void Proj()
        {//首先需要把物体转换到镜像相机的世界中
            world2MirCam = mirCam.transform.worldToLocalMatrix;
            projM = mirCam.projectionMatrix;//利用其投影矩阵
            projM.m32 = 1f;
            cm = correction * projM * world2MirCam;
        }
```

除渲染镜像相机之外，这个脚本还利用了镜像相机的投影矩阵，该矩阵会把它渲染出来的 RenderTexture 再投射到镜子上。当然，UV 坐标和在 Mirror_2.1.shader 中计算的一样。读者如果不清楚投影的概念，可以参考第 27 章。

20.3　镜像相机的近剪切平面和倾斜矩阵

20.3.1　调节近剪切平面

镜像相机藏在镜子的后面，它怎么能透过镜子看到镜子另一边的世界呢？很幸运，前面的章节使用的都是一个平面，在 Cull Back 的情况下，可以透过镜子的背面看世界。但如果不是这种情况呢？首先需要设定镜像相机的近剪切平面，在脚本 Mirror_3 中计算了相机到镜子的垂直距离，

也就是下面这句代码做的事情。

```
float d = Vector3.Dot(transform.up,
Camera.main.transform.position-transform.position)+0.05f;
    mirCam.nearClipPlane=d;
```

20.3.2　使用倾斜矩阵微调视锥体

只是使用倾斜矩阵微调视锥体远远不够，如图 20.3（a）所示，小球体并没有出现在镜子中，因为它刚好被剔除剪掉了。通常情况下，镜像相机并不是垂直于镜面的，所以仅设定一个近剪切屏幕是不够的，需要通过一个斜切矩阵把相机的视锥体也调整一下，使其剪切平面和镜面相平行。该矩阵直接照搬了 Unity 专家 Aras 的程序。读者可以找到 Mirror_3 脚本中的这一行。

```
mirCam.projectionMatrix = proj;
```

通过比较其注释掉前后的效果，可以体会斜切矩阵的特殊功能。图 20.3（b）所示是应用此矩阵使近剪切平面平行于镜子后的效果。

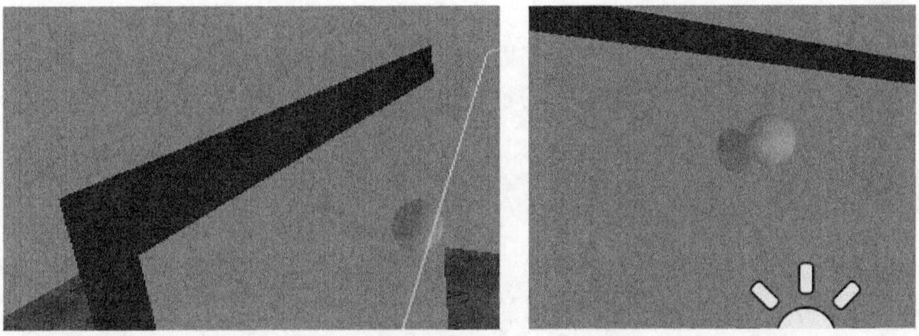

（a）　（b）

▲图 20.3　调整相机的视锥体后的效果

第 21 章　透明和半透明材质

晶莹剔透或流光溢彩的效果，都可以被归类为半透明材质。

本章用到的文件和场景，都可以在工程文件下的 Assets/Shader/SSS 目录中找到。

21.1 半透明材质

SSS（Sub-Surface Scattering，3S）的中文意思是次表面散射或称半透明材质。它适合于表现各种有次表面反射的物质，如透明橡胶、有机玻璃或玉石等。因为实时渲染是不可能做大量的运算来计算光的折射和反射的，所以 SSS 属于比较高级的材质范畴。

21.2 化繁为简

那么如何实现半透明材质呢？办法很多。许多办法都进行了大量的运算，比如正弦、余弦的计算、指数的运算等，外加各种贴图和通道的混合，非常复杂。

首先要知道，因为光在半透明物体中沿着各个方向进行折射和反射，所以就会产生一个必然的结果，那就是光的方向性消失了。光在物体内部所能前进的深度依然和物体的密度、物体到光源的距离密切相关。基于此特点，可以方便地写出一个着色器来表现半透明材质的效果。

为了便于控制不同物体的表现，在着色器中提供两个变量：一个用于控制物体到光源距离的偏差，这样就可以表达出从哪个距离光进入了物体内部并开始衰减；另外一个用来控制光在物体中的衰减速度，也就是对物体密度和透明度的控制。这个构想是在 SSS_1.shader 中实现的。其主要代码如下。

```
float4 _BaseColor;
            float _DistAdjust;
            float _Atten;
            float4 frag(v2f i):COLOR
            {
                  float3 N=normalize(i.N);
                  float3 litDir=i.litDir;//光源方向
                  float dist=length(litDir);//到光源的原始距离
                  dist=max(0,dist-_DistAdjust);//对原始距离进行偏移
                  float att=1/(1+dist*dist);
                  att=pow(att,_Atten);//计算光的衰减速度
                  float4 c= _BaseColor* att*2;
                  return c;
            }
```

可以看到代码非常简单，连贴图的一个通道都没有用上，不过效果还不错。读者可以打开场景文件运行看一下，如图 21.1 所示。

▲图 21.1 打开场景文件并运行

21.3 透明材质

对于透明物体，其表面有反射，内部物体的光线又通过折射到达我们的眼中，因此，对于透明物体，我们要想办法把这两种现象都表现出来。一种比较直接的办法就是分别渲染物体的正面和背面来达到表现透明物体表面的镜面反射与深度的。

打开 Lab_2 文件夹，这里面有两个着色器，WaterBox 这个着色器表现的是一种类似水体的效果。这个着色器首先正常渲染物体，也就是 Cull Back，并且写入 *Z* 缓冲区，为后续的渲染在 Z 缓冲区中占位，其余代码则是对照明比较简单的计算。在第二个通道渲染物体背面的过程中，则使用了一种混合模式，将 *Z* 测试的条件设为 Greater，从而能够利用第一个通道在 Z 缓冲区中的占位，使得 *Z* 能够通过测试。

从分层或者画画的角度而言，先渲染的是物体的底面，然后是表面。但是，为了使水体在前后都可能存在其他物体的情况下，使前后两个面都能通过深度测试，我们不得不首先渲染物体的正面，并且在 Z 缓冲区中占位。比如，首先渲染的物体的底面，当 *Z* 的条件为 Greater 时，在存在背景物体的条件下，则无法通过；如果 *Z* 的条件设为 Less，又因为正面存在，则无法通过；如果 *Z* 的条件为 Always，并且是正面渲染，则 *Z* 测试无法通过。

这个渲染水体的着色器代码如下。

```
Shader "Tut/Shader/SSS/WaterBox" {
    Properties {
        _MainTex ("Base (RGB)", 2D) = "white" {}
        _Deep("Deep Color of Liquid",Color)=(0,0,0,0)
        _Shallow("Shallow Color of Liquid",Color)=(1,1,1,1)
    }
    SubShader {
        Tags { "RenderType"="Opaque" "Queue"="Geometry+1"}
        //正常渲染，并写入 Z 缓冲区中，这将成为水的表面层
        //首先渲染正面，是为了使渲染背面的 Z 测试条件 Greater 能通过
        Pass {
        Blend One Zero
            Cull Back
            ZTest Less
            CGPROGRAM
            #pragma vertex vert
            #pragma fragment frag
            #include "UnityCG.cginc"
```

```
                #include "Lighting.cginc"
                struct v2f{
                    float4 pos:SV_POSITION;
                    float2 uv:TEXCOORD0;
                    float4 diff:TEXCOORD1;
                };
                v2f vert(appdata_full v)
                {
                    v2f o;
                    o.pos=mul(UNITY_MATRIX_MVP,v.vertex);
                    o.uv=v.texcoord.xy;
                    float3 L= ObjSpaceLightDir(v.vertex);
                    o.diff=max(0,dot(L,v.normal))*_LightColor0;
                    return o;
                }
                float4 _Shallow;
                float4 frag(v2f i):COLOR
                {
                    return i.diff*_Shallow;
                }
                ENDCG
            }
            Pass {
//然后渲染背面，有分层概念的人可能会说，我们不是应该渲染底面，再渲染表面吗？是的，如果这是一幅水//彩画，的确应该这么做，但是为了能够使渲染底面的 Z 测试条件 Greater 能在 GPU 中通过，不得不首先//渲染物体的正面，并且写入 Z 缓冲区，从而能够使背面正确地渲染
            Blend OneMinusDstAlpha DstAlpha
                Cull Front
            ZTest Greater
            ZWrite off
                CGPROGRAM
                #pragma vertex vert
                #pragma fragment frag
                #include "UnityCG.cginc"
                #include "Lighting.cginc"
                struct v2f{
                    float4 pos:SV_POSITION;
                    float2 uv:TEXCOORD0;
                    float4 diff:TEXCOORD1;
                };
                v2f vert(appdata_full v)
                {
                    v2f o;
                    o.pos=mul(UNITY_MATRIX_MVP,v.vertex);
                    o.uv=v.texcoord.xy;
                    float3 L= ObjSpaceLightDir(v.vertex);
                    //因为渲染的是背面，所以需要翻转一下法线
                    o.diff=max(0,dot(L,-v.normal))*_LightColor0;
                    return o;
                }
                float4 _Deep;
                sampler2D _MainTex;
                float4 frag(v2f i):COLOR
                {
                    float4 c=tex2D(_MainTex,i.uv);
                    return c*i.diff*_Deep;
                }
                ENDCG
            }
        }
        FallBack "Diffuse"
}
```

对于可能出现在水中的物体，则使用了一个有两个通道的着色器。对于这个名为 FloatObject 的材质，其第一个通道负责对物体正面的渲染。第二个通道的 Z 测试条件为 Greater，从而使其处

于水体中的部分也能够渲染，并且使用了一种适当的混合方式写到颜色缓冲区中。这个着色器比较简单，在这里就不罗列出其代码了，读者可以打开 Lab_2 文件下的相关文件和场景自己运行一下。图 21.2 所示是水体的着色器和漂浮物体的着色器的效果。

▲图 21.2　两种着色器的效果

第 22 章 体积雾

在讲解各种通用指令开关时，曾经讲到雾的效果，但只是简单介绍了和雾相关的各种指令，以及雾的简单计算。这些都是基于距离对物体进行染色的简单操作。本章介绍的是如何表现物体的厚度，即体积雾。NIVIDIA 在 GPU gems 系列文档中讲到如何渲染体积雾，但是那种流程在一般的游戏开发中的价值不大。本章将会基于 Unity 引擎的特点，讲解如何渲染具有实际运用价值的体积雾。

本章用到的文件和场景，都可以在工程文件下的 Asscts/Shader/Volume Fog 目录中找到。

22.1 距离的表达——相对于背景的体积雾

22.1.1 需要计算的东西

首先我们针对一种简单的情况实现体积雾，即针对场景的背景实现体积雾。在这种情况下，因为场景背景的 *Z* 深度存在于_CameraDepthTexture 中。也就是说，场景背景的 *Z* 深度可以当作是已知的，剩下就是计算产生体积雾的物体上的 *Z* 深度，然后和场景背景的 *Z* 深度做减法，就可以得到此物体与场景背景之间的 *Z* 深度差，也就是体积雾。第 1 步，_CameraDepthTexture 是已知的。第 2 步，计算当前像素点在屏幕上的位置。第 3 步，使用这个屏幕上的位置读取_CameraDepthTexture 的值，即场景背景的 *Z* 深度值。第 4 步，计算当前物体的 *Z* 深度值。第 5 步，用场景背景的 *Z* 深度值减去物体的 *Z* 值，即得到体积雾的厚度。第 6 步，调整体积雾的浓度。

根据以上计划，下面就来实现体积雾。

22.1.2 使用一个通道来完成所有的计算

上面列出来的这些计算体积雾的必要条件，它们都可以在一个通道中全部做完，而且不需要额外的脚本帮助。当然，使相机产生_CameraDepthTexture 脚本命令还是需要的。打开 CenAndRim 文件夹下的 Shader 文件。其完整代码如下。

```
Shader "Tut/Shader/Volume_Fog/CenRim" {
Properties {
     kc("Factor to center",range(0,30))=1
     kf("Factor of Fog",range(0,30))=1
}
SubShader {
     Tags {  "Queue"="Geometry+600"}
Pass {
  Tags{"LightMode"="ForwardBase"}
  Blend One OneMinusSrcColor
     ZWrite Off
     CGPROGRAM
     #pragma vertex vert
     #pragma fragment frag
     #include "UnityCG.cginc"
```

```
            struct v2f {
                float4 pos : POSITION;
                float4 scr:TEXCOORD1;
                float4 cen:TEXCOORD2;
                float4 vp:TEXCOORD3;
                float rim:TEXCOORD4;
            };
            float kf;
            float kc;
            v2f vert (appdata_full v) {
                v2f o;
                o.pos = mul(UNITY_MATRIX_MVP, v.vertex);
                o.scr=o.pos;
                float4 cen= mul(UNITY_MATRIX_MVP, float4(0,0,0,1));//
                float4 vp=mul(UNITY_MATRIX_MVP, v.vertex);
                o.cen=cen;
                o.vp=vp;
                //计算 rim 边缘因数
                float3 viewDir=ObjSpaceViewDir(v.vertex);
                viewDir=normalize(viewDir);
                o.rim=max(0,dot(viewDir,v.normal));
                return o;
            }

            sampler2D _CameraDepthTexture;//第 1 步的要素
            float4 frag (v2f i) : COLOR {
                //计算到物体中心的衰减
                float3 cen=i.cen.xyz/i.cen.w;
                float3 vp=i.vp.xyz/i.vp.w;
                cen=vp-cen;
                float dc=1-length(cen);
                dc=pow(dc,6);
                dc=dc*kc;

                float4 scr=ComputeScreenPos(i.scr);
                scr.xy/=scr.w;//第 2 步的要素
                hd=Linear01Depth(hd);
                // 第 3 步的要素,取得屏幕上的像素点的 z 深度
                float hd=scr.z/scr.w;//第 4 步的要素
                float d=tex2D(_CameraDepthTexture,scr.xy).r;
                d=Linear01Depth(d);
                float dif=d-hd;//第 5 步的要素，计算 z 深度差
                dif=dif*kf;//第 6 步的要素，控制雾浓度
                dc=dc/(1+dc);//保证 dc 小于 1
                dif=dif*dc;//dc 应用到物体中心的衰减
                dif=dif*i.rim;//rim 应用边缘衰减，淡化边缘
                float4 c=1;
                c=lerp(0,0.5,dif);
                return c;
            }
             ENDCG
        }
    }
    FallBack Off
}
```

在这个通道中，我们从上往下逐步实现了计算一个物体相对于背景的距离的 6 个步骤，从而实现了相对于背景的体积雾效果。CenAndRim 文件夹下的场景展示了体积雾的效果，如图 22.1 所示。

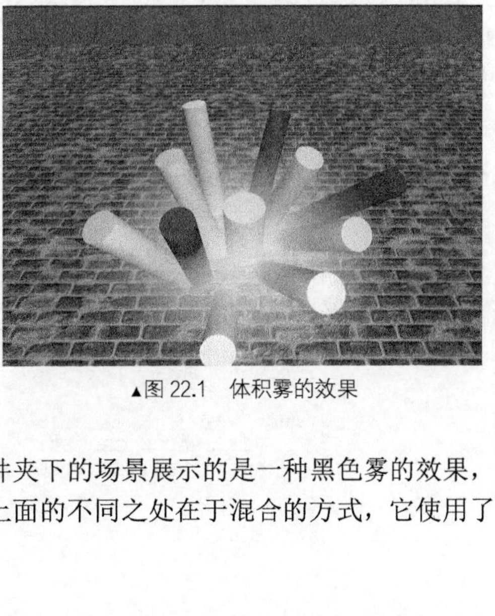

▲图 22.1 体积雾的效果

22.1.3 黑色的雾效

当然，雾的效果可以是各种颜色的。DarkRim 文件夹下的场景展示的是一种黑色雾的效果，可以用来实现比较压抑的效果。这种黑色雾的效果和上面的不同之处在于混合的方式，它使用了

如下的代码。

```
Blend Zero OneMinusSrcColor
```

黑色雾的效果如图 22.2 所示。

▲图 22.2　黑色雾的效果

22.2 厚度的表达——物体形体的体积雾

22.2.1　必须计算的两个数据

我们刚才的实践是以场景为背景来完成的。在有些情况下，我们希望表现物体自身的厚度，这是更接近于 NIVIDIA 方式的体积雾，那么该如何实现呢？我们必须计算两个 *Z* 深度值，才可能计算出物体的厚度，也就是物体在 Cull Front 和 Cull Back 两个条件下的 *Z* 深度，只有这样才能通过 *Z* 的差值来计算物体的厚度。这比较复杂，需要写两个通道，分别为 Cull Front 和 Cull Back，然后计算差值。然而，事实上没有这么简单，我们无法在一个通道中存取另一个通道计算出来的值。因此只能使用 Render Texture，在正常渲染后，分别使用替换着色器来计算物体的正面和背面的 *Z* 深度值。这会让事情变得更复杂，不过在 Unity 中有一个更好的解决方案。

22.2.2　在 Unity 中使用一个通道来完成所有计算

下面使用一个通道来完成所有的计算。在 Unity 2017 版中，物体写入_CameraDepthTexture 的值是通过一个 ShadowCaster 的通道产生的，在追踪数个 FallBack 之后，我终于在 Normal-VertexLit.Shader 找到了它。下面就是它的代码。

```
    Pass {
       Name "ShadowCaster"
       Tags { "LightMode" = "ShadowCaster" }

          CGPROGRAM
          #pragma vertex vert
          #pragma fragment frag
          #pragma target 2.0
          #pragma multi_compile_shadowcaster
          #pragma multi_compile_instancing
          #include "UnityCG.cginc"

          struct v2f {
               V2F_SHADOW_CASTER;
               UNITY_VERTEX_OUTPUT_STEREO
          };
```

```
        v2f vert( appdata_base v )
        {
            v2f o;
            UNITY_SETUP_INSTANCE_ID(v);
            UNITY_INITIALIZE_VERTEX_OUTPUT_STEREO(o);
            TRANSFER_SHADOW_CASTER_NORMALOFFSET(o)
            return o;
        }

        float4 frag( v2f i ) : SV_Target
        {
            SHADOW_CASTER_FRAGMENT(i)
        }
        ENDCG
    }
```

你看到的并不重要，重要的是你没看到的那一块，或者说它没有写出来的那一块，这意味着什么？如果物体也被渲染到了_CameraDepthTexture 中，那就意味着物体正面的 Z 深度已经计算到了_CameraDepthTexture 中。我们只需要一个为 Cull Front 的通道，就可以计算出物体背面的 Z 深度，剩下的就是一个简单的减法操作了。如何保证 Unity 在渲染_CameraDepthTexture 时，一起渲染要实现体积雾的物体呢？很简单，只需要设定子着色器的 RenderType 标签为 Opaque 即可，Unity 会自动替换含有此标签的子着色器，然后只要在一个 Cull Front 的通道中做些计算就可以了。在 Decent Fog 文件夹下有一个名为 Delta_Z 的 Shader 文件。其完整代码如下。

```
Shader "Tut/Shader/Volume_Fog/DeltaZ_1" {
Properties {
kf("Factor of Fog",float)=1
}
SubShader {
    //通过设定 RenderType 可以使物体在_CameraDepthTexture 中的影像为 Cull Back,
    //通过 Cull Front 可以计算 Cull Front 和 Cull Back 的 Z 深度差
    Tags { "RenderType"="Opaque""Queue"="Transparent+100"}
Pass {
    Blend One OneMinusSrcColor
    ZWrite Off
    Cull Front
    CGPROGRAM
    #pragma vertex vert
    #pragma fragment frag
    #include "UnityCG.cginc"
    struct v2f {
        float4 pos : POSITION;
        float4 scr:TEXCOORD1;
    };
    v2f vert (appdata_full v) {
        v2f o;
        v.vertex.xyz=v.vertex.xyz-v.normal*0.03;//
        o.pos = mul(UNITY_MATRIX_MVP, v.vertex);
        o.scr=o.pos;
        o.uv.xy = v.texcoord.xy;
        return o;
    }

    sampler2D _CameraDepthTexture;
    float kf;
    float4 frag (v2f i) : COLOR {
        float4 scr=ComputeScreenPos(i.scr);
        scr.xy/=scr.w;
        float hd=scr.z/scr.w;
        hd=Linear01Depth(hd);
        float d=tex2D(_CameraDepthTexture,scr.xy).r;
        d=Linear01Depth(d);
        float dif=d-hd;
        dif=abs(dif);//背面比正面的 Z 深度更大
        //物体在 Z 深度图中的影像为 Cull Back，对于单面体可能会有为 0 的情形
```

```
//在此通道中，这个 Z 的深度差 dif 有可能就是直接相对于其他背景物体的 Z 深度差，因此需要加以限制
                dif= dif*kf;
                return dif;
            }
            ENDCG
        }
    }
    FallBack Off
}
```

这个着色器有两个重要的地方：第一是 RenderType 为 Opaque，第二是 Cull Front。其他计算相对来说比较简单，和第一个体积雾的着色器中的计算差不多。此文件夹下的场景展示了这种体积雾的效果，如图 22.3 所示。

▲图 22.3 通过 *Z* 深度差产生的体积雾的效果

第 23 章　面积光

面积光是具有形体的一类光源，而不是像点光源和平行光这类完全抽象化、没有形体的光源。面积光适用于表达柔和的自然光，如通过灯发出的光等具有明显几何形体的光源。Unity 实现了面积光，但仅用于灯光烘焙，而在实时渲染中仍然无法使用面积光。也许有的读者已经尝试过使用 Cookie 模拟面积光，这是可行的方案。不过本章将会带领读者认识一个纯粹通过着色器计算来实现的面积光，希望能够对读者有所启发。

本章用到的文件和场景，都可以在工程文件下的 Assets/Shader/Area Lighting 目录中找到。

23.1 线光源

23.1.1　点、线、面

两个点可以确定一条直线，而两个相互垂直的线段可以确定一个矩形，6 个面又可以构成一个立方体。而这里，对面光源的构造也将从一条线段开始，也就是所谓的线光源。

23.1.2　如何理解一个线光源

如何看待一个线光源，决定了如何在着色器代码中实现对线光源的计算。线光源的形体特征有两点：一个是长度；另一个是方向，即两端点所确定的直线的方向。线光源的光源照明特性如下。

线光源照明的物体其实处于从线光源的形体划分出来的 3 个几何空间内，处于两端点之外的点受到的照明是点光源的照明，而处于线段之内的空间的物体所受到的照明，则和物体到线段的垂直距离，以及垂足上的光源强度相关。

因此在实现中，也要分两部分来做。首先，通过脚本传递几个数据到着色器中，分别是线段的长度、位置和方向。其次，在着色器中计算即将被着色的点处于线段所划分出的几何空间的哪一部分内。

23.1.3　通过脚本传递线光源的几何信息

读者可以打开 LineLit_1 文件夹下的 C#脚本文件。这是一段相当简短的代码，具体内容如下。

```
public Transform lit;
public Material mat;
     void Update () {
          mat.SetVector("litP", lit.position);
          mat.SetVector("litT", lit.up);
     }
```

在这个脚本中，只传递了物体的位置和方向到着色器中，而光源的长度则是直接由着色器的属性提供的。

23.1.4　计算线光源的照明

在脚本中，已经得到了光源的关键几何数据，接下来将在着色器中计算线光源对某一点的照明。这是在同一文件夹下的着色器中做的。其完整代码如下。

```
Shader "Tut/Shader/Area Lit/LineLit_1" {
Properties{
     lh("Height of Line light",range(0,4))=1
     li("Intensity of Light",range(0,20))=1
}
SubShader {
     Pass{
     Tags{ "LightMode"="ForwardBase"}
     CGPROGRAM
     #pragma vertex vert
     #pragma fragment frag
     #pragma target 3.0
     #include "UnityCG.cginc"

     struct v2f{
          float4 pos:SV_POSITION;
          float3 wN:TEXCOORD0;//世界坐标的法线
          float4 wP:TEXCOORD1;//点在世界坐标内的位置
     };
     float4 litP;//线光源的几何中心位置
     float4 litT;//线光源的方向
     float lh;//线光源的长度
     float li;//线光源的亮度
     v2f vert(appdata_base v)
     {
          v2f o;
          o.pos=mul(UNITY_MATRIX_MVP,v.vertex);
          o.wN=mul(_Object2World,float4(SCALED_NORMAL,0)).xyz;
          o.wP=mul(_Object2World,v.vertex);
          return o;
     }
     float4 frag(v2f i):COLOR
     {
          float3 litDir=litP.xyz-i.wP.xyz/i.wP.w;//点到线光源中心的矢量

     float3 litDir1=litP.xyz+litT.xyz*lh-i.wP.xyz/i.wP.w;//点到线光源一个端点的矢量
     float3 litDir2=litP.xyz-litT.xyz*lh-i.wP.xyz/i.wP.w;//点到线光源另一个端点的矢量
          float len1=length(litDir1);//到一个端点的距离
          float len2=length(litDir2);//到另一个端点的距离
          //假设点到线光源两端点的矢量分别是一个直角三角形的斜边和直角边
          float len=abs(len1*len1-len2*len2)-4*lh*lh;
          float diff=0;
          float att=1;
          float3 dr=0;
          if(len<0)//如果 len 小于 0，可以推知当前点位于线段外侧的哪个几何空间内
          {
          //计算当前点到其中一个端点的矢量和线光源方向之间夹角的余弦
          float dt=abs(dot(normalize(litDir1),litT.xyz));
          //使用这个余弦值和这两个矢量计算到线光源的垂直矢量
          float3 horT=dt*length(litDir1)*litT.xyz;
               float3 Ldir=litDir1-horT;//垂直向量
               dr=Ldir;//这个垂直矢量将会被当作光源的方向
               diff=dot(normalize(i.wN),normalize(dr));
               diff=(diff+0.7)/1.7;
          att=1/(1+length(dr));//使用这个垂直距离实现光源和几何形体的衰减
               att=att*att;
          }else//否则，当前点就处于线段的内侧
          {//假设线光源是从中心向两端点衰减的，因此取距离光源线段最近的点
```

```
                    if(len1<len2)
                         dr=litDir1;
                    else
                         dr=litDir2;
                    att=1/(1+length(dr));
                    att=att*att;
                    diff=dot(normalize(i.wN),normalize(dr));
                    diff=(diff+0.7)/1.7;
               }
               float c= li*diff*att;
               return c;
          }
          ENDCG
          }
     }
}
```

在这个着色器的计算中，首先根据三角形 3 条边的大小关系，快速判断出点处于线光源线段所分割出的哪一类空间中，然后根据两种不同的情况分别计算出有效的光源衰减。图 23.1 展示了这种线光源的照明效果。

▲图 23.1 线光源的照明效果

23.1.5 线光源的辐射方向

在上面的情形中，假设线光源是向四周均匀辐射能量的，但是在这里将会增加一个条件，即线光源辐射的能量是带有方向的。首先需要在脚本中设定这个辐射的方向，然后在着色器中计算照明时的方向。打开 LineLit_2 文件夹下的脚本，具体代码如下。

```
public Transform lit;
public Material mat;
     void Update () {
          mat.SetVector("litP", lit.position);
          mat.SetVector("litN", lit.forward);
          mat.SetVector("litT", lit.up);
     }
```

可以看到，它和 23.1.3 节的脚本相比只多了一行代码，即对光源辐射方向的设定。然后在着色器中计算这个方向，和上面的着色器相比，主要多出了下面的代码。

```
dr=Ldir;//灯光方向
                    float diffN=abs(dot(litN,normalize(dr)));//灯光方向和辐射方向的点积
                    diff=dot(normalize(i.wN),normalize(dr));
                    diff=(diff+0.7)/1.7;
                    diff=diff*diffN;
```

对线光源辐射方向的设置主要是通过灯光方向和辐射方向的一个点积来实现的，这个带辐射方向的线光源的效果（LineLit_2 文件夹下的场景里），如图 23.2 所示。

▲图 23.2　带辐射方向的线光源的效果

23.1.6　线光源的衰减

我们还可以进一步计算基于线光源中心的衰减，可以在 LineLit_3 文件夹下的着色器中实现。主要改进是当点处于线光源内侧的几何空间内时，对基于线光源的中心所做的衰减。其主要相关代码如下。

```
if(len<0)//判断点是否处于线光源内侧的几何空间内
            {
                float dt=abs(dot(normalize(litDir1),litT.xyz));
                float3 horT=dt*length(litDir1)*litT.xyz;//LitDir 的投影
                float hdensity=1-abs(length(horT)/lh-1);//计算能量的分布位置
                hdensity=smoothstep(0,1,hdensity);
                li=li*(1+hdensity);
                float3 Ldir=litDir1-horT;

                dr=Ldir;
                float diffN=abs(dot(litN,normalize(dr)));
                diff=dot(normalize(i.wN),normalize(dr));
                diff=(diff+0.7)/1.7;
                diff=diff*diffN;
                att=1/(1+length(dr));
                att=att*att;
            }
```

线光源的衰减效果如图 23.3 所示。

▲图 23.3　线光源的衰减效果

23.2 面积光源

23.2.1 面积光和线光源的不同

面积光其实就是一个长方形光线，是所有几何形体中最易计算的一类面积。在这个例子中，面积光和线光源最大的不同是，面积光把空间分成了更多的区域。如果不考虑光源法线，一个长方形的面积光会把空间分成 9 个区域，共 4 种类型的照明条件。因此，对于面积光的计算，主要就是确定点落在了这 9 个区域中的哪一个区域，并使用相应的照明条件计算点的光照。

23.2.2 通过脚本设定面积光的几何特性

和线光源类似，需要通过脚本来设定面积光的一些几何特征，这项工作是在 RectLit_1 文件夹下的 C#脚本中完成的。其代码如下。

```
public Transform lit;
public Material mat;

     void Update () {
          mat.SetVector("litP", lit.position);
          mat.SetVector("litN", lit.forward);
          mat.SetVector("litR", lit.right);
          mat.SetVector("litT", lit.up);
     }
```

可以看到，这个脚本也很简洁，这里设定了面积光的中心位置，以及它的朝向以及上、下、左、右的方向。

23.2.3 计算面积光

读者可以打开 RectLit_1 文件夹下的着色器文件，这里有对面积光进行计算的全部代码。具体代码如下。

```
Shader "Tut/Shader/Area Lighting/RectLit_1" {
Properties{
     lh("Height of Line light",range(0,4))=1
     lw("Width of Line light",range(0,4))=1
     li("Intensity of Light",range(0,20))=1
}
SubShader {
     Pass{
     Tags{ "LightMode"="ForwardBase"}
     CGPROGRAM
     #pragma vertex vert
     #pragma fragment frag
     #pragma multi_compile_fwdbase
     #pragma target 3.0
     #include "UnityCG.cginc"
     struct v2f{
          float4 pos:SV_POSITION;
          float3 wN:TEXCOORD0;
          float4 wP:TEXCOORD1;
     };
     float4 litP;//面积光的几何中心位置
     float4 litN;//面积光的法线方向
     float4 litT;//几何体的 Y 方向
     float4 litR;//几何体的 X 方向
     float lh;//面积光的长度
     float lw;//面积光的宽度
     float li;//面积光的强度
```

```
v2f vert(appdata_base v)
{
    v2f o;
    o.pos=mul(UNITY_MATRIX_MVP,v.vertex);
    o.wN=mul(_Object2World,float4(SCALED_NORMAL,0)).xyz;
    o.wP=mul(_Object2World,v.vertex);
    return o;
}
//该函数用于判断一个点处于长方形 4 个顶点指向的哪一个区域内，是根据距离来判定的
//判定结束后，返回该点到此长方形中顶点的矢量方向
float3 GetNearest(float d1,float d2,float d3,float d4,float3 dr1,float3
dr2,float3 dr3,float3 dr4)
{
    float3 dr=float3(0,0,0);
    if(d1<d2)
    {
        if(d1<d4)
            {
            dr=dr1;
            }
        else
            {
            dr=dr4;
            }
    }
    else
    {
        if(d2<d3)
            {
            dr=dr2;
            }
        else
            {
            dr=dr3;
            }
    }
    return dr;
}
float4 frag(v2f i):COLOR
{
    float3 litDir=litP.xyz-i.wP.xyz/i.wP.w;//到光源几何中心的矢量
    //下面是到面积光源的 4 个顶点的矢量
    float3 litDir1=litDir-litT.xyz*lh-litR.xyz*lw;//1
    float3 litDir2=litDir-litT.xyz*lh+litR.xyz*lw;//2
    float3 litDir3=litDir+litT.xyz*lh+litR.xyz*lw;//3
    float3 litDir4=litDir+litT.xyz*lh-litR.xyz*lw;//4
    float diff=0;//漫反射
    float att=1;//衰减
    float3 dr=0;//最终用于计算的灯光方向
    float diffN=0;//和光源辐射方向相关的衰减
    float len1=length(litDir1);
    float len2=length(litDir2);
    float len3=length(litDir3);
    float len4=length(litDir4);
    //和线光源中的计算类似，使用三角形 3 条边的关系来确定点处于哪一个区域
    //不过这里需要上下、左右计算两次

    float lenw=abs(len1*len1-len2*len2)-4*lw*lw;//用于判断是否在水平方向上处于光源的内侧
    float lenh=abs(len2*len2-len3*len3)-4*lh*lh;//用于判断是否在垂直方向上处于光源的内侧
    if(lenw<0&&lenh<0)//处于面积光源的正对面
    {
        float dist=dot(litDir,litN);
        dr=dist*litN;
    }elseif(lenw<0)//处于面积光源的水平正对面
    {
        if(len2<len3)
            dr=litDir2;
        else
            dr=litDir3;
```

```
                    float dt=abs(dot(normalize(dr),litR.xyz));
                    float3 hor=dt*length(dr)*litR.xyz;
                    float3 Rdir=dr-hor;//垂直向量
                    dr=Rdir;
                }elseif(lenh<0)//处于面积光源的垂直正对面
                {
                    if(len3<len4)
                        dr=litDir3;
                    else
                        dr=litDir4;
                    float dt=abs(dot(normalize(dr),litT.xyz));
                    float3 hor=dt*length(dr)*litT.xyz;
                    float3 Tdir=dr-hor;//垂直向量
                    dr=Tdir;
                }else //处于面积光源的角落内
                {
                //判断灯光处于 4 个角落中的哪个角落
                dr=GetNearest(len1,len2,len3,len4,litDir1,litDir2,litDir3,litDir4);
                }
                    diffN=abs(dot(litN,normalize(dr)));//计算光源方向相关的衰减
                    diff=dot(normalize(i.wN),normalize(dr));//计算普通的漫反射
                    diff=(diff+0.7)/1.7;
                    diff=diff*diffN;//计算最终的照明
                    att=1/(1+length(dr));
                    att=att*att;
                float c= li*diff*att;
                return c;
            }
            ENDCG
            }
        }
    }
```

首先，不论是相对于线光源的计算来说，还是从绝对长度来说，这段代码都很长。在这个着色器中，计算思路和上面的线光源类似，先计算点处于长方形几何体在所划分出来的哪一个区域内，然后分别计算出有效的、用于最终照明的光源方向。这个面积光的照明效果如图 23.4 所示。

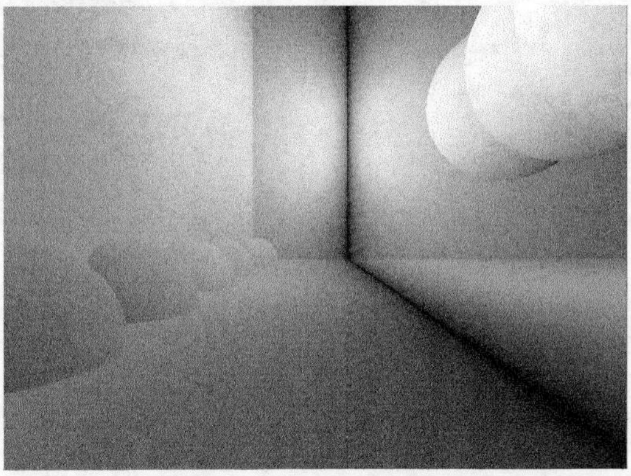

▲图 23.4　面积光的照明效果

23.2.4　和默认照明的整合

很多读者问如何把这种面积光和 Unity 默认的照明系统整合到一起。一种方法就是为每一个材质添加计算面积光的代码，不过这样有点复杂，而且没有可伸缩性。这里提供一种方法，虽然不算完美，但也确实可行。在 OnPostRender 消息中来完成这件事。因此，就涉及脚本的问题，该脚本在 RectLit_2 文件夹下。其主要代码如下。

```
void OnPostRender()
      {
            if(!enabled) return;
      //设置面积光源的参数
            mat.SetVector("litP", lit.position);
            mat.SetVector("litN", lit.forward);
            mat.SetVector("litR", lit.right);
            mat.SetVector("litT", lit.up);

for (int i = 0; i < objs.Length;i++ )
            {
                 RectLighting(objs[i],  mats[i]);
            }
      }
void RectLighting(MeshFilter obj,Material exMat)
      {
Mesh ms = obj.sharedMesh;
Transform tr = obj.transform;
            exMat.SetPass(0);
Graphics.DrawMeshNow(ms, tr.localToWorldMatrix);
      }
```

在 OnPostRender 中，对每一个希望受面积光影响的物体进行一次渲染。这个渲染用的着色器和面积光的着色器非常类似，但为了能整合物体已有的照明还是稍有不同，这个着色器使用了 Blend One One 的模式，因此，能够和已有的照明相结合。此外，这个着色器使用了偏移量来对物体的 Z（深度）进行略微的调整，从而使 Blend 操作能够成功完成。因为这里的方法实际上在同一位置对物体又进行了一次渲染，肯定会出现深度冲突的现象，所以要使用偏移量来调整 Z。面积光和默认照明整合的效果如图 23.5 所示。

▲图 23.5　面积光和默认照明的整合效果

到此为止，关于面积光源的讲解结束，希望能对读者有所启发。

第 24 章　体积光

本章用到的文件和场景，都可以在工程文件下的 Assets/Shader/Shaft 目录中找到。

24.1 体积光和体积阴影

24.1.1　体积光

首先，体积光不是面积光的继续和延伸。其次，体积光是自然界中一种很常见的现象，诸如阳光这类光源的光线在穿越空气时，因为对空气中细小尘埃的照明，而显现的一种光的路径。

24.1.2　体积光和体积阴影的关系

体积光是体积阴影的继续和延伸。本章中对体积光的实现，完全基于本书中对体积阴影实现的一个变通方案，这个变通方案就是为沿光的方向挤出的形体添加了一个 Alpha 通道，以控制挤出形体的透明度。

24.2 实现体积光

24.2.1　在着色器中表现体积光

读者可以打开工程目录下的唯一着色器，查看其代码，然后和第 12 章的着色器进行对比，查看它们的异同。下面是体积光着色器的代码。

```
SubShader {
    Tags { "Queue" = "Transparent+10" }
    pass{
        Blend SrcAlpha OneMinusSrcAlpha
        Cull Off ZWrite Off Offset 1,1
        CGPROGRAM
        #pragma vertex vert
        #pragma fragment frag
        #pragma target 3.0
        #include "UnityCG.cginc"

        struct v2f{
            float4 pos:SV_POSITION;
            float3 objPoint:TEXCOORD0;
            float4 objLitPos:TEXCOORD1;
            float2 uv:TEXCOORD2;
            float exDist : TEXCOORD3;
        };
        float exL;
        float kP;
        float4 litPos;
        float4x4 toW;
```

```
            float4x4 toObj;
            v2f vert( appdata_base v )
            {
                 v2f o;
                 float4 wldVex = mul(unity_ObjectToWorld, v.vertex);
                 float3 toLight = normalize(litPos.xyz - wldVex.xyz * litPos.w);
                 float3 wldNormal = UnityObjectToWorldDir(v.normal);
                 float backFactor = dot(toLight, wldNormal);
                 float extrude = (backFactor < 0.0) ? 1.0 : 0.0;
                 toLight = UnityWorldToObjectDir(toLight);
                 v.vertex.xyz -= toLight * (extrude * exL);
                 v.vertex.xyz += v.normal*0.05;
                 o.pos=UnityObjectToClipPos(v.vertex);
                 o.objLitPos = mul(unity_WorldToObject,litPos);
                 o.objPoint=v.vertex.xyz/v.vertex.w;
                 o.uv=v.texcoord.xy;
                 o.exDist = extrude*exL;
                 return o;
            }
            sampler2D FracTex;
            float4 BaseC;
            float4 frag(v2f i):COLOR
            {
                 float alp=tex2D(FracTex,i.uv).r;
                 float toL=distance(i.objLitPos.xyz,i.objPoint);//像素点到光源的距离

                 float dist=toL-exL;//像素点挤出的距离
                 float    att=dist/exL;//
                 att=1-att;

                 float4 c=BaseC*att;
                 c.a=pow(att,kP)*BaseC.a*alp;
                 return c;
            }
            ENDCG
            }
}
```

在这个着色器中，在 vertex 函数中的操作和体积阴影的实现几乎完全一样，即沿灯光方向挤出顶点，从而形成体积。最主要的不同是在 fragment 函数中，对挤出的形体到光源的距离衰减以及对 Alpha 通道的计算。

24.2.2 脚本的帮助

要让上面代码中的着色器正常工作，还需要使用脚本设定形成体积光的光源位置。除此之外，可以在一个着色器中用两个通道来实现体积关光，不过这需要改变每个有体积光效果的物体材质，这样可能在实际应用中不太方便。因此，这里对体积光的实现是在 OnPostRender 消息中完成的，通过手动渲染为物体添加体积光，从而避免修改物体材质。这个脚本的主要代码如下。

```
void OnPostRender()
      {
           if(!enabled) return;

           Vector4 lightPos;
           if(shadowLight.type==LightType.Directional)
           {
                Vector3 dir=-shadowLight.transform.forward;
                lightPos=new Vector4(dir.x,dir.y,dir.z,0.0f);
           }else{
                Vector3 pos=shadowLight.transform.position;
                lightPos=new Vector4(pos.x,pos.y,pos.z,1.0f);
           }

        for (int i = 0; i < objs.Length;i++ )
        {
```

```
            DrawShaft(objs[i], lightPos, mats[i]);
        }
    }
    void DrawShaft(MeshFilter obj, Vector4 lightPos,Material exMat)
    {
        exMat.SetVector("litPos", lightPos);

        Mesh ms = obj.sharedMesh;
        Transform tr = obj.transform;
        exMat.SetPass(0);
        Graphics.DrawMeshNow(ms, tr.localToWorldMatrix);
    }
```

体积光的最终效果如图 24.1 所示。

▲图 24.1　体积光的最终效果

第 25 章　材质替代渲染

替换着色器旨在让我们以完全不同的一套材质来渲染当前场景，从而达到特定的渲染效果。我们可以通过相机的 RenderWithShader 和 SetReplacementShader 来做这件事情。

本章用到的文件和场景，都可以在工程文件下的 Assets/Shader/Replacement 目录中找到。

25.1 相机和渲染消息

25.1.1　相机的渲染消息发送顺序

相机在渲染场景时会发出很多消息，如果想在处理这些消息时做些什么，首先要搞清楚这些消息是以什么顺序发送出去的。在 Unity 官方文档中，这些消息已经说得很清楚了。当然，也可以自己写个脚本来做一下验证。在 RenderFuncs 文件夹下面有这样的几个脚本和测试场景，读者可以自己尝试。

需要注意的是，有些消息是只发给相机的，所以脚本一定要“挂”在当前的主相机（Main Camera）上。另外，记得打开 Game 面板上 Maximize on Play 选项。因为在编辑器的 Scene 面板中还有另一个相机，为了不让它们相互干扰，这样操作是有必要的。

25.1.2　最后能改变 Cull 操作结果的地方

打开 RenderFuncs/Lab_2 文件夹下的场景，这里有一个_ManiPreCull 的 C#类，其中的 OnPreCull 和 OnPostRender 函数如下。

```
void OnPreCull()
     {
          obj1.transform.position = newVector3(ori.x -2, ori.y, ori.z);//移动物体
          obj2.transform.eulerAngles = newVector3(0, 0, -90);//反转单物体
     }
void OnPostRender()
     {
          obj1.transform.position = ori;//还原物体的位置
          obj2.transform.eulerAngles = oriRot;//还原单面体的朝向
     }
```

运行之前的场景如图 25.1（a）所示，球体在方块的后面，单面体面对相机。运行之后，在 OnPreCull 中将球体移动到了相机前面，单面体被反转并朝向相机，因此没有被此相机所渲染，如图 25.1（b）所示。因为在 OnPostRender 中将还原这些改变，所以对于同一场景中的另一个参照相机而言，这些改变都是不可见的。

（a）　　（b）

▲图 25.1　在 OnPreCull 事件中改变渲染结果

25.1.3　最后能设置材质数据的地方

打开 RenderFuncs/Lab_3 文件夹下的场景，这里有一个_ManiPreRender 类，其主要代码如下。

```
void OnPreRender()
    {
        obj1.transform.position = newVector3(ori.x -2, ori.y, ori.z);//移动物体
        obj2.transform.eulerAngles = newVector3(0, 0, -90);//反转单面体
        mat.SetFloat("_ExtrudeAmt", 0.7f);//设置材质挤出数量
        mat.SetTexture("_MainTex", tex);//设置材质贴图
    }
void OnPostRender()
    {
        obj1.transform.position = ori;//还原物体的位置
        obj2.transform.eulerAngles = oriRot;//还原单面体的朝向
        mat.SetFloat("_ExtrudeAmt", exAmt);//还原材质挤出数量
        mat.SetTexture("_MainTex", null);//还原材质贴图
    }
```

运行场景之前如图 25.2（a）所示，运行之后如图 25.2（b）所示。首先可以看到，在 OnPreRender 中移动物体位置、反转物体朝向完全没有效果，说明这时和 Cull 操作相关的数据已经在之前发送出去，这时再在 OnPreRender 中影响 Cull 操作是没有意义的。其次，脚本中对挤出数量和贴图的设置仍然影响了相机的渲染，因为在 OnPostRender 中将这些数据还原了，所以这些动作对参照相机完全是不可见、透明的。

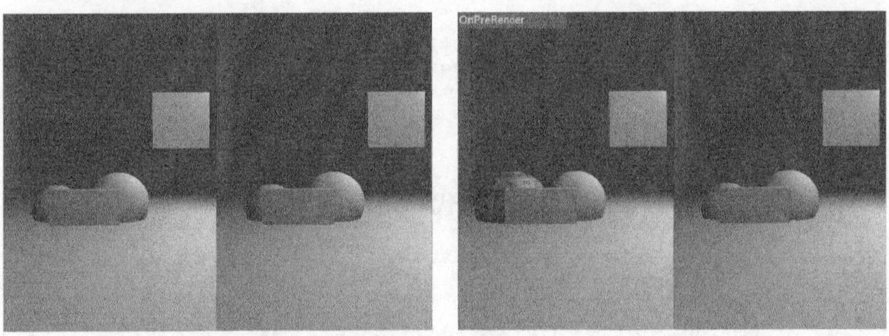

（a）　　（b）

▲图 25.2　在 OnPreRender 中改变材质

25.2　如何使用 RenderWithShader 方法

25.2.1　标签值不同的 5 个着色器

首先打开 RenderWith 文件夹下的 RenderWith.0 场景，如图 25.3 所示。白、红、绿、蓝和黄

分别被赋予_Shader 子文件夹下的如下 5 个材质。

对于白色材质的着色器，myTag.1.shader 的代码如下。

```
Shader "Shader/ShaderReplacement/RenderWith/myTag.1" {
    Properties {
        _MainTex ("Base (RGB)", 2D) = "white" {}
        _Color("Base Color",color)=(1,1,1,1)
    }
    SubShader {
        Tags { "myTag"="white" }
        LOD 200
        CGPROGRAM
        #pragma surface surf Lambert
        sampler2D _MainTex;
        float4 _Color;
        struct Input {
            float2 uv_MainTex;
        };
        void surf (Input IN, inout SurfaceOutput o) {
            half4 c = tex2D (_MainTex, IN.uv_MainTex);
            o.Albedo = c.rgb*_Color.rgb;
            o.Alpha = c.a;
        }
        ENDCG
    }
    FallBack "Diffuse"
}
```

对于红色材质的着色器，myTag.2.shader 的代码如下。

```
Shader "Shader/ShaderReplacement/RenderWith/myTag.2" {
…
    SubShader {
        Tags { "myTag"="red" }//与 myTag.1.shader 的唯一不同之处
        …//其他部分与 myTag.1.shader 完全相同
    }
    FallBack "Diffuse"
}
```

对于绿色材质的着色器，myTag.3.shader 的代码如下。

```
Shader "Shader/ShaderReplacement/RenderWith/myTag.3" {
…
    SubShader {
        Tags { "myTag"="green" }//与 myTag.1.shader 的唯一不同之处
        …//其他部分与 myTag.1.shader 完全相同
    }
    FallBack "Diffuse"
}
```

对于蓝色材质的着色器，myTag.4.shader 的代码如下：

```
Shader "Shader/ShaderReplacement/RenderWith/myTag.4" {
…
    SubShader {
        Tags { "myTag"="blue" }//与 myTag.1.shader 的唯一不同之处
        …//其他部分与 myTag.1.shader 完全相同
    }
    FallBack "Diffuse"
}
```

对于黄色材质的着色器，myTag.5.shader 的代码如下：

```
Shader "Shader/ShaderReplacement/RenderWith/myTag.5" {
…
    SubShader {
        Tags { "myTag"="yellow" }//与 myTag.1.shader 的唯一不同之处
```

```
            …//其他部分与 myTag.1.shader 完全相同
        }
        FallBack "Diffuse"
}
```

这 5 个着色器都有一个 myTag 标签，但是具体内容不同，将会用来做材质替换渲染，即在 RenderWithShader（Shader shader，string replaceTag）中用来根据标签查找替换场景中的材质。

25.2.2 调用 RenderWithShader 方法的脚本

场景中相机上的_RenderWith_0.shader 脚本的代码如下。

```
using UnityEngine;
using System.Collections;
public class_RenderWith_0 : MonoBehaviour {
public GUISkin skin;
     public string replacebyTag="myTag";
     public Shader useShader;//用于 RenderWithShader 的着色器
public Shader[] replaceShaders;//一系列的着色器，其上的 myTag 各不相同
public Rect rSlider;
public int iShader;
public Rect r1;
public Rect r2;
     public RenderTexture rt;//RenderWithShader 的渲染输出目标
     public Camera rtCam;
public Material mat;
     void Start () {
if (!rtCam)//创建将调用其上 RenderWithShader 方法的相机
          {
GameObject g = newGameObject("render with Shader Cam");
                rtCam = g.AddComponent<Camera>();
                rtCam.enabled = false;
                rtCam.hideFlags = HideFlags.HideAndDontSave;
                //因为替代材质是适用于前向渲染路径的
                rtCam.renderingPath = RenderingPath.Forward;
          }
          useShader = replaceShaders[0];
          rt =newRenderTexture(Screen.width, Screen.height, 16);
     }
void Update()
     {
          useShader = replaceShaders[iShader];//更换用于 RenderWithShader 的着色器
     }
void OnGUI()
     {
GUI.skin = skin;
          iShader = (int)GUI.HorizontalSlider(rSlider,iShader,0,4);//更换着色器的滑动条
string[] ns=replaceShaders[iShader].name.Split('/');
GUI.Label(r1,"Current Render With Shader:  "+ns[ns.Length-1]);//显示当前着色器
GUI.Label(r2,"Target Texture >>");
     }
     void OnPreCull()
     {
          rtCam.CopyFrom(this.camera);
          rtCam.backgroundColor = newColor(0, 0, 0, 0);
          rtCam.targetTexture = rt;//设定输出
          rtCam.RenderWithShader(useShader,replacebyTag);//调用 RenderWithShader 方法
          mat.SetTexture("_MainTex", rt);//显示到一个平面上
     }
}
```

该脚本为我们提供了一个通过 GUI 的滑块来调整 RenderWithShader 所用着色器的方法，我们在此方法中设定的是标签 myTag，Unity 会对场景中所有物体的材质判断其是否有 myTag 标签。如果有，判断其值是否和 RenderWithShader 中着色器的某一个子着色器相同。如果相同，则用此子着色器替换它。如果 RenderWithShader 中着色器的所有子着色器都不和物体上的材质

myTag 对应，或者物体上的材质没有 myTag 标签，则此物体不会被渲染。为了表现得更直观，把 RenderWithShader 的结果作为贴图输出到一个平面上。

25.2.3　替换用的 5 个材质

附加到场景相机上后，把 5 个着色器赋予其中的 replaceShaders 数组。RepShader.1.shader 的代码如下。

```
Shader "Tut/Shader/ShaderReplacement/RenderWith/RepShader.1" {
    SubShader {
        Tags { "myTag"="white" }
        Pass{
        color(1,1,1,1)
        }
    }
    FallBack Off
}
```

RepShader.2.shader 的代码如下。

```
Shader "Tut/Shader/ShaderReplacement/RenderWith/RepShader.2" {
    SubShader {
        Tags { "myTag"="red" }
        Pass{
        color(1,0,0,1)
        }
    }
    FallBack Off
}
```

RepShader.3.shader 的代码如下。

```
Shader "Tut/Shader/ShaderReplacement/RenderWith/RepShader.3" {
    SubShader {
        Tags { "myTag"="green" }
        Pass{
        color(0,1,0,1)
        }
    }
    FallBack Off
}
```

RepShader.4.shader 的代码如下。

```
Shader "Tut/Shader/ShaderReplacement/RenderWith/RepShader.4" {
    SubShader {
        Tags { "myTag"="blue" }
        Pass{
        color(0,0,1,1)
        }
    }
    FallBack Off
}
```

RepShader.5.shader 的代码如下。

```
Shader "Tut/Shader/ShaderReplacement/RenderWith/RepShader.5" {
    SubShader {
        Tags { "myTag"="yellow" }
        Pass{
        color(1,1,0,1)
        }
    }
    FallBack Off
}
```

这 5 个着色器的主要不同就是 myTag 的值。

25.2.4 检测 RenderWithShader 方法的效果

现在可以运行此场景，图 25.3 所示的是场景的初始状态。此时 RenderWithShader 所用的着色器为 RepShader.1.shader，其 myTag 值为 white，它只和场景中最左边的白色小球的材质 myTag.1.shader 的 myTag 值相同。因为只有此小球应用此材质并被渲染，所以渲染结果就如 5 小球背后的平面所示（见图 25.4）。

也可以滑动滑块，图 25.5 所示的是当改变 RenderWithShader 所用着色器为 RepShader.3.shader 时，场景中唯一和它匹配的材质是绿色小球的 myTag.3.shader，它们的 myTag 值均为 green，因此只有它被替换材质并渲染。

▲图 25.3 试验场景

▲图 25.4 RenderWithShader 的渲染结果

▲图 25.5 只有绿色小球被替代材质并渲染

25.2.5 使用子着色器组织替代材质

场景 RenderWith.1 中的脚本_RenderWith_1 在调用 RenderWithShader 方法时使用的替换着色器为 RepShader.shader。其代码如下。

```
Shader "Tut/Shader/ShaderReplacement/RenderWith/RepShader" {
     SubShader {
          Tags { "myTag"="white" }
          Pass{     color(1,1,1,1)      }
     }
     SubShader {
          Tags { "myTag"="blue" }
          Pass{     color(1,1,1,1)      }
     }
     SubShader {
          Tags { "myTag"="green" }
          Pass{     color(1,1,1,1)      }
     }
     SubShader {
          Tags { "myTag"="red" }
          Pass{     color(1,1,1,1)      }
     }
     SubShader {
          Tags { "myTag"="yellow" }
          Pass{     color(1,1,1,1)      }
     }
```

```
        FallBack Off
    }
```

该着色器有 5 个子着色器，其 myTag 值分别匹配场景中 5 个小球的材质上的 myTag，因此 5 个小球分别被替换材质并渲染，如图 25.6 所示。

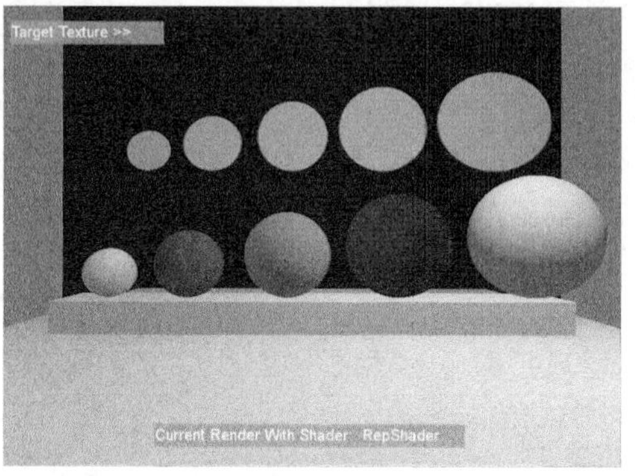

▲图 25.6　被替代材质并渲染的 5 个小球

25.2.6　如何设置替代材质的属性

RenderWithShader 方法并没有为我们提供一个设置替换材质的属性的机会，但并不是说没有这样的机制，这就是同名原则。如果所用的子着色器中有和将要替换的材质中的类型和名字一致的属性，就会用目标材质中的值设置将要替换它的子着色器中的同名且同类型的属性。图 25.7 所示是使用 RepShader.t4.shader 时的情景，其_MainTex 和目标着色器的 myTag.4.shader 中的_MainTex 类型一致，因此在做替代渲染时，RepShader.t4.shader 中的_MainTex 被设置为 myTag.4.shader 中的值。

▲图 25.7　设置替代材质的属性

myTag.4.shader 前面已出现过，RepShader.t4.shader 的代码如下。

```
Shader "Tut/Shader/ShaderReplacement/RenderWith/RepShader.t4" {
     Properties {
     _MainTex ("Base", 2D) = "white" {}
     }
     SubShader {
          Tags { "myTag"="blue" }
          Pass{
          SetTexture[_MainTex] { combine texture }
          }
     }
     FallBack Off
}
```

25.2.7　将结果输出到屏幕上

当然，不是只能输出为 Texture，也可以直接输出到屏幕上。_RenderWith.3.cs 就是这样做的，代码如下。

```
using UnityEngine;
using System.Collections;
public class_RenderWith_3 : MonoBehaviour {
```

```
public string replacebyTag="myTag";
public Shader useShader;
Camera rtCam;
RenderTexture rt;
void Start()
{
    rt = newRenderTexture(Screen.width, Screen.height, 16);
}
void OnRenderImage(RenderTexture src,RenderTexture dst)
{
    Graphics.Blit(rt, dst);//把 RenderWithShader 的结果输出到屏幕上
}
void OnPreCull()
{
    if (!rtCam)
    {
    GameObject g = newGameObject("render with Shader Cam");
    rtCam = g.AddComponent<Camera>();
    rtCam.enabled = false;
    rtCam.hideFlags = HideFlags.HideAndDontSave;
    //因为替代材质是适用于前向渲染路径的
    rtCam.renderingPath = RenderingPath.Forward;
        }
    rtCam.CopyFrom(camera);
    rtCam.targetTexture = rt;//设定 RenderWithShader 的输出目标
    rtCam.RenderWithShader(useShader,replacebyTag);
    }
}
```

为场景 RenderWith.3 中的相机附加此脚本，运行结果如图 25.8 所示。

▲图 25.8 运行结果

25.3 SetReplacementShader 和 ResetReplacementShader 与 RenderWithShader 方法的异同

SetReplacementShader 会让相机在正常的渲染流程中使用由此函数提供的着色器和标签，通过标签的匹配来对场景中的物体进行渲染，而 ResetReplacementShader 则将相机还原到正常的渲染状态。其标签匹配方法和 RenderWithShader 方法完全一致，不同之处在于 SetReplacementShader 只设置了相机的一个状态，并不会像 Render 和 RenderWithShader 一样强迫相机立刻渲染，只会导致相机在下一个渲染流程中根据此状态数据做出相应的改变。SetReplacementShader 文件夹下的场景展示了这两个方法的简单使用方式。

第 26 章　后期效果

渲染到纹理是一种高级操作。利用这种特性，可以实现许多难以在普通渲染过程中实现的华丽效果。

本章用到的文件和场景，都可以在工程文件下的 Assets/Shader/ImageEffects 目录中找到。

26.1 Graphics 的两个方法

26.1.1　与相机渲染方法的不同之处

要实现后期屏幕效果，就必须使用 Graphics 的 Blit 和 BlitMultiTap 方法。这两个方法与相机的 Render、RenderWithShader 方法的不同之处在于，Graphics 的这两个方法在屏幕上又绘制了一个和屏幕大小一样的平面，对此平面使用第三个参数提供的材质，然后把第一个参数作为渲染替代材质的_MainTex，把第二个 Texture 参数作为输出。因此，Graphics 的这两个方法实际上渲染了一个平面。而相机的 Render、RenderWithShader 方法渲染的仍然是场景中的物体，只不过使用了另外一套替代材质。

26.1.2　Blit 方法的简单示例

打开_GraphicsFuncs/Lab_1 文件夹下的场景，该场景里有两个相机（右边的相机显示了场景的原始状态）还有一个屏幕（用来输出左边的相机中的内容）。左边的相机有一个 Blit_3.cs 脚本，其内容如下。

```
using UnityEngine;
using System.Collections;
public classBilt_3 : MonoBehaviour {
public Material mat;
public Material displayMat;
public RenderTexture dstRT;
     void Start () {
          dstRT = newRenderTexture(Screen.width, Screen.height, 16);
          displayMat.mainTexture = dstRT;//在右半屏幕中展示 plane 的材质
     }
void OnRenderImage(RenderTexture src,RenderTexture dst)
     {
          src.wrapMode = TextureWrapMode.Repeat;//将纹理重复平铺
Graphics.Blit(src,dstRT,mat);//用 mat 来计算,以 src 作为_MainTex, 以 dstRT 作为结果
Graphics.Blit(dstRT, dst);//输出到屏幕上
     }
}
```

该脚本用来调用 Graphics 的 Blit 方法，其结果将显示在左半屏幕，并输出为右半屏幕的 Texture。Blit 方法所使用的着色器为 Blit_1.shader，其代码如下。

```
Shader "Tut/Shader/ImageEffects/Bilt_1" {
     Properties {
          _MainTex ("Base (RGB)", 2D) = "white" {}
```

```
    }
    SubShader {
        Tags { "RenderType"="Opaque"}
        Pass {
        CGPROGRAM
        #pragma vertex vert
        #pragma fragment frag
        #include "UnityCG.cginc"
        sampler2D _MainTex;//Blit 的 src 参数将被赋值给它
        float4 _MainTex_ST;
        struct v2f {
            float4 pos :SV_POSITION;
            float2 uv : TEXCOORD0;
        };
        v2f vert( appdata_base v )
        {
            v2f o;
            o.pos = mul (UNITY_MATRIX_MVP, v.vertex);
            o.uv = TRANSFORM_TEX(v.texcoord,_MainTex);//计算 UV 的平铺和偏移量
            return o;
        }
        half4 frag (v2f i) : COLOR
        {
            half4 c = tex2D(_MainTex, i.uv);
c=float4(Luminance(c));//产生_MainTex 的灰度值，在 Blit 中，_MainTex 被赋值给其第一个参数
            return c;
        }
        ENDCG
        }
    }
    FallBack Off
}
```

可以看到，这是一个普通的着色器，仅通过 Luminance 宏输出_MainTex 的灰度值。它所产生的材质将会在调用 Blit 的过程中应用到和屏幕大小一样的平面物体上。图 26.1 所示为场景未运行时的状态。此时 Blit 方法未调用，显示场景的原始内容。图 26.2 所示为场景运行后的状态，此时 Blit 方法已经被调用，可以看到作为 Blit 参数的 Blit_1.shader 的材质已经起作用。我们还可以像普通材质那样调节其参数，比如 UV 平铺，如图 26.3 所示。简单来说，Blit 方法画了一个和相机屏幕大小一致的平面，然后第一个 Texture 参数作为_MainTex 的输入，第二个 Texture 作为输出，第三个材质作为其中的处理手段。

▲图 26.1 实验场景

▲图 26.2 Blit 输出

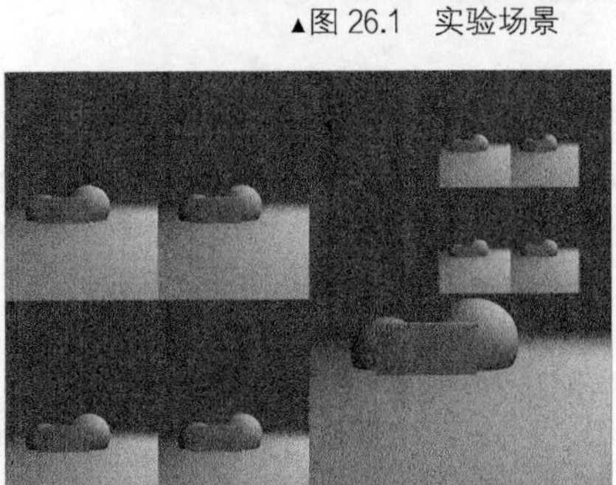

▲图 26.3 平铺输出

26.1.3 使用 BlitMultiTap 方法进行多重采样

首先打开 GraphicsFuncs/Lab_2 文件夹下的场景，在_Shader 子文件夹下有一个 Tap_1.shader，

其代码如下。

```
Shader "Tut/Shader/ImageEffects/Tap_1" {
Properties {
     _MainTex ("", 2D) = "white" {}
}
Subshader {
     Pass {
     CGPROGRAM
     #pragma vertex vert
     #pragma fragment frag
     #include "UnityCG.cginc"
     struct v2f {
          float4 pos : POSITION;
          float4 uv[4] : TEXCOORD0;
     };
     float4 _MainTex_TexelSize;
     v2f vert (appdata_img v)
     {
          v2f o;
          o.pos = mul (UNITY_MATRIX_MVP, v.vertex);
          float4 uv;
          uv.xy = MultiplyUV (UNITY_MATRIX_TEXTURE0, v.texcoord);
          uv.zw = 0;
          float offX = _MainTex_TexelSize.x;
          float offY = _MainTex_TexelSize.y;

          o.uv[0] = uv + float4(-offX,-offY,0,1);//左下偏移一像素的位置
          o.uv[1] = uv + float4( offX,-offY,0,1);//右下偏移一像素的位置
          o.uv[2] = uv + float4( offX, offY,0,1);//右上偏移一像素的位置
          o.uv[3] = uv + float4(-offX, offY,0,1);//左上偏移一像素的位置
          return o;
     }
     sampler2D _MainTex;
     fixed4 frag( v2f i ) : COLOR
     {
          fixed4 c;
          c  = tex2D( _MainTex, i.uv[0].xy );
          c += tex2D( _MainTex, i.uv[1].xy );
          c += tex2D( _MainTex, i.uv[2].xy );
          c += tex2D( _MainTex, i.uv[3].xy );
          c /= 4;//取值为当前像素的左上、左下、右上、右下 4 个像素的平均值
          return c;
     }
     ENDCG
     }
     }
Fallback off
}
```

_MainTex_TexelSize 为_MainTex 贴图信息，_MainTex_TexelSize.x 代表横向 1 像素大小的 UV 偏移，此着色器以当前像素周围的 4 个像素的平均值为输出结果。如图 26.4 所示，第 1 和第 3 个图块分别是应用了此材质后的两幅图像，而第 2 个和第 4 个图块则分别是两幅原始的图像。可以看到，这其实通过平均采样达到模糊的效果。

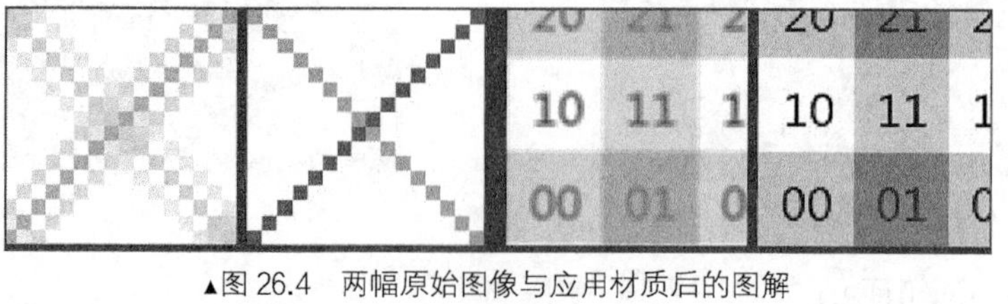

▲图 26.4　两幅原始图像与应用材质后的图解

现在打开 Lab_3 文件夹下的场景，场景中有两个相机，占据左边屏幕的是 Camera_1，其附加

了脚本_MultiTap_x.cs。脚本的主要代码如下。

```
    void OnGUI()
    {
GUI.skin = skin;
for (int i = 0; i < labels.Length; i++)
        {
GUI.Label(rLabels[i], labels[i]);
        }
GUI.Label(r100, "100 Pixel");
        vals[0] = GUI.HorizontalSlider(rSliders[0],vals[0],-100f,100f);
    }

    void OnRenderImage (RenderTexture src, RenderTexture dst)
    {
Graphics.BlitMultiTap(src,dst,myMat,newVector2(vals[0],vals[0]));
    }
```

代码中只调用了 BlitMultiTap 方法，传入一个 Vector2 变量，在 BlitMultiTap 操作中用来作为和屏幕大小、位置相同的平面的 UV 偏移量，这个偏移量通过 GUI 滑块来实现，操作范围为-100～100 像素。所用到的 myMat 的着色器中的主要代码如下。

```
Pass {
CGPROGRAM
    #pragma vertex vert
    #pragma fragment frag
    #include "UnityCG.cginc"
    struct v2f {
        float4 pos : POSITION;
        float2 uv:TEXCOORD0;
    };
    v2f vert (appdata_img v)
    {
        v2f o;
        o.uv=v.texcoord;
        o.pos = mul (UNITY_MATRIX_MVP, v.vertex);
        return o;
    }
    sampler2D _MainTex;
    fixed4 frag( v2f i ) : COLOR
    {
        fixed4 c;
        c = tex2D( _MainTex, i.uv);
        return c;
    }
ENDCG
}
```

这个着色器只输出_MainTex 的内容。

占据了屏幕右半边的是 Camera_2，其附加了脚本_MultiTap_y.cs。脚本的主要代码如下。

```
void OnGUI()
    {
GUI.skin = skin;
for (int i = 0; i < labels.Length; i++)
        {
GUI.Label(rLabels[i], labels[i]);
        }
        vals[0] = GUI.HorizontalSlider(rSliders[0],vals[0],-8f,8f);
    }
    void OnRenderImage (RenderTexture src, RenderTexture dst)
    {
Graphics.BlitMultiTap(src,dst,myMat,
newVector2(vals[0],vals[0]),
newVector2(vals[0],vals[0])
        );
    }
```

和_MultiTap_x.cs 的操作完全类似，它所用到的着色器为_Shader 子文件夹下的_ConeTap_0y.shader。其主要代码如下。

```
    Pass {
    CGPROGRAM
        #pragma vertex vert
        #pragma fragment frag
        #include "UnityCG.cginc"
        struct v2f {
            float4 pos : POSITION;
            half4 uv[2] : TEXCOORD0;
        };
        float4 _MainTex_TexelSize;
        float4 _BlurOffsets;//这里保存了 BlitMultiTap 所传进来的偏移大小
        v2f vert (appdata_img v)
        {
            v2f o;
            float offX = _MainTex_TexelSize.x * _BlurOffsets.x;
            float offY = _MainTex_TexelSize.y * _BlurOffsets.y;

            o.pos = mul (UNITY_MATRIX_MVP, v.vertex);
float2 uv = MultiplyUV (UNITY_MATRIX_TEXTURE0, v.texcoord.xy-float2(offX, offY));
            o.uv[0].xy = uv + float2( offX, offY);
            o.uv[0].zw = uv + float2(-offX, offY);
            o.uv[1].xy = uv + float2( offX,-offY);
            o.uv[1].zw = uv + float2(-offX,-offY);
            return o;
        }
        sampler2D _MainTex;
        fixed4 frag( v2f i ) : COLOR
        {
            fixed4 c;
            c  = tex2D( _MainTex, i.uv[0].xy );
            c += tex2D( _MainTex, i.uv[0].zw );
            c += tex2D( _MainTex, i.uv[1].xy );
            c += tex2D( _MainTex, i.uv[1].zw );
            return c/4.0;
        }
    ENDCG
    }
```

这个着色器从基本的 UV，通过 Unity 设置_BlurOffsets 中的 BlitMultiTap 提供的偏移参数，以像素的倍数为偏移单位，衍生出 4 个 UV。然后分别根据这 4 个 UV 采样贴图，平均后作为结果输出。图 26.5（a）与（b）所示是没有应用偏移时的景象。图 26.6（a）所示是通过 BlitMultiTap 将与屏幕等同大小的平面 UV 偏移 100 像素后的景象。我们可以看到，UV 确实整整偏移了 100 像素。图 26.6（b）所示则是通过 BlitMultiTap 偏移了 8 像素的 UV 大小并经过_ConeTap_0y.shader 的材质处理后的景象。我们可以清楚地看到，结果是 4 个相差 8 像素的位置的原始结果的平均叠加效果。

（a）　（b）

▲图 26.5　没有应用偏移时的景象

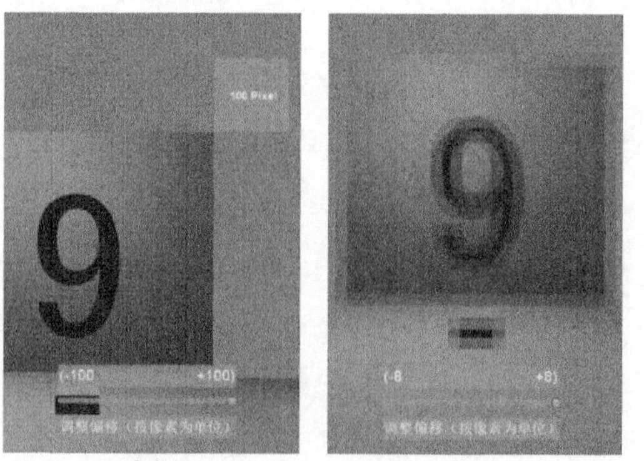

（a）　（b）

▲图 26.6　像素偏移后的效果

26.2 一个简单的调色

我们先来简单地调调色。颜色的表达方式很多，所以调色的方式也很多。我们通过 Unity 自带的 RGB 通道调色。

26.2.1 调色用的脚本

打开 ColorCorrection 文件夹下的 Lab_0 场景，场景中的相机有一个_ColorCorrection_0 脚本组件，代码如下。

```
using UnityEngine;
using System.Collections;
public class_ColorCorrection_0 : MonoBehaviour {
public AnimationCurve redChannel;//用于调整 R 通道的 AnimationCurve 对象
     public AnimationCurve greenChannel;
     public AnimationCurve blueChannel;
     private Material ccMat;//用于 Blit 方法，处理渲染结果的材质
private Texture2D rChannelTex;
private Texture2D gChannelTex;
     private Texture2D bChannelTex ;
     public Shader cccShader;//材质 ccMat 的着色器
public GUISkin skin;
public Rect[] rects;
public Rect rect;
     void Start () {
          ccMat = newMaterial(cccShader);
//3 个 256×32 大小的 Texture,如果仅用于查询，256×1 大小已足够，这里是为了显示方便
          rChannelTex = newTexture2D(256, 32, TextureFormat.ARGB32, false, true);
          gChannelTex = newTexture2D(256, 32, TextureFormat.ARGB32, false, true);
          bChannelTex = newTexture2D(256, 32, TextureFormat.ARGB32, false, true);
          rChannelTex.hideFlags = HideFlags.DontSave;
          rChannelTex.wrapMode = TextureWrapMode.Clamp;
          gChannelTex.hideFlags = HideFlags.DontSave;
          gChannelTex.wrapMode = TextureWrapMode.Clamp;
          bChannelTex.hideFlags = HideFlags.DontSave;
          bChannelTex.wrapMode = TextureWrapMode.Clamp;
     }
     void Update () {
//针对 256 像素的宽度，我们需要把（0，1）分成 256 份，分别查询、取值一次
for (float i = 0.0f; i <= 1.0f; i += 1.0f / 255.0f)
          {
float rCh = Mathf.Clamp(redChannel.Evaluate(i), 0.0f, 1.0f);
float gCh = Mathf.Clamp(greenChannel.Evaluate(i), 0.0f, 1.0f);
float bCh = Mathf.Clamp(blueChannel.Evaluate(i), 0.0f, 1.0f);
for (int j = 0; j < 32; j++)//32 像素高
               {
               rChannelTex.SetPixel(Mathf.FloorToInt(i * 255.0f), j, newColor(rCh, 0, 0));
               gChannelTex.SetPixel(Mathf.FloorToInt(i * 255.0f), j, newColor(0, gCh, 0));
               bChannelTex.SetPixel(Mathf.FloorToInt(i * 255.0f), j, newColor(0, 0, bCh));
               }
          }
          rChannelTex.Apply();
          gChannelTex.Apply();
          bChannelTex.Apply();
     }
void OnGUI()
     {
GUI.skin = skin;
GUI.Box(rects[0], rChannelTex);//将 R 通道的贴图输出
GUI.Box(rects[1], gChannelTex);
GUI.Box(rects[2], bChannelTex);
     }
void OnRenderImage (RenderTexture source,RenderTexture destination) {
```

```
            ccMat.SetTexture ("_rTex", rChannelTex);//最终将 AnimationCurve 的数据设定到材质上
            ccMat.SetTexture("_gTex", gChannelTex);
            ccMat.SetTexture("_bTex", bChannelTex);
            Graphics.Blit (source, destination, ccMat);
        }
    }
```

这个类分别为 RGB 通道设置了 3 个纹理，通过 GUI 来输出这 3 个纹理的内容，并在编辑器中通过 AnimationCurve 来调整。这 3 个纹理会设置到 ccCurvesSimple_0.shader 材质上，分别代表 RGB 通道里的相关属性，然后通过 Graphics.Blit 对相机的渲染结果做最终的处理。

26.2.2　调色用的材质

相关的 ccCurvesSimple_0.shader 的代码如下。

```
Shader "Tut/Shader/ImageEffects/ccCurvesSimple_0" {
     Properties {
          _MainTex ("Base (RGB)", 2D) = "" {}//相机的正常渲染结果
          _rTex ("_rTex (RGB)", 2D) = "" {}
          _gTex ("_gTex (RGB)", 2D) = "" {}
          _bTex ("_bTex (RGB)", 2D) = "" {}
     }
Subshader {
 Pass {
        ZTest Always Cull Off ZWrite Off//确保在最前面
        Fog { Mode off }
     CGPROGRAM
     #pragma vertex vert
     #pragma fragment frag
     #pragma fragmentoption ARB_precision_hint_fastest
     #include "UnityCG.cginc"
     struct v2f {
          float4 pos : POSITION;
          half2 uv : TEXCOORD0;
     };
     sampler2D _MainTex;
     sampler2D _rTex;
     sampler2D _gTex;
     sampler2D _bTex;
     v2f vert( appdata_img v )
     {
          v2f o;
          o.pos = mul(UNITY_MATRIX_MVP, v.vertex);
          o.uv = v.texcoord.xy;
          return o;
     }
     fixed4 frag(v2f i) : COLOR
     {
          fixed4 color = tex2D(_MainTex, i.uv);
//把原始 R 通道的值重新映射到 AnimationCurve 设定的色表上
          fixed3 red = tex2D(_rTex, half2(color.r, 0.5)).rgb;//
          fixed3 green = tex2D(_gTex, half2(color.g, 0.5)).rgb;
          fixed3 blue = tex2D(_bTex, half2(color.b, 0.5)).rgb;
          color = fixed4(red+green+blue, color.a);
          return color;
     }
     ENDCG
  }
}
Fallback off
}
```

这个着色器代表了 AnimationCurve 数据的 3 个 256 精度的贴图，把原始像素的 RGB 通道分别重新映射到一个新的值上，从而改变最终输出的图像的色彩。如图 26.7 所示，如果用一个

公式来表示 AnimationCurve 就是 $y = f(x)$，原来的像素颜色是横向的 x 轴，而经过映射，即 tex2D 操作后的结果就是纵向的 y 轴。如图 26.7 所示，当像素位于中间地带（即 0.5 附近）时会提升亮度。图 26.8（a）所示是场合初始运行后的效果，此时对于 R 通道，$y = f(x)$的输入与输出是相同的，而图 26.8（b）所示则是当 R 通道的输出被调低后的效果。

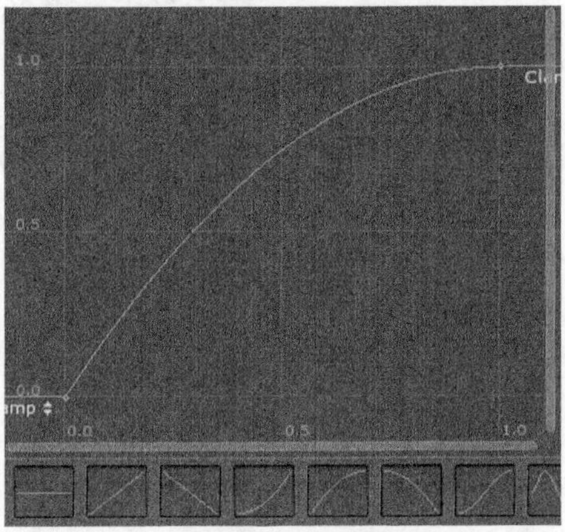

▲图 26.7　映射曲线

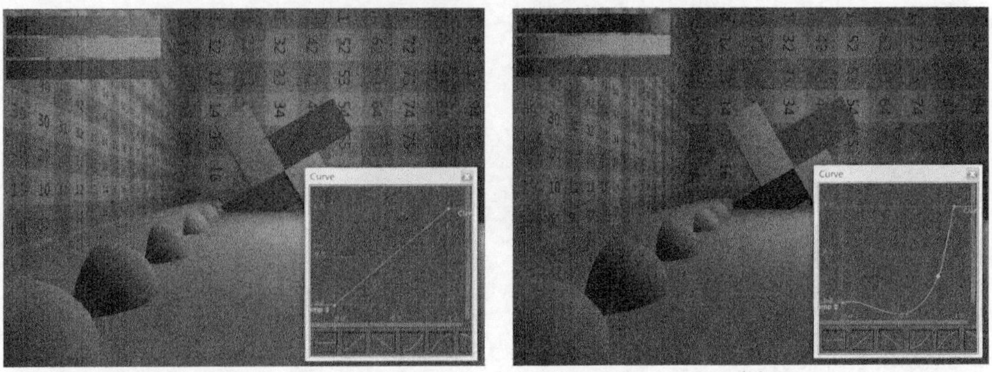

（a）　　（b）

▲图 26.8　调值后的场景对比

26.2.3　更高效的做法

如前所述，使用 3 个 256×32 像素大小的纹理完全是为了方便在 GUI 上展示，如果仅仅从实用的角度考虑，在 Unity 中可以用一个 256×4 像素大小的贴图来操作做这件事。在 4 行中，RGB 这 3 个通道分别占一行，还余出一行。这个更高效一点的例子在 Lab_1 场景里，使用的脚本为_ColorCorrection_1.cs。具体代码如下。

```
using UnityEngine;
using System.Collections;
public class_ColorCorrection_1 : MonoBehaviour {
public AnimationCurve redChannel;
     public AnimationCurve greenChannel;
     public AnimationCurve blueChannel;
     private Material ccMat;
private Texture2D rgbChannelTex;
     public Shader cccShader;
     void Start () {
          ccMat = newMaterial(cccShader);
          rgbChannelTex = newTexture2D(256, 4, TextureFormat.ARGB32, false, true);
```

```
            rgbChannelTex.hideFlags = HideFlags.DontSave;
            rgbChannelTex.wrapMode = TextureWrapMode.Clamp;
        }
        void Update () {
for (float i = 0.0f; i <= 1.0f; i += 1.0f / 255.0f)
            {
float rCh = Mathf.Clamp(redChannel.Evaluate(i), 0.0f, 1.0f);
float gCh = Mathf.Clamp(greenChannel.Evaluate(i), 0.0f, 1.0f);
float bCh = Mathf.Clamp(blueChannel.Evaluate(i), 0.0f, 1.0f);
        rgbChannelTex.SetPixel(Mathf.FloorToInt(i * 255.0f), 0, newColor(rCh, rCh, rCh));
        rgbChannelTex.SetPixel(Mathf.FloorToInt(i * 255.0f), 1, newColor(gCh, gCh, gCh));
        rgbChannelTex.SetPixel(Mathf.FloorToInt(i * 255.0f), 2, newColor(bCh, bCh, bCh));
            }//对于 RGB 的 3 个通道，一个一行
            rgbChannelTex.Apply();
        }
void OnRenderImage (RenderTexture source,RenderTexture destination) {
            ccMat.SetTexture ("_rgbTex", rgbChannelTex);
            Graphics.Blit (source, destination, ccMat);
        }
}
```

相对地，所使用的 ccCurvesSimple.shader 的代码如下。

```
Shader "Tut/Shader/ImageEffects/ccCurvesSimple_1" {
     Properties {
          _MainTex ("Base (RGB)", 2D) = "" {}
          _rgbTex ("_rgbTex (RGB)", 2D) = "" {}
     }
Subshader {
 Pass {
       ZTest Always Cull Off ZWrite Off
       Fog { Mode off }
     CGPROGRAM
     #pragma vertex vert
     #pragma fragment frag
     #pragma fragmentoption ARB_precision_hint_fastest
     #include "UnityCG.cginc"
     struct v2f {
          float4 pos : POSITION;
          half2 uv : TEXCOORD0;
     };
     sampler2D _MainTex;
     sampler2D _rgbTex;
     v2f vert( appdata_img v )
     {
          v2f o;
          o.pos = mul(UNITY_MATRIX_MVP, v.vertex);
          o.uv = v.texcoord.xy;
          return o;
     }
     fixed4 frag(v2f i) : COLOR
     {
          fixed4 color = tex2D(_MainTex, i.uv);
          fixed3 red = tex2D(_rgbTex, half2(color.r, 0.5/4.0)).rgb*fixed3(1,0,0);
          fixed3 green = tex2D(_rgbTex, half2(color.g, 1.5/4.0)).rgb*fixed3(0,1,0);
          fixed3 blue = tex2D(_rgbTex, half2(color.b, 2.5/4.0)).rgb*fixed3(0,0,1);
          color = fixed4(red+green+blue, color.a);
          return color;
     }
       ENDCG
   }
}
Fallback off
}
```

当然，本质操作是和 Lab_0 中完全一样的。如果你觉得这太简单，也可以像 Unity 官方例子那样再考虑深度值、镜头焦点等。

26.3 景深

所谓景深，简单地说就是相机焦点前后的物体的成像是清晰的，而其他物体则会因为离相机焦点渐远而越加模糊。因此，景深效果主要就用于提供一个模糊后的场景，然后以相机的焦点数据作为参数，在原始清晰的场景之间和模糊后的场景之间渐变。原始的 Unity 渲染就是清晰的，因此，只需要提供一个模糊算法。以焦点为中心进行混合，这一步很好做，用 lerp 函数就够了，因此，应该主要关注模糊的算法。为了实现最大的可调节性和最好的效果，Unity 自带的景深效果 DepthOfField34（之所以取这个名字，是因为在 Unity 3.4 版本中算法已经定型了）添加了大量逻辑。这里的简化版要求能模糊场景就行，然后和清晰的原始图像混合。

26.3.1 用于模糊图像的材质

先打开 DepthOfField 文件夹下的 Lab_1 场景，这个场景主要展示了一个用于模糊的着色器，是 Unity 的官方例子。把它的名字简化为 Blur.shader，其代码如下。

```
Shader "Tut/Shader/ImageEffects/Blur" {
     Properties {
          _MainTex ("Base (RGB)", 2D) = "" {}
     }
Subshader {
 Pass {
       ZTest Always Cull Off ZWrite Off
       Fog { Mode off }
     CGPROGRAM
     #pragma fragmentoption ARB_precision_hint_fastest
     #pragma vertex vert
     #pragma fragment frag
     #include "UnityCG.cginc"
     struct v2f {
          float4 pos : POSITION;
          float2 uv : TEXCOORD0;
          float4 uv01 : TEXCOORD1;
          float4 uv23 : TEXCOORD2;
          float4 uv45 : TEXCOORD3;
     };
     float4 offsets;
     sampler2D _MainTex;
     v2f vert (appdata_img v) {
          v2f o;
          o.pos = mul(UNITY_MATRIX_MVP, v.vertex);
          o.uv.xy = v.texcoord.xy;
          o.uv01 =  v.texcoord.xyxy + offsets.xyxy * float4(1,1, -1,-1);
          o.uv23 =  v.texcoord.xyxy + offsets.xyxy * float4(1,1, -1,-1) * 2.0;
          o.uv45 =  v.texcoord.xyxy + offsets.xyxy * float4(1,1, -1,-1) * 3.0;
          return o;
     }
     half4 frag (v2f i) : COLOR {
          half4 color = float4 (0,0,0,0);
          color += 0.40 * tex2D (_MainTex, i.uv);
          color += 0.15 * tex2D (_MainTex, i.uv01.xy);
          color += 0.15 * tex2D (_MainTex, i.uv01.zw);
          color += 0.10 * tex2D (_MainTex, i.uv23.xy);
          color += 0.10 * tex2D (_MainTex, i.uv23.zw);
          color += 0.05 * tex2D (_MainTex, i.uv45.xy);
          color += 0.05 * tex2D (_MainTex, i.uv45.zw);
          return color;
     }
       ENDCG
  }
```

```
}
Fallback off
}
```

这个着色器没什么特别之处，其中通过设定的偏移量又衍生出了 6 套 UV。因为这 7 套 UV 之间相互有偏差，所以采样之后它们的和就是模糊的效果。

26.3.2　进行纵横两次模糊操作

再来看相机上的脚本_DepthOfField_1.cs，具体代码如下。

```
void OnRenderImage (RenderTexture source ,RenderTexture destination ) {
   //模糊了两次
   RenderTexture temp = RenderTexture.GetTemporary(source.width, source.height);

   blurMat.SetVector("offsets", new Vector4(0.0f, 2f * oneOverBaseSize, 0.0f, 0.0f));
   Graphics.Blit(source, temp, blurMat);
   blurMat.SetVector("offsets", new Vector4(2f / widthOverHeight * oneOverBaseSize,
      0.0f, 0.0f, 0.0f));
   Graphics.Blit(temp, destination, blurMat);

   RenderTexture.ReleaseTemporary(temp);
}
```

这个脚本做了两次模糊处理，第一次仅在纵向上模糊，然后作为源传给第二次模糊，用来做横向模糊处理。

图 26.9（a）所示是原始图像，图 26.9（b）所示是用上述方法模糊后的效果。

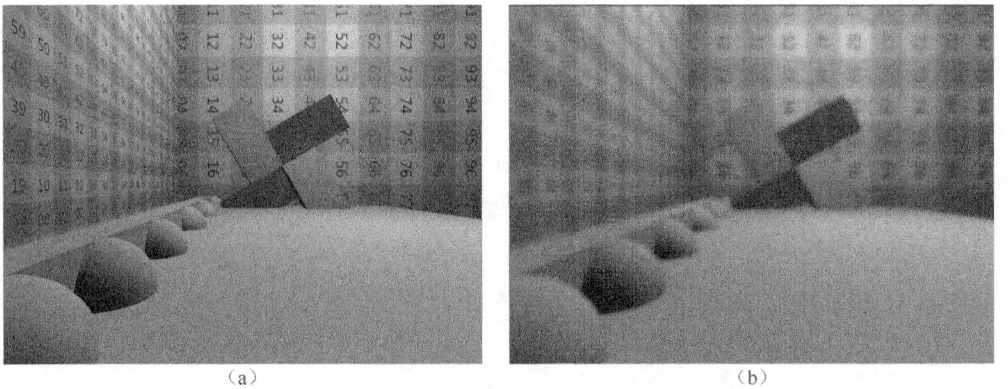

（a）　　（b）

▲图 26.9　场景的景深效果对比

26.3.3　进行混合操作的脚本

下面我们来看 Lab_2 场景的内容。在 Lab_2 场景中，将会根据深度在清晰效果和模糊效果之间渐变。先看_DepthOfField_2.cs 脚本做了些什么，代码如下。

```
void OnRenderImage (RenderTexture src ,RenderTexture dst ) {
   RenderTexture blurRT = RenderTexture.GetTemporary(src.width, src.height, 16);
   RenderTexture blurRT2 = RenderTexture.GetTemporary(src.width, src.height, 16);
   //使用临时变量 blurRT 存储模糊结果，从而保留了原始的清晰图像
   blurMat.SetVector("offsets", new Vector4(2f / widthOverHeight * oneOverBaseSize,
   2f * oneOverBaseSize, 0.0f, 0.0f));
   Graphics.Blit(src, blurRT, blurMat);
   blurMat.SetVector("offsets", new Vector4(2f / widthOverHeight * oneOverBaseSize,
   0.0f, 0.0f, 0.0f));
   Graphics.Blit(blurRT, blurRT2, blurMat);
   dofMat.SetTexture("_BlurTex", blurRT2);
```

```
        Graphics.Blit(src, dst, dofMat);

        RenderTexture.ReleaseTemporary(blurRT);
        RenderTexture.ReleaseTemporary(blurRT2);
    }
```

和上一个脚本类似，先纵向模糊，然后作为源传给第二次的横向模糊，而模糊的结果仅用来作为混合材质的一个纹理输入。另外，值得注意的是，在模糊时使用了一个临时变量，而不是像上一个场景中那样同时把源作为模糊操作的输入和输出，那会毁掉原始的清晰图像。

26.3.4 进行混合操作的材质

打开同一文件夹下的 Dof.shader，其代码如下。

```
Shader "Tut/Shader/ImageEffects/Dof" {
     Properties {
          _MainTex ("Base (RGB)", 2D) = "" {}
     }
Subshader {
 Pass {
        ZTest Always Cull Off ZWrite Off
        Fog { Mode off }
     CGPROGRAM
     #pragma vertex vert
     #pragma fragment frag
     #include"UnityCG.cginc"
     struct v2f {
          float4 pos : POSITION;
          float2 uv : TEXCOORD0;
     };
     sampler2D _MainTex;
     sampler2D _CameraDepthTexture;
     sampler2D _BlurTex;
     v2f vert (appdata_img v) {
          v2f o;
          o.pos = mul(UNITY_MATRIX_MVP, v.vertex);
          o.uv.xy = v.texcoord.xy;
          return o;
     }
     half4 frag (v2f i) : COLOR {
          half4 ori =tex2D(_MainTex,i.uv);
          half4 blur=tex2D(_BlurTex,i.uv);
          float dep=tex2D(_CameraDepthTexture,i.uv).r;
          dep=Linear01Depth(dep);
          returnlerp(ori,blur,dep);
     }
        ENDCG
  }
}
Fallback off
}
```

首先提醒一下读者，在_DepthOfField_2.cs 中调用 Blit 方法时，src（即原始图像）是作为第一参数提供的，因此会被 Unity 自动设置到_MainTex 上，而第二个 dst 会自动成为输出。另外，我们在使用此材质 Blit 之前，已经把模糊结果设置到了_BlurTex 之上。因此在此着色器中，唯一值得关注的就是_CameraDepthTexture，可以通过相机的 depthTextureMode 来设定你需要的屏幕 *Z* 深度。这件事在着色器中很简单，就是以 *Z* 深度作为输入，在原始图像和模糊后的效果之间线性插值，然后输出。图 26.10 所示就是这种线性插值后带景深的场景，越远的物体越模糊。

▲图 26.10　带景深的场景

26.3.5　提供一个可调节参数

现在唯一的遗憾就是此景深的实现过于简单，因此在 Lab_3 场景的例子中做了修改，为读者提供了一个可调节参数。这个参数是一个设置起始模糊的位置，以场景中的世界坐标为单位，但是实际传到处理材质时是经过转换的并且 Z 深度相匹配的一个数值。_DepthOfField_3.cs 所用到的主要方法 OnRenderImage 的代码如下：

```
void OnRenderImage (RenderTexture src ,RenderTexture dst ) {
   RenderTexture blurRT = RenderTexture.GetTemporary(src.width, src.height, 16);
   RenderTexture blurRT2 = RenderTexture.GetTemporary(src.width, src.height, 16);

   blurMat.SetVector("offsets", new Vector4(0.0f, 2f * oneOverBaseSize, 0.0f, 0.0f));
   Graphics.Blit(src, blurRT, blurMat);
   blurMat.SetVector("offsets", new Vector4(2f / widthOverHeight * oneOverBaseSize,
   0.0f, 0.0f, 0.0f));
   Graphics.Blit(blurRT, blurRT2, blurMat);
   //把提供给用户的基于 Unity 标准单位的调节参数转换到和 Z 深度相同的一个世界
   focalDist = Mathf.Clamp(focalDist, cam.nearClipPlane, cam.farClipPlane);
   float fd = focalDist / (cam.farClipPlane - cam.nearClipPlane);
   dofMat.SetTexture("_BlurTex", blurRT2);
   dofMat.SetFloat("dist",fd);
   Graphics.Blit(src, dst, dofMat);

   RenderTexture.ReleaseTemporary(blurRT);
   RenderTexture.ReleaseTemporary(blurRT2);
}
```

用来有效利用该调节参数的着色器是 Dof_2.shader，其主要代码如下。

```
half4 frag (v2f i) : COLOR {
          half4 ori =tex2D(_MainTex,i.uv);
          half4 blur=tex2D(_BlurTex,i.uv);
          float dep=tex2D(_CameraDepthTexture,i.uv).r;
          dep=Linear01Depth(dep);
//和 Dof.shader 的主要区别就是从一个传入的起始距离开始混合，而不是从 0 开始
          return lerp(ori,blur,dep-dist);
}
```

26.4　轮廓检测

显示物体的轮廓即描边，描边在卡通渲染中用得比较多。如果只显示某一个物体的轮廓，可能一个单独的材质比较实用，比如，在物体背后再沿法线挤出一点，从而形成轮廓；如果场景中的全部物体都有这种描边的需求，那么通过后期效果来实现比较方便。

如何检测物体的轮廓呢？方法很多，各有优缺点。Unity 的官方例子里有两个实现。一个是 EdgeDetectEffect，其 EdgeDetectX.shader 的实现比较简单，计算了与当前像素相邻的两个像素的梯度差，然后与设定的阈值相比较后，确定当前像素是否位于物体边缘，从而形成轮廓。实现很简单，效果却不是很好。Unity 官方的另一个实现是 EdgeDetectEffectNormals，它综合比较了当前像素与相邻像素的深度差和法线差异，从而判定当前像素是否处于物体的轮廓上，这个效果较好。这里着重讲解这个方法的实现。

26.4.1 用脚本获得场景的 Z 深度和法线

打开 EdgeDetect 文件夹下的场景，场景里的相机附加了 EdgeDetect_1.cs 脚本，代码如下。

```
using UnityEngine;
using System.Collections;
public classEdgeDetect_1 :MonoBehaviour{
public Shader edgeShader;
public Material mat;
     void Start () {
          mat = newMaterial(edgeShader);
          mat.hideFlags = HideFlags.HideAndDontSave;
          camera.depthTextureMode = DepthTextureMode.DepthNormals;
     }
     void OnRenderImage (RenderTexture src,RenderTexture dst) {
Graphics.Blit( src,dst,mat);
     }
}
```

在 Start 方法中，设定相机的 depthTextureMode 属性为 DepthNormals，以确保能同时得到检测物体边缘所需要的 Z 深度和法向量。

26.4.2 在材质中进行边缘检测

边缘检测的主要操作在 EdgeDetect.1.shader 中完成，代码如下。

```
    uniform sampler2D _MainTex;
    uniform float4 _MainTex_TexelSize;
    sampler2D _CameraDepthTexture;
    sampler2D _CameraNormalsTexture;
    struct v2f {
         float4 pos : POSITION;
         float2 uv[4] : TEXCOORD0;
    };

    v2f vert( appdata_img v )
    {
         v2f o;
         o.pos = UnityObjectToClipPos (v.vertex);
         float2 uv = MultiplyUV( UNITY_MATRIX_TEXTURE0, v.texcoord );
         o.uv[0] = uv;
         #if SHADER_API_D3D9
         if (_MainTex_TexelSize.y < 0)
              uv.y = 1-uv.y;
         #endif
         o.uv[1] = uv;
         o.uv[2] = uv + float2(-_MainTex_TexelSize.x, -_MainTex_TexelSize.y);
         o.uv[3] = uv + float2(+_MainTex_TexelSize.x, -_MainTex_TexelSize.y);
         return o;
    }
    half4 frag (v2f i) : COLOR
    {
         half4 original = tex2D(_MainTex, i.uv[0]);//当前位置的像素
         //当前位置的 z 深度和法向量
         float centerDepth = UNITY_SAMPLE_DEPTH(tex2D (_CameraDepthTexture, i.uv[1]));
```

```
        centerDepth = Linear01Depth(centerDepth);
        float3 centerNormal = tex2D(_CameraNormalsTexture, i.uv[1]) *2.0 - 1.0;

        //左下角的 Z 深度和法向量
        float d1 = UNITY_SAMPLE_DEPTH(tex2D (_CameraDepthTexture, i.uv[2]));
        d1 = Linear01Depth(d1);
        float3 n1 = tex2D (_CameraNormalsTexture, i.uv[2]) * 2.0 - 1.0;
        //右下角的 Z 深度和法向量
        float d2 = UNITY_SAMPLE_DEPTH(tex2D (_CameraDepthTexture, i.uv[3]));
        d2 = Linear01Depth(d2);
        float3 n2 = tex2D (_CameraNormalsTexture, i.uv[3]) * 2.0 - 1.0;
        //分别比较它们与当前位置的 Z 深度和法向量的差值是否大于阈值，在 0 与 1 之间取舍
        half isSameDepth1=abs(d1-centerDepth)<0.05*centerDepth;//0 或 1;
        half isSameDepth2=abs(d2-centerDepth)<0.05*centerDepth;//0 或 1;
        half isSameNormal1=1.0-dot(n1,centerNormal)<0.051;//0 或 1;
        half isSameNormal2=1.0-dot(n2,centerNormal)<0.051;//0 或 1;
        //在这 4 个比较结果中，任何一个成功，都可以判定当前点处于轮廓上
        original=original*isSameDepth1*isSameDepth2*isSameNormal1*isSameNormal2;
        return original;
    }
```

为了直观一点，这里没有使用将 Z 深度和法向量编码到一起的_CameraDepthNormalsTexture，而是分别使用了_CameraDepthTexture 和_CameraNormalsTexture，然后分别在当前位置的左下和右下位置取一个点，得到它们的 Z 深度和法向量。与当前位置的 Z 深度和法向量相比较，判断差值是否大于阈值。如果大于，则取 0。任何一次成功判断出轮廓都会让最终的输出结果为边缘色，即黑色（0，0，0，0）。图 26.11（a）所示是未应用边缘检测的初始场景，而图 26.11（b）所示是应用边缘检测后的效果。

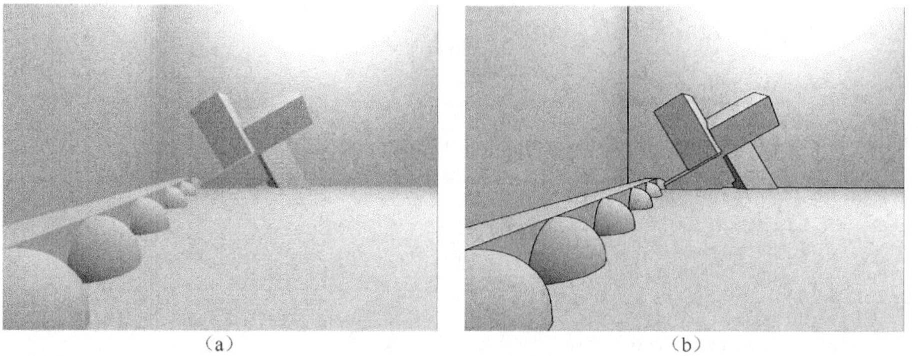
（a）　　（b）

▲图 26.11　轮廓检测

这是一个和官方例子完全类似但是更直观的实例，读者如果有兴趣，可以仔细阅读更多官方例子。

26.5 扭曲

26.5.1　通过 UV 操作扭曲图像

在 FishEye 文件夹下是一个基于 UV 对图像进行扭曲操作的效果。打开此文件夹下的 Lab_1 场景，相机上的脚本_ManiFishEye_1.cs 主要提供了一个 GUI 来调整用来设定扭曲程度的参数。这个参数是一个在 FisheyeShader.shader 中使用到的参数。这个着色器的主要代码如下。

```
sampler2D _MainTex;
    float4 _Intensity;
    half4 frag(v2f i) : COLOR
    {
```

```
        half2 coords = i.uv;
        coords = (coords - 0.5) * 2.0;//变换 UV 原点到屏幕的中心
        float2 intensity=_Intensity.xy;
        half2 realCoordOffs;
        realCoordOffs.x = (1-coords.y * coords.y) * intensity.y * (coords.x);
        realCoordOffs.y = (1-coords.x * coords.x) * intensity.x * (coords.y);
        half4 color = tex2D (_MainTex, i.uv - realCoordOffs);
        return color;
    }
```

该着色器在 Fragment 函数中将 UV 的坐标从（0，1）变换为（-1，1），从而将 UV 空间的原点变换到了屏幕的正中心。当前点的 UV 偏移量是按其距离屏幕中心的远近进行衰减的。（1-coords.y*coordds.y）表示距离屏幕中心越远，UV 偏移量越小，这个偏移量可为正也可为负，由 intensity 相应的分量决定，进而决定图像是以屏幕中心为基点缩小还是放大。再乘以相应的分量 coord.x，保证了这个缩放是和 UV 的正负方向无关的，只和距离远近有关。用 y 分量来决定 x 方向上的偏移量，则保证了一种球面化的效果。UV 扭曲效果如图 26.12 所示。

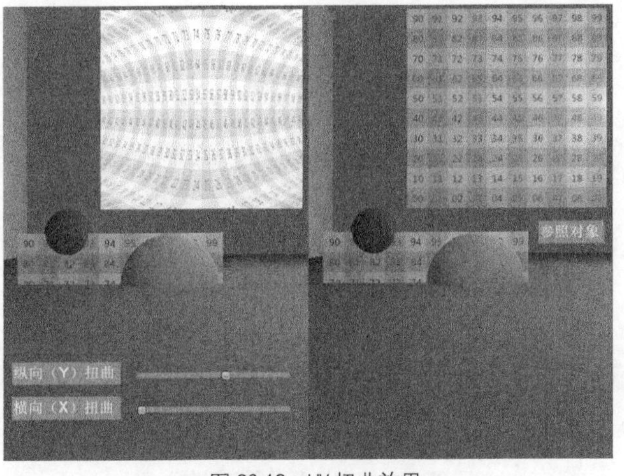

▲图 26.12　UV 扭曲效果

图 26.13 所示的是鱼眼扭曲效果。这是在 Lab_2 中实现的。

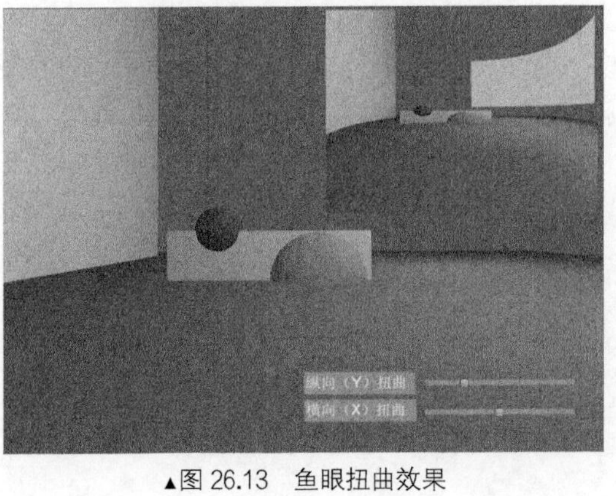

▲图 26.13　鱼眼扭曲效果

26.5.2　限定扭曲的区域

在 Lab_4 场景中使用了一个改进的 FisheyeShader.x.shader。该着色器检测当前点是否位于一个设定的区域内。如果位于，则扭曲它；如果不位于，则保持原像素。该着色器的主要代码如下。

```
half4 frag(v2f i) : COLOR
      {
            half2 coords = i.uv;
            coords = (coords - 0.5) * 2.0;
            float2 intensity=_Intensity.xy;
            half2 realCoordOffs;
            realCoordOffs.x = (1-coords.y * coords.y) * intensity.y * (coords.x);
            realCoordOffs.y = (1-coords.x * coords.x) * intensity.x * (coords.y);
            //判定是否在变形区域内
            float zer1=(i.uv.x-_Region.x)*(_Region.y-i.uv.x)>0?1:0;
            float zer2=(i.uv.y-_Region.z)*(_Region.w-i.uv.y)>0?1:0;
            half4 color = tex2D (_MainTex, i.uv - realCoordOffs*zer1*zer2);
            return color;
      }
```

变形区域是在脚本_MainFishEye_5.cs 中设定的，图 26.14 所示的是应用了区域限制后的效果，比较生硬，用处不大，可以用来制作过场动画。读者可以尝试一个较柔和的渐变过渡效果。

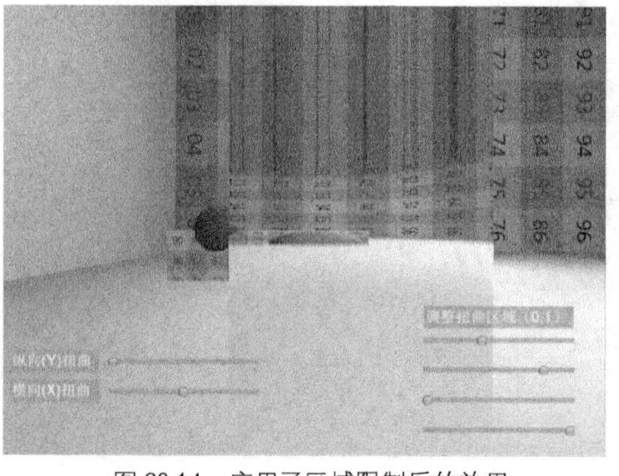

▲图 26.14 应用了区域限制后的效果

26.5.3 使用物体来做遮罩

Lab_6 场景中实现和使用了一个比较有意思的遮罩效果，用一个场景中的物体来产生遮罩，从而区分扭曲和非扭曲区域，这个在实践中可能会比较有意义。打开这个场景，场景里的相机上有一个_ManiFishEye_6.cs 脚本，代码如下。

```
using UnityEngine;
using System.Collections;
public class_ManiFishEye_6 : MonoBehaviour {
public Shader warpShader;
public Shader blitRegionShader;
public Shader objMaskShader;
public Renderer objRD;
private Material warpMat;
private Material regionMat;
public GUISkin skin;
public Rect[] rSlider;
public float[] val;
public Rect[] rLabels;
public string[] labels;
public Rect rectPosx;
public float z;
private Vector3 oriPos;
public RenderTexture tempRT;
public RenderTexture maskRT;
```

```
Camera maskCam;
      void Start () {
            warpMat = newMaterial(warpShader);
            warpMat.hideFlags = HideFlags.DontSave;
            regionMat = newMaterial(blitRegionShader);
            regionMat.hideFlags = HideFlags.DontSave;
            tempRT = newRenderTexture(Screen.width, Screen.height, 16);
            maskRT = newRenderTexture(Screen.width, Screen.height, 16);
            GameObject g = newGameObject("Mask camera");
            maskCam = g.AddComponent<Camera>();
            maskCam.enabled = false;
            oriPos = objRD.transform.position;
      }
void Update()
      {
Vector3 pos=oriPos;
            pos.z+=z;
            objRD.transform.position = pos;//用于移动遮罩物体的代码
      }
void OnGUI()
      {
GUI.skin = skin;
for (int i = 0; i < 2; i++)
            {
                  val[i] = GUI.HorizontalSlider(rSlider[i], val[i], -1, 1);
            }
for (int i = 0; i < labels.Length; i++)
            {
GUI.Label(rLabels[i], labels[i]);
            }
            z = GUI.HorizontalSlider(rectPosx, z, -3, 3);
      }
void OnPreCull()
      {
            objRD.enabled = true;//使其对 maskCam 可见
            maskCam.CopyFrom(camera);
            maskCam.backgroundColor = newColor(0, 0, 0, 0);//背景为黑色
            maskCam.targetTexture = maskRT;//保存渲染结果，也就是产生的遮罩
            maskCam.RenderWithShader(objMaskShader,"myMask");
            maskCam.targetTexture = null;
            objRD.enabled = false;//使其对主相机不可见
      }
void OnRenderImage(RenderTexture src, RenderTexture dst)
      {
float ratio = (src.width * 1.0f) / (Screen.height * 1.0f);
Vector4 v4 = newVector4(val[0] * ratio, val[1], 0, 0);
             warpMat.SetVector("_Intensity", v4);
             regionMat.SetTexture("_MaskTex",maskRT);//设定在 OnPreCull 中生成的 Mask
             regionMat.SetTexture("_OriTex",src);//原始的主相机渲染输出被设置到混合材质中
Graphics.Blit(src, tempRT, warpMat);//产生扭曲图像，保存到 tempRT 中
Graphics.Blit(tempRT, dst, regionMat);//通过遮罩进行混合
      }
}
```

首先，在 OnPreCull 函数中，通过一个相机的 RenderWithShader 方法渲染出一张遮罩并保存到 maskRT 中。然后，在主相机渲染前禁用此遮罩物体。这一步所使用的着色器为 ObjMask.shader，主要设定了一个标签，用于材质替换渲染，代码如下。

```
Shader "Tut/Shader/ImageEffects/ObjMask" {
Subshader {
Tags{"myMask"="obj"}//在材质替代渲染中将会用到的标签
 Pass {
      CGPROGRAM
      #pragma vertex vert
      #pragma fragment frag
      #include "UnityCG.cginc"
      struct v2f {
            float4 pos : POSITION;
```

```
        };
        v2f vert( appdata_img v )
        {
             v2f o;
             o.pos = mul(UNITY_MATRIX_MVP, v.vertex);
             return o;
        }
        half4 frag(v2f i) : COLOR
        {
             return1;//输出白色即可，因为不会渲染没有被替代的物体
        }
         ENDCG
    }
}
Fallback off
}
```

只要将这个材质赋给场景中的物体，然后使用同一着色器就可以在 OnPreCull 中产生完美的黑白遮罩。然后在 OnRenderImage 中进行正常的后期处理，这里所使用的着色器仍然是 FishEyeShader.1.shader。这一步完成之后，扭曲的图像已经生成，将它作为源输入遮罩混合材质中，其中原始图像已经提前输入，因此，这一步完成后就得到经过遮挡后的效果。这个最终的遮罩混合材质是 BlitRegion.shader，代码如下。

```
Shader "Tut/Shader/ImageEffects/BlitRegion" {
     Properties {
          _OriTex("Ori Texture",2D)="white"{}
          _MainTex("Main Texture",2D)="white"{}
          _MaskTex("Mask",2D)="white"{}
     }
Subshader {
 Pass {
     ZTest Always Cull Off ZWrite Off
     Fog { Mode off }
     CGPROGRAM
     #pragma fragmentoption ARB_precision_hint_fastest
     #pragma vertex vert
     #pragma fragment frag
     #include "UnityCG.cginc"
     struct v2f {
          float4 pos : POSITION;
          float2 uv : TEXCOORD0;
     };
     sampler2D _MainTex;
     sampler2D _OriTex;
     sampler2D _MaskTex;
     v2f vert( appdata_img v )
     {
          v2f o;
          o.pos = mul(UNITY_MATRIX_MVP, v.vertex);
          o.uv = v.texcoord.xy;
          return o;
     }
     half4 frag(v2f i) : COLOR
     {
          half mask=tex2D(_MaskTex,i.uv).r;
          returnlerp(tex2D(_OriTex,i.uv),tex2D(_MainTex,i.uv),mask);//整合遮罩的遮挡效应
     }
       ENDCG
  }
}
Fallback off
}
```

该材质很简单，在其中取遮罩的值，作为输出的原始图像和扭曲后图像的参考。图 26.15 所示的是应用这种遮罩后的效果。

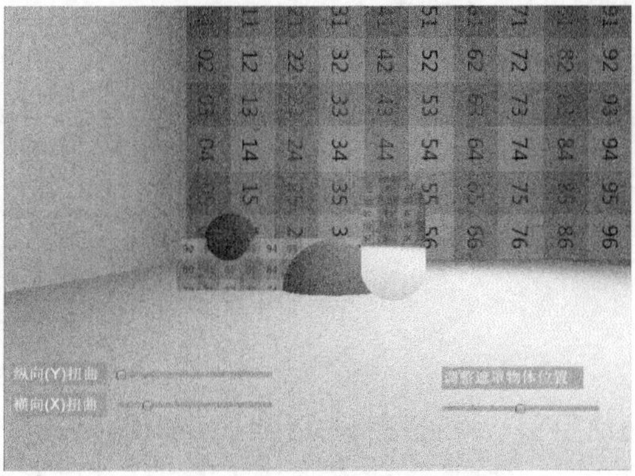

▲图 26.15 应用遮罩后的效果

上述方法的效率较低，读者可以自己尝试在一个 Blit 方法中完成。

26.6 运动模糊

26.6.1 如何记录运动轨迹

对于运动模糊，可以采用一个累积帧，用于把每一次的渲染结果累加到上面。当然，要采用一个权重值，从而使离当前帧近的影像效果更强，然后混合当前帧的渲染结果，并把此结果作为新的累加帧，供下次混合使用。这样，当物体在屏幕上运动的时候，我们就可以看到因为累加前一次影像的结果而产生的运动模糊效果了。

26.6.2 实现运动模糊的材质

打开 MotionBlur 文件夹下的 Lab_1 场景，该场景中的相机使用的运动模糊材质是 MotionBlur_1.shader，具体代码如下。

```
Shader "Tut/Shader/ImageEffects/MotionBlur_1" {
Properties {
    _MainTex ("Base (RGB)", 2D) = "white" {}
    _AccumTex("Accum Tex",2D)=""{}
    _AccumAmt("AccumOrig", Float) = 0.65
}
SubShader {
    ZTest Always Cull Off ZWrite Off
    Fog { Mode off }
    Pass {
        CGPROGRAM
        #pragma vertex vert
        #pragma fragment frag
        #include"UnityCG.cginc"
        struct v2f {
            float4 vertex : POSITION;
            float2 uv : TEXCOORD;
        };
        v2f vert (appdata_base v)
        {
            v2f o;
            o.vertex = mul(UNITY_MATRIX_MVP, v.vertex);
            o.uv =v.texcoord;
            return o;
        }
        sampler2D _MainTex;
        sampler2D _AccumTex;
        float _AccumAmt;
```

```
            half4 frag (v2f i) : COLOR
            {
                half4 acc=tex2D(_AccumTex,i.uv);//累积帧中的影像
                half4 current=tex2D(_MainTex, i.uv);//当前渲染结果
                //进行混合，_AccumAmt 小于 1，从而使离当前帧越远的旧帧的影像影响越小
                acc=acc*_AccumAmt+current*(1-_AccumAmt);
                return acc;
            }
            ENDCG
        }
    }
    Fallback off
    }
```

该着色器中非常清晰地使用了一个累积帧贴图_AccumTex，还有一个代表当前帧渲染结果的_MainTex。在进行最终的混合时，使用了一个值小于 1 的因子，因此混合的结果就是时间越久远的旧帧，在最终的输出中影像因素越小，而对于当前帧的渲染结果，权重因子是恒定的。该操作的结果就会成为新的累积帧，供下一次操作时使用。

26.6.3　用于完成整个过程的脚本

整个过程是在_MotionBlur_1.cs 脚本中完成的，主要代码如下。

```
    void OnRenderImage (RenderTexture src, RenderTexture dst)
    {
        if (accumTexture == null)
        {
        accumTexture = new RenderTexture(src.width, src.height,0);
            accumTexture.hideFlags = HideFlags.HideAndDontSave;
            Graphics.Blit( src, accumTexture );
        mat.SetTexture("_AccumTex", accumTexture);
      }
      RenderTexture temp = RenderTexture.GetTemporary(src.width, src.height);
        blurAmount = Mathf.Clamp( blurAmount, 0.0f, 1f );
      mat.SetFloat("_AccumAmt", blurAmount);

      Graphics.Blit (src, temp, mat);
      Graphics.Blit(temp, dst);
      Graphics.Blit(temp, accumTexture);

      RenderTexture.ReleaseTemporary(temp);
    }
```

脚本中使用了两次 Blit 操作：第一次用于进行混合，并保存操作结果；第二次则用于输出到屏幕上，效果如图 26.16 所示。

▲图 26.16　运动模糊

26.6.4 通过 Alpha 和帧的混合操作实现运动模糊

前面介绍的是一个逻辑过程比较清晰的操作，还有一种逻辑过程比较含蓄、效率比较高的方法，就是使用 GPU 的帧的混合操作，这是 Unity 官方实现中使用的方法。可以打开 Lab_2 场景，这里使用到的着色器是 MotionBlur_2.shader，主要代码如下。

```
Pass {
     Blend SrcAlpha OneMinusSrcAlpha
     ColorMask RGB
     CGPROGRAM
     …
     sampler2D _MainTex;
     float _AccumOrig;
     half4 frag (v2f i) : COLOR
     {
          return half4(tex2D(_MainTex, i.texcoord).rgb, _AccumOrig );
     }
     ENDCG
}
```

该着色器里主要使用了帧的混合操作，累积帧是隐含存在的前一帧。先看一下脚本_MotionBlur_2.cs 的主要代码：

```
void OnRenderImage (RenderTexture src, RenderTexture dst)
     {
          if (accumTexture == null)
          {
               accumTexture = newRenderTexture(src.width, src.height, 0);
               accumTexture.hideFlags = HideFlags.HideAndDontSave;
               Graphics.Blit( src, accumTexture );
          }

          blurAmount = Mathf.Clamp( blurAmount, 0.0f, 1f );
          mat.SetFloat("_AccumOrig", 1.0F-blurAmount);
          //注意下面的 Blit 操作所使用的目标帧
          Graphics.Blit (src, accumTexture, mat);
          Graphics.Blit (accumTexture, dst);
     }
```

在这个脚本中，对于第一次 Blit 操作，也就是使用 MotionBlur_2.shader 进行混合操作时，当前帧的渲染结果是输入，目标是实现累积帧 accumTexture，也就是帧的混合操作：

```
Blend SrcAlpha OneMinusArcAlpha
```

结果实际上是这样的。

```
src*SrcAlpha+accumTexture*OneMinusSrcAlpha
```

这个公式其实就是我们在 Lab_1 场景中所使用的 current*(1-_AccumAmt)+acc*_AccumAmt，两个操作是完全类似的。明白了这个内容，其他内容就很简单了，读者也可实际运行操作，效果是完全相同的。

26.7 噪波

对于噪波，我们需要一张关于噪声的贴图，然后决定噪声的颗粒大小、浓度，以及按照什么方式和原始图像混合。在 Noise 文件夹下，实现了两种混合方式。一种是按照 *Z* 深度混合，也就是物体距相机镜头的远近；另一种是根据光照亮度混合，越暗的地方，噪波越多。

26.7.1　根据 Z 深度来混合噪波

先看 Lab_1 场景，这是一个根据 Z 深度来混合噪波的实际场景，所用到的着色器是 NoiseDepth.shader，代码如下。

```
Shader "Tut/Shader/ImageEffects/NoiseDepth" {
Properties {
     _MainTex ("Base (RGB)", 2D) = "white" {}
     _GrainTex ("Base (RGB)", 2D) = "gray" {}
}
SubShader {
     Pass {
     ZTest Always Cull Off ZWrite Off Fog { Mode off }
     CGPROGRAM
     #pragma vertex vert
     #pragma fragment frag
     #include "UnityCG.cginc"
     struct v2f {
          float4 pos    : POSITION;
          float2 uv    : TEXCOORD0;
          float2 uvg    : TEXCOORD1; // 决定了噪波的细度
     };
     uniform sampler2D _MainTex;
     uniform sampler2D _GrainTex;
     sampler2D _CameraDepthTexture;//利用 Z 深度来混合
     uniform float4 _GrainOffsetScale;
     v2f vert (appdata_img v)
     {
          v2f o;
          o.pos = mul (UNITY_MATRIX_MVP, v.vertex);
          o.uv = MultiplyUV (UNITY_MATRIX_TEXTURE0, v.texcoord);//原始影像
          o.uvg = v.texcoord.xy * _GrainOffsetScale.xy;//噪波
          return o;
     }
     fixed4 frag (v2f i) : COLOR
     {
          fixed4 col = tex2D(_MainTex, i.uv);
          float d=tex2D(_CameraDepthTexture,i.uv).r;
          d=Linear01Depth(d);
          fixed4 grain = tex2D(_GrainTex, i.uvg) * 2 - 1;
          //混合方式主要是混合曲线的构造,下面是比较平缓的二次曲线
          col=col+ lerp(0.1,grain*_GrainOffsetScale.z,(d+1)*d/2);
          return col-0.1;
     }
     ENDCG
     }
}
Fallback off
}
```

这个着色器很直白，主要操作是一个 lerp 线性插值，而决定 lerp 插值效果的又是一个曲线函数。高中数学学得好的读者应该能找准自己所需要的抛物线函数，如果数学不是很好，可以利用数学软件，如 Maple，实际改造抛物线函数，看看它们的曲线。使用这个着色器做后期效果的脚本是 _NoiseEffect_1.cs，这很简单。图 26.17 所示的是原始图像，图 26.18 所示的是根据 Z 深度来混合噪波后的效果。

▲图 26.17　原始场景

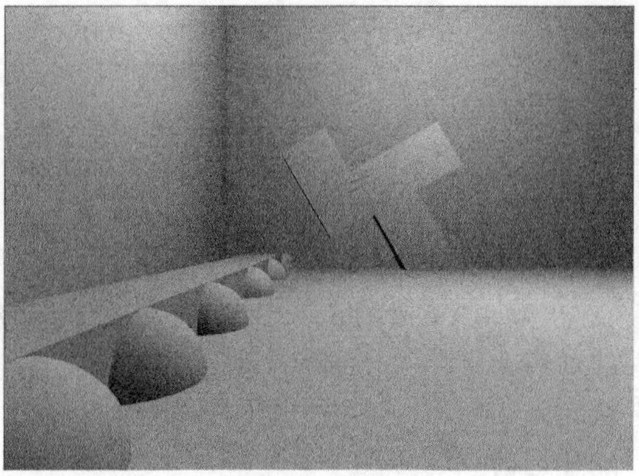

▲图 26.18 添加噪波

26.7.2 根据明暗程度来混合噪波

还有一种混合噪波的方式是根据亮度。打开 Lab_2 场景，这个场景中用到的着色器是 NoiseLit.shader，主要代码如下。

```
uniform sampler2D _MainTex;
uniform sampler2D _GrainTex;
sampler2D _LightBuffer;//用延迟光照中产生的光照强度信息_LightBuffer
fixed4 frag (v2f i) : COLOR
{
      fixed4 col = tex2D(_MainTex, i.uv);
      fixed4 lt=tex2D(_LightBuffer,i.uv);
      float d=length(lt.rgb);//将光照转换为一个表示大小的标量
      fixed4 grain = tex2D(_GrainTex, i.uvg) * 2 - 1;
      col=col+lerp(grain*_GrainOffsetScale.z,0,(d+1)*d/2);//混合操作
      return col;
}
```

在这个着色器中，我们利用了在延迟光照中计算出的存储了光照信息的_LightBuffer，将其作为分布噪波的参考标准。图 26.19 所示的是应用了此效果后的场景，在光线变暗的地方，噪波增加。

▲图 26.19 场景效果

26.8 色彩的溢出

想必做过效果图或者影视动画的读者一定对全局光照印象深刻，不过要想在游戏中实现实时 GI 是不可能的，或者说目前还没有具有普遍适用性的实时 GI 方案。虽然在一些 PC 平台上，基于

强大 GPU 的 DX11 实现已有实时 GI 的解决方案，但是本节将会讲解一个在后期效果中实现色彩溢出的方案，而色彩溢出是 GI 有强大表现力的一个重要原因。

本节用到的文件和场景，都可以工程文件下的 Assets/Shader/Color Spill 目录中找到。

26.8.1　色彩溢出的算法考量

首先，距离必然会成为一个因素。采样点距离某一点越远，对某一点的影响越小。

其次，就像漫反射的计算一样，如果把采样点当作只有一个像素的光源，那么它对某一点的影响必然和光源的方向与面的法线方向相关。这里将以采样点的法线作为光源的方向，而仍然使用当前点的法线，然后像普通的漫反射那样计算它们的点积。

最后，还必须考虑采样点和当前点的 *Z* 深度的差值。

26.8.2　实现色彩溢出的采样计算

此时基于以上 3 种因素，计算一个采样点对当前点影响的着色器函数如下。

```
float4 SamPoint(float2 uv,float2 dir,int s,float atten,float3 pN,float pD,float4 pc)
    {
        float4 samC=0;
        //采样点的偏移步幅，以 1 像素为单位
        float2 off=dir*float2(_MainTex_TexelSize.x,_MainTex_TexelSize.y)*(s+1)*4;
        //采样点的颜色
        samC=tex2D(_MainTex,uv+off);
        //对采样点应用基于距离的衰减因数，使采样点越远，对当前点的影响越小
        samC=samC*atten;
        //取得采样点的 Z 深度和法线
        float samD=0;
        float3 samN=0;
        float4 enc=tex2D(_CameraDepthNormalsTexture,uv+off);
        DecodeDepthNormal(enc,samD,samN);
    //基于采样点的法线和当前点的法线计算点积，用来衡量采样点对当前点的影响程度
        float diff=1-dot(pN,samN);
        //计算采样点和当前点的 Z 深度值的差
        float take=pD-samD;
        float dx=abs(take)*3.15;

        dx=cos(dx)+1;
        dx=smoothstep(0,2,dx)/2;
        //只有当采样点位于当前点的前面时，才会对当前点产生影响
        dx=dx*step(0,-take);
    //计算最终对被采样点的影响
        samC=samC*diff*dx;
        return samC;
    }
```

在 Lab_1 文件夹下的着色器中，进行了 4 个方向的采样，对每一个方向采样了 16 个点，然后利用上面这个函数来计算每一个采样点对当前点的影响。此着色器中用于计算采样和最终色彩溢出的代码如下。

```
half4 frag (v2f i) : COLOR {
        float4 pc=tex2D (_MainTex, i.uv);
        float D=0;
        float3 N=0;
        //解出当前点的法线和 Z 深度
        float4 enc=tex2D(_CameraDepthNormalsTexture,i.uv);
        DecodeDepthNormal(enc,D,N);
        half4 cL = float4 (0,0,0,0);
        half4 cR = float4 (0,0,0,0);
        half4 cT = float4 (0,0,0,0);
        half4 cD = float4 (0,0,0,0);
        //对不同的方向进行 16 次采样
```

```
        for(int s=0;s<16;s++)
        {
        float atten=GetAtten(s,16);
        cL+=SamPoint(i.uv,N.xy*float2(0.7,1),s,atten,N,D,pc);
        cR+=SamPoint(i.uv,N.xy*float2(1.3,1),s,atten,N,D,pc);
        cT+=SamPoint(i.uv,N.xy*float2(1,1.3),s,atten,N,D,pc);
        cD+=SamPoint(i.uv,N.xy*float2(1,0.7),s,atten,N,D,pc);
        }
        cL=cL/12;
        cR=cR/12;
        cT=cT/12;
        cD=cD/12;
        //计算平均值
        float4 c=cL+cR+cT+cD;
        c=c/2;
        return c;
    }
```

在此文件夹下的场景中，使用此着色器进行后期处理，以演示此着色器的能效，图 26.20 所示的是原始场景，图 26.21 展示了此着色器的计算能效。可以看到，不同于普通的模糊操作效果，该着色器完全展现了采样点不同的方向以及距离和 *Z* 深度的差异对周围像素的影响能力。

▲图 26.20　原始场景

▲图 26.21　该着色器的计算能效

在 Lab_2 文件夹下的场景里，进一步利用上面那种方式，将它与原始渲染图像进行混合，从而在最终的渲染输出中展示了一种类似全局光照中色彩溢出的效果，如图 26.22 所示。

▲图 26.22　混合之后的效果

第 27 章　投影

投影有严格的数学定义，不过本章只讲解在制作游戏时会使用到的各种应用实例。

本章用到的文件和场景，都可以在工程文件下的 Assets/Projection 目录中找到。

27.1 Unity 的 Projector

Projector 是 Unity 自带的一个组件，可以用来实现角色阴影、光环或者自定义的光效。Projector 有一个应用材质属性。打开 Projector/Lab_1 文件夹下的 Lab_1 场景，如图 27.1 所示。

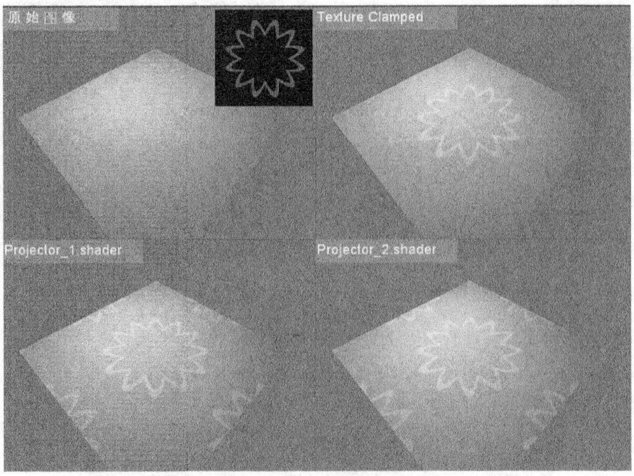

▲图 27.1　Lad_1 场景的结构

27.1.1　Projector 中材质的执行顺序

Unity 中与 Projector 材质相关的通道是在物体本身的材质执行完毕之后，又作为最后的通道执行一次的。此时，除了物体相关的顶点信息外，无法在 Projector 的材质中得到有关物体的其他信息。

27.1.2　如何写 Projector 使用的材质

对于图 27.1 右上角的景象，其 Texture 的 Wrap Mode 为 Clamp，而下面两个 Projector 的材质均为 repeat。左下角的 Projector 所使用的 Projector_1.shader 的代码如下。

```
Shader "Tut/Project/Projector_1" {
    Properties {
        _MainTex ("Cookie", 2D) = "" { TexGen ObjectLinear }
    }
    Subshader {
```

```
        Pass {
            ZWrite off
            Blend DstColor One//照亮的混合模式
            SetTexture [_MainTex] {
                combine texture
                Matrix [_Projector]
            }
        }
    }
}
```

这是一个固定流水线的着色器，特别之处就在于 Matrix[_Projector]这行代码。如果转换成顶点+片段的格式，也就是 Projector_2.shader，读者就会明白了。其主要的代码如下。

```
sampler2D _MainTex;
float4x4 _Projector;
struct v2f {
    float4 pos:SV_POSITION;
    float4 texc:TEXCOORD0;
};
v2f vert(appdata_base v)
{
    v2f o;
    o.pos=mul(UNITY_MATRIX_MVP,v.vertex);
    o.texc=mul(_Projector,v.vertex);
    return o;
}
float4 frag(v2f i):COLOR
{
    float4 c=tex2Dproj(_MainTex,i.texc);
    return c;
}
```

_Projector 矩阵用来在 vertex 函数中构造投影坐标，这是一个和材质具体所属的 Projector 相关的矩阵。和 MVP 的不同之处在于，其中的 ***V*** 是到 Projector 空间的相关矩阵，即 Projector 所属的 Transform 的 worldToLocalMatrix 属性。另外，矩阵 ***P*** 也和其远近剪切平面的属性相关，而不是和相机的属性相关。

27.1.3 控制投影淡进淡出的矩阵

除_Projector 之外，还有一个矩阵_ProjectorClip，这个矩阵有什么作用呢？打开 Projector/Lab_2 文件夹下的场景，场景中物体的位置关系如图 27.2 所示。一般来说，这时不应该再投影到平面上，但在 Unity 中并非如此。图 27.3 左上角是 Projector_2x.shader 的效果，而左下角则是 Projector_3.shader 的效果。该着色器对投影的方向做了判断，主要代码如下。

▲图 27.2 物体的位置关系

```
float4 frag(vertOut i):COLOR
{
    float4 c=tex2Dproj(_MainTex,i.texc);
    return c*step(0,i.texc.w);//对投影的方向做出判断
}
```

我们消除了在 Projector 反方向的投影。

也许读者对_ProjectorClip 矩阵寄予厚望，但事实上，这个矩阵只用来把一个一维贴图按照 Projector 投影的方向进行投射，如图 27.3 的右下角所示。该着色器的主要代码如下。

```
sampler2D _MainTex;
float4x4 _ProjectorClip;
```

```
struct v2f {
     float4 pos:SV_POSITION;
     float4 texc:TEXCOORD0;
};
v2f vert(appdata_base v)
{
     v2f o;
     o.pos=mul(UNITY_MATRIX_MVP,v.vertex);
     o.texc=mul(_ProjectorClip,v.vertex);
     return o;
}
float4 frag(v2f i):COLOR
{
     float4 c=tex2Dproj(_MainTex,i.texc);
     return c;
}
```

该矩阵的用法和_Projector 相同，但是结果显然不一样，该矩阵会把一个一维贴图展示在 Projector 的远近剪切平面之间，一般用来实现淡进淡出效果。Projector_5.shader 就是用这个矩阵来实现淡进淡出效果的，如图 27.3 右上角所示。

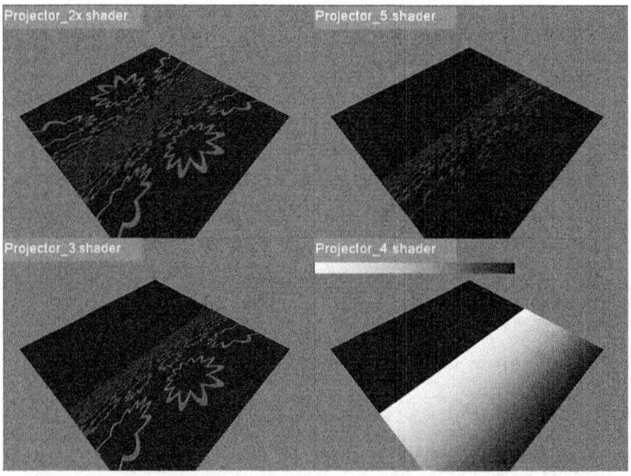

▲图 27.3　不同的投影效果

27.2 实现自己的投影

27.2.1　设定投影矩阵的脚本

如果想自己实现一个投影效果，只需要设定一个投影矩阵，其他矩阵可以从相关的 Transform 属性得到。打开目录 Lab_1 下的场景，这里有一个脚本，用来设定一个投影矩阵，投影矩阵的样子是固定的，只在该脚本中设定需要的参数。设定投影矩阵的主要函数的代码如下。

```
void Awake () {
     correction = Matrix4x4.identity;
     correction.SetColumn(3,newVector4(0.5f,0.5f,0.5f,1f));
     correction.m00 = 0.5f;
     correction.m11 = 0.5f;
     correction.m22 = 0.5f;

     aspect=projCamera.aspect;//简单点，使用和相机一样的 aspect
}
void Proj()
{//下面就是设定投影矩阵所必需的关键数据
     world2ProjView = projector.worldToLocalMatrix;//这是到投影物体空间的矩阵
     d = 1f / Mathf.Tan(fov / 2f);
```

```
        projM.m00 = d / aspect;
        projM.m11 = d;
        projM.m22 = (n + f) / (n - f);//n 是近剪切平面，f 是远剪切平面
        projM.m23 = 2f * n * f / (n - f);
        projM.m32 = 1f;
        projM.m33 = 0;//这是一个对角矩阵

        cm = correction * projM * world2ProjView;
        Shader.SetGlobalMatrix("projM2", cm);
    }
```

投影矩阵会将视锥体（想象一下金字塔）转换为一个长方体，从而使离近剪切平面近的物体更大，离近剪切平面远的物体更小。所有这一切都可以通过相似三角形推导。

27.2.2　采样投影的材质

使用这个自定义投影矩阵的着色器的代码如下。

```
Shader "Tut/Project/ProjS_1" {
    Properties {
        _MainTex ("Base (RGB)", 2D) = "white" {}
    }
    SubShader {
        Pass{
        Tags {"LightMode"="ForwardBase"}//使用固定流水线占个位置
        Material{Diffuse(0,0,0,1)    }
        }
        Pass{
        Tags {"LightMode"="ForwardAdd"}
        Blend One One
        CGPROGRAM
        #pragma vertex vert
        #pragma fragment frag
        #include "UnityCG.cginc"
        sampler2D _MainTex;
        float4x4 projM2;//这就是在脚本中设定的投影矩阵，准确地说是 MVP 中的 VP
        struct v2f {
            float4 pos:SV_POSITION;
            float4 texc:TEXCOORD0;
            float vc:TEXCOORD1;
        };
        v2f vert(appdata_base v)
        {
            float4x4 proj;
            proj=mul(projM2,_Object2World);//先把 MVP 中的从物体空间到世界坐标的 M 补上
            v2f o;
            o.pos=mul(UNITY_MATRIX_MVP,v.vertex);
            o.texc=mul(proj,v.vertex);//将顶点转换到投影空间
            float3 litDir=ObjSpaceLightDir(v.vertex);//计算一个光源，使场景不过于苍白
            o.vc=max(0,dot(v.normal,normalize(litDir)));
            return o;
        }
        float4 frag(v2f i):COLOR
        {
            float4 c=tex2Dproj(_MainTex,i.texc);//取投影的结果
            return c*i.vc;//叠加光照
        }
        ENDCG
        }
    }
}
```

图 27.4（a）所示的是在此场景中从第三视角相机的角度观察到的情形，而图 27.4（b）所示的是投影点观察到的情形。

(a)

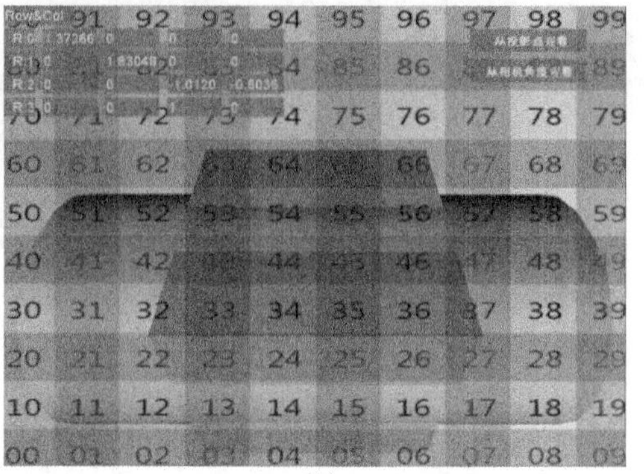
(b)

▲图 27.4　不同视角下的投影

27.2.3　直接投影到屏幕上

如果只想把一张图投影到屏幕上，然后以物体在屏幕上的投影作为坐标来读取贴图，可以直接在着色器中完成，而不需要脚本来帮忙。打开 Lab_2 文件夹下的 Lab_2 场景并投影到屏幕上，如图 27.5 所示。

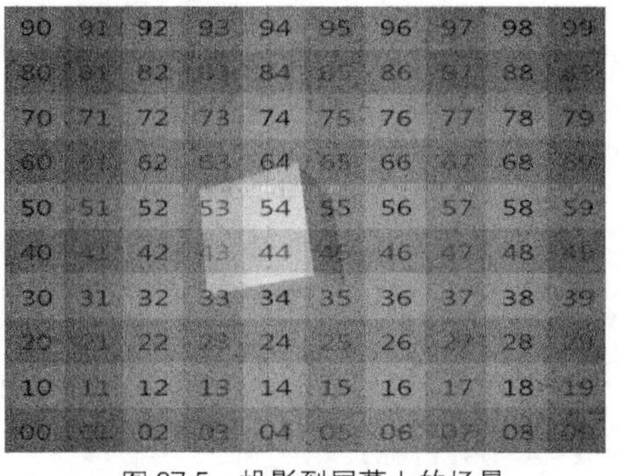

▲图 27.5　投影到屏幕上的场景

Cube 的材质是 Projs_2.shader，其主要代码如下。

```
Pass{
…
            sampler2D _MainTex;
            struct v2f {
                 float4 pos:SV_POSITION;
                 float4 texc:TEXCOORD0;
                 float vc:TEXCOORD1;
            };
            v2f vert(appdata_base v)
            {
                 v2f o;
                 o.pos=mul(UNITY_MATRIX_MVP,v.vertex);
                 o.texc=ComputeScreenPos(o.pos);//计算输出点的屏幕位置
                 float3 litDir=ObjSpaceLightDir(v.vertex);
                 o.vc=max(0,dot(v.normal,normalize(litDir)));
                 return o;
            }
            float4 frag(v2f i):COLOR
            {
                 float4 c=tex2Dproj(_MainTex,UNITY_PROJ_COORD(i.texc));//使用屏幕位置来取值
                 return c*i.vc;
            }
            ENDCG
            }//endPass
```

第 28 章　分割一个物体

在很多打斗游戏中，经常能看到物体被撕碎或者打破的效果，这种效果比较直观，可以通过分割一个网格来实现，即在原来网格的基础上，再算出一个新的网格。本章将介绍一种通过着色器分割一个物体的方法。

本章用到的文件和场景，都可以在工程文件下的 Assets/Shader/ClipObj 目录中找到。

28.1 分割一个物体的思路

28.1.1　我们需要什么样的信息

首先，分割一个物体，需要知道刀刃的碰触点和方向，这样就能确定一个剪切平面了。

其次，需要用两个通道来渲染物体，这两个通道用同样的平面和方式剪切。

最后，需要构造一个平面，用来缝补被剪切的物体中出现的空洞。这个平面的法线应该沿剪切平面的方向，物体的正面正常渲染，物体的背面用于构成剪切之后填补的洞面。

28.1.2　脚本的帮助

需要脚本来传递剪切的信息、方向和位置，这是在 ClipObj.cs 中实现的，主要代码如下。

```
void Update () {
     Vector3 cpos = clipObj.position;
     Vector4 cnor = clipObj.up;
     //第 4 个元素为 1，而不是 0，可确保平移
     mat.SetVector ("cPos",new Vector4(cpos.x,cpos.y,cpos.z,1) );
     mat.SetVector ("cNormal",new Vector4(cnor.x,cnor.y,cnor.z,0) );
     }
```

28.2 在着色器中剪切一个物体

对物体的剪切是在 ClipObj.shader 中实现的。这个着色器有两个通道。第一个通道为 Cull Front，在第一个 veterx 函数中，使用剪切方向和顶点法线。计算了剪切出来的洞口平面的光照，将剪切点的位置与方向变换到物体的模型空间内，这是为了方便下一步的计算。

然后在 fragment 函数中，对每一个像素点确定剪切点到像素点的方向，并计算这个方向和剪切方向的矢量的点积。如果点积小于 0，就丢弃掉。

在第二个 Cull Back 的通道中使用和第一个通道相同的剪切，使用正常的光照计算。第一个补洞口的通道的主要代码如下。

```
v2f vert(appdata_full i)
        {
              v2f o;
```

```
        o.pos=mul(UNITY_MATRIX_MVP,i.vertex);
        float3 ld=ObjSpaceLightDir(i.vertex);
        ld=normalize(ld);
        //对于填补的洞口，使用剪切方向作为法线的方向，计算光照
        o.vc=max(0,dot(cNormal.xyz,ld));
        o.px=i.vertex;

        o.cp=mul(_World2Object,cPos).xyz;
        o.cn=mul(_World2Object,cNormal).xyz;

        return o;
}

float4 frag(v2f i):COLOR
{
        float3 dir=i.cp-i.px;
        float c=dot(dir,i.cn);
        clip(c);

        return float4(i.vc,i.vc,i.vc,0);
}
```

图 28.1 所示的是运行时的剪切效果。

当然，在大多数情况下，需要给这个洞面生成一个 UV，在 Lab_2 文件夹下的着色器中，简单给切割出来的洞面生成了一个 UV 坐标。图 28.2 所示的是对洞口应用贴图后的效果。

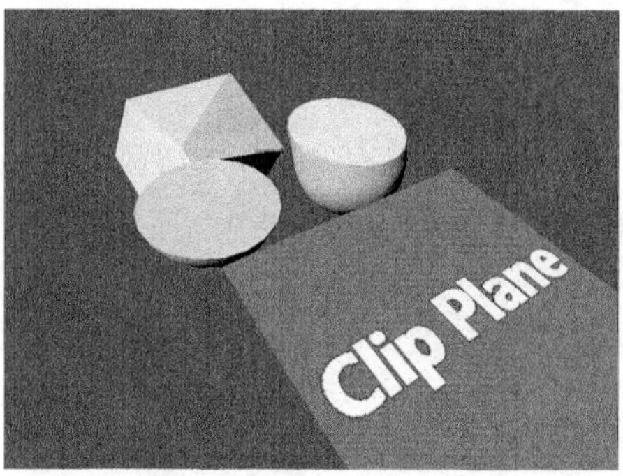

▲图 28.1　运行时的剪切效果

▲图 28.2　对洞口应用贴图后的效果

第 5 篇

着色器的组织和优化

第 29 章　着色器的组织和复用

本章讲解如何组织着色器，复用你为着色器写的代码，从而能够高效地开发着色器。

本章用到的文件和场景，都可以在工程文件下的 Assets/Organize_Optimize/Organize 目录找到中。

29.1 cginc 文件

29.1.1 Unity 的 UnityCG.cginc 文件

在前面的章节中，经常使用#include 指令包含 UnityCG.cginc。这个文件中包含了 Unity 预定义的大量结构和函数，通过#include 指令可以复用这些结构和函数，而不必每一次都重新定义它们。

29.1.2 定义自己的 cginc 文件

读者可以定义自己的 cginc 文件，然后用#include 指令包含该文件，实现着色器代码的复用。虽然包含了整个 cginc 文件，但是不必担心，Unity 只会在实际代码中包含被用到的 cginc 文件中的那部分代码。下面是一个完整的例子，在 cginc 文件夹下面。首先请看自定义的 MyFuncs.cginc 文件，代码如下。

```
struct MyLightingInfo{//一个结构
      float3 vNormal;
      float4 lightDir;
      float4 lightColor;
};
float4 DoLightDir_Atten(float4 lightPos,float4 worldSpaceVertex)
{//判断灯光是平行光还是点光源，并计算对应的衰减
      float4 lightDir=float4(0,0,0,0);
      if(lightPos.w==0)//如果为平行光
      {
            lightDir.xyz=lightPos;
            lightDir.w=1.0;//平行光的衰减为 1.0
      }else//Point/Spot//如果为点光源
      {
            lightDir.xyz=(lightPos-worldSpaceVertex).xyz;
            lightDir.w=1/(1+length(lightDir.xyz));//点光源的衰减
            lightDir.xyz=normalize(lightDir.xyz);
      }
      return lightDir;
}
float4 DoMyLighting(MyLightingInfo info)
{     //计算灯光的照明
       float diff=max(0,dot(info.vNormal,info.lightDir.xyz));
       float4 c=info.lightColor*diff*info.lightDir.a;
       return c;
}
```

在 MyFuncs.cginc 文件中，首先定义了一个结构 MyLightingInfo，然后是一个判断光源类型并计算相应衰减的函数 DoLightDir_Atten，最后还有一个函数 DoMyLighting（使用了我们刚定义的结构）。

29.1.3 使用自定义的 cginc 文件

在同一文件夹下的 Use_MyFuncs.shader 中，使用了这个自定义的 cginc 文件，完整代码如下。

```
    Shader "Tut/Organize/Use_MyFuncs" {
    Properties {
        _MainTex ("Base (RGB)", 2D) = "white" {}
    }
    SubShader {
        Tags { "RenderType"="Opaque" }
    Pass{
        Tags{ "LightMode"="ForwardBase"}
        CGPROGRAM
        #pragma vertex vert
        #pragma fragment frag
        #include "UnityCG.cginc"
        #include "MyFuncs.cginc"
        float4 _LightColor0;
        struct vertOut{
            float4 pos:SV_POSITION;
            float4 color:COLOR;
        };
        vertOut vert(appdata_base v)
        {
            float3 n=(mul(float4(v.normal,0.0),_World2Object)).xyz;
            n=normalize(n);
            float4 lightDir;
            float4 diffColor=float4(0,0,0,0);
            float4 worldSpaceVertex=mul(_Object2World,v.vertex);
            float4 myLightPos=_WorldSpaceLightPos0;
            //使用自定义的 MyFuncs.cginc 函数来计算光源方向以及灯光的衰减
            myLightPos=DoLightDir_Atten(myLightPos,worldSpaceVertex);
            //使用在 MyFuncs.cginc 中定义的结构并初始化
            MyLightingInfo info;
            info.vNormal=n;
            info.lightDir=myLightPos;
            info.lightColor=_LightColor0;
            //使用在 MyFuncs.cginc 中定义的计算光照的函数
            diffColor=DoMyLighting(info);
            vertOut o;
            o.pos=mul(UNITY_MATRIX_MVP,v.vertex);
            o.color=diffColor;
            return o;
        }
        float4 frag(vertOut i):COLOR
        {
            return i.color;
        }
        ENDCG
        }
    }
    FallBack "Diffuse"
}
```

29.2 通过 UsePass 来复用通道

29.2.1 定义自己要复用的通道

如果下载过 Unity 内置的着色器源码，就应该发现 Unity 其实经常使用 UsePass 来复用整个通道。当然，读者也可以使用 UsePass 来引用一个完整路径下的着色器代码。在 UsePass/Passes 文件夹下定义一个名为 Passes.shader 的着色器，其中包含了多个命名的通道，代码如下。

```
Shader "Tut/Organize/UsePass/MyPasses" {
    Properties {
        _MainTex ("Base (RGB)", 2D) = "white" {}
    }
    SubShader {
        Tags { "RenderType"="Opaque" }
        LOD 200
        Pass{
        Name "RED"//命名此通道，以便从外部引用
        CGPROGRAM
        #pragma vertex vert
        #pragma fragment frag
        #include "UnityCG.cginc"
        struct vertOut{
            float4 pos:SV_POSITION;
        };
        vertOut vert(appdata_base v)
        {
            vertOut o;
            o.pos=mul(UNITY_MATRIX_MVP,v.vertex);
            return o;
        }
        float4 frag(vertOut i):COLOR
        {
            return float4(1,0,0,0);//简单地输出红色
        }
        ENDCG
        }
        Pass{
        Name "GREEN"
        …
        float4 frag(vertOut i):COLOR
        {
            return float4(0,1,0,0); //简单地输出绿色
        }
        …
        }
        Pass{
        Name "BLUE"
        …
        float4 frag(vertOut i):COLOR
        {
            return float4(0,0,1,0); //简单地输出蓝色
        }
        …
        }
    }
    FallBack "Diffuse"
}
```

我们定义了 3 个简单的通道，分别为 RED、GREEN 和 BLUE。注意，这 3 个通道的名字都是大写的，这是因为在 Unity 引擎的内部，所有的通道名都是大写的，需要读者特别注意。

29.2.2　复用这些通道

复用这 3 个通道。下面是其中的一个着色器。

```
    Shader "Tut/Organize/UsePass/UseRED" {
    SubShader {
        UsePass "Tut/Organize/UsePass/MyPasses/RED"
    }
}
```

29.3 定义着色器的关键字

29.3.1 使用关键字改变着色器的行为

看过前面章节或者打开 UnityCG.cginc 的读者一定对 Unity 预定义的许多键字印象深刻。读者也可以定义着色器的关键字，并使用它们来组织着色器的框架，让它们可以在不同的平台上实现预期的效果。在 Unity 4.x 版本中，整个工程中着色器的关键字最多不能超过 64 个（包括 Unity 自己内置的关键字），在 Unity 5.0 版本中，关键字的数量会增加到 128 个。

29.3.2 自定义着色器的关键字

首先定义着色器的关键字，在 KeyWords 文件夹下有 3 个着色器，代码分别如下。

```
Shader "Tut/Organize/KeyWords/KeyWord_1" {
     SubShader {
          …
          Pass{
          CGPROGRAM
          #define MY_Condition_1//定义了一个关键字 My_Condition_1
          #pragma vertex vert
          #pragma fragment frag
          #include "UnityCG.cginc"
          struct vertOut{
               float4 pos:SV_POSITION;
          };
          …
          float4 frag(vertOut i):COLOR
          {
               float4 c=float4(0,0,0,0);
               #if defined(MY_Condition_1)//检测此关键字是否被定义，并执行不同的运算
               c=float4(1,0,0,0);
               #endif
               return c;
          }
          ENDCG
          }
     }
//////////////////////////////////////////////////
Shader "Tut/Organize/KeyWords/KeyWord_2" {
     …
          #define MY_Condition_2//定义了一个关键字 My_Condition_2
     …
          float4 frag(vertOut i):COLOR
          {
               float4 c=float4(0,0,0,0);
               #ifdef MY_Condition_2//另一种检测关键字的方法
               c=float4(0,1,0,0);
               #endif
               return c;
          }
     …
     }
/////////////////////////////////////////////////////////
Shader "Tut/Organize/KeyWords/KeyWord_3" {
     …
          #define MY_Condition_3 //定义了一个关键字 My_Condition_3
          …
          float4 frag(vertOut i):COLOR
          {
               float4 c=float4(0,0,0,0);
               #ifndef MY_Condition_3 //检测此关键字是否被定义
               c=float4(0,0,1,0);
               #endif
```

```
                return c;
            }
            …
            }
```

在这 3 个着色器中，分别定义了 3 个关键字 My_Condition_1、My_Condition_2 和 My_Condition_3，然后分别用不同的方式检测这 3 个关键字是否被定义，从而改变着色器的行为。但是，这样做仍然是静态的，只会在着色器编译时起作用。如果想在运行时通过关键字改变着色器的行为，该如何操作呢？

29.4 使用 multi_compile 编译着色器的多个版本

29.4.1 使用 multi_compile 实现多次编译

Unity 为我们提供了 multi_compile 选项，让 Unity 针对不同的定义条件或关键字编译多次。然后在运行时，在脚本中开启或者关闭关键字，从而使用着色器不同条件下的代码版本。下面是这种着色器的一个例子。

```
Pass{
        CGPROGRAM
        #pragma vertex vert
        #pragma fragment frag
        #pragma multi_compile MY_multi_1 MY_multi_2 //告诉 Unity 编译两个不同版本的着色器
        #include "UnityCG.cginc"
        struct vertOut{
            float4 pos:SV_POSITION;
        };
        vertOut vert(appdata_base v)
        {
            vertOut o;
            o.pos=mul(UNITY_MATRIX_MVP,v.vertex);
            return o;
        }
        float4 frag(vertOut i):COLOR
        {
            float4 c=float4(0,0,0,0);
            #ifdef MY_multi_1//针对条件 MY_multi_1 的编译
            c=float4(0,1,0,0);//输出绿色
            #endif
            #ifdef MY_multi_2//针对条件 MY_multi_2 的编译
            c=float4(0,0,1,0);//输出蓝色
            #endif
            return c;
        }
        ENDCG
        }
```

29.4.2 在脚本中选择着色器的版本

当使用 multi_compile 编译出着色器的多个版本之后，就可以在脚本中通过着色器的类函数来启用或者关闭全局的关键字，从而实现着色器的版本选择。使用 multi_compile 似乎可以动态选择着色器版本，但是该方法是以着色器的冗余副本为代价的。比如，有两个 multi_compile A B C、multi_compile D E，会实际产生（A+D,A+E,B+D,B+E,C+D,C+E）6 个着色器的版本，因此，使用 multi_compile 来实现动态的着色器选择是有代价的，要慎用。这个演示是在 Organize/KeyWords/Multi_Compile 文件夹下的 Multi_Compile 脚本中完成的，关键代码如下。

```
if (flip1)
            {
```

```
Shader.EnableKeyword("MY_multi_1");
Shader.DisableKeyword("MY_multi_2");
                                }
else
                                {
Shader.EnableKeyword("MY_multi_2");
Shader.DisableKeyword("MY_multi_1");
                                }
```

29.4.3 使用自定义的材质编辑器

除了在脚本中选择着色器的版本外，还可以通过扩展 MaterialEditor 实现静态的选择。首先在 Assets/Editor 文件夹下定义一个扩展了 MaterialEditor 的类 ExamEditor_2，在这个类中重写 OnInspectorGUI 方法，代码如下。

```
public override void OnInspectorGUI ()
      {
            base.OnInspectorGUI ();
            if (!isVisible)
                  return;
            Material targetMat = target as Material;
            string [] keyWords = targetMat.shaderKeywords;
            bool switon = keyWords.Contains ("MY_multi_1");

            EditorGUI.BeginChangeCheck ();
            switon = EditorGUILayout.Toggle ("MY_multi_1",switon);
            if(EditorGUI.EndChangeCheck())
            {
                  var keys=new List<string>{switon?"MY_multi_1":"MY_multi_2"};
                  targetMat.shaderKeywords=keys.ToArray();
                  EditorUtility.SetDirty(targetMat);
            }
      }
```

自定义的材质编辑器如下。

```
Shader "Tut/Organize/KeyWords/Multi_Compile" {
      ……
      SubShader {
            ……
      }
      CustomEditor "ExamEditor_2"
}
```

完成上述程序后就可以在自定义的材质编辑器中使用复选框来切换选项了，如图 29.1 所示。

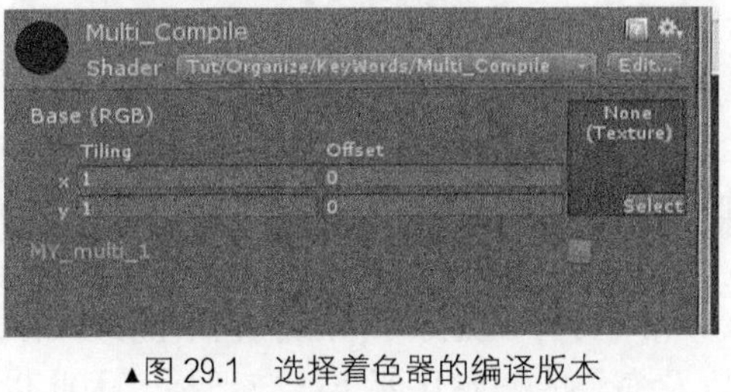

▲图 29.1 选择着色器的编译版本

29.4.4 MaterialEditor

Unity 提供了丰富的类和接口，使我们能扩展 Unity 的编辑器功能。对于材质编辑，Unity 也提供了相关的类。MaterialEditor 就是这样的一个编辑器类，可以像扩展普通的编辑器类一样集成、重写 MaterialEditor 中的方法，实现需要的逻辑，但是必须将它像其他编辑器类一样放到 Editorw

文件夹下才能使它生效。

集成和扩展 MaterialEditor 只是第 1 步，第 2 步是在着色器中指定到扩展的子类，才可使它生效。

首先扩展 MaterialEditor 的一个子类。在 Editor 文件夹下的 ExamEditor_1，主要重写了其 OnInspectorGUI 方法，获取当前材质编辑器中材质的一个 range 类型的浮点数、一个整数，并将其值展示出来。

```
public override void OnInspectorGUI ()
    {
        base.OnInspectorGUI ();
        if (!isVisible)
            return;
        Material targetMat = target as Material;//我们正在编辑的材质
        Shader shader = targetMat.shader;
        //第二个材质属性
        string label1 = ShaderUtil.GetPropertyDescription(shader, 1);
        string propertyName1 = ShaderUtil.GetPropertyName(shader, 1);
        float val1 = targetMat.GetFloat (propertyName1);
        //第三个材质属性
        string label2 = ShaderUtil.GetPropertyDescription(shader, 2);
        string propertyName2 = ShaderUtil.GetPropertyName(shader, 2);
        int val2 = targetMat.GetInt (propertyName2);
        //第一个浮点值的展示
        EditorGUILayout.LabelField(label1+"/"+propertyName1," "+val1);
        //第二个整数的展示
        EditorGUILayout.LabelField(label2+"/"+propertyName2," "+val2);
        EditorGUI.BeginChangeCheck ();
        if(EditorGUI.EndChangeCheck())          {
            EditorUtility.SetDirty(targetMat);
        }
    }
```

创建完这样一个编辑器类之后，我们还需要在着色器中指定这个编辑器类，就像我们刚才所做的那样。图 29.2 所示是这样一个自定义材质在编辑器中的显示方式。

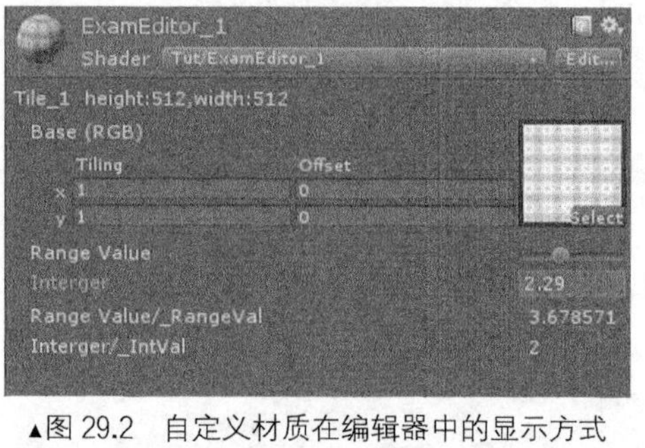

▲图 29.2　自定义材质在编辑器中的显示方式

29.5 Unity 对 DX11 支持所带来的问题

Unity 目前的最新版本是 4.x 系列，该版本和之前版本的最大不同在于增加了对 DX11 的支持。但是，DX11 对于语法以及变量的初始化要求比较严格，因此以前的着色器如果没有做好初始化工作，在 Unity 4.x 版本中就会出现警告。下面列出读者很可能会遇到的 DX11 下的初始化问题和解决办法。

首先，在 DX11 中不能使用未初始化的变量。运行如下代码将会报错。

```
struct v2f {
        float4 pos:SV_POSITION;
```

```
        float3 c:TEXCOORD1;
    };
    v2f vert (appdata_full v) {
        v2f o;
        o.pos=mul(UNITY_MATRIX_MVP,v.vertex);
        o.c.x=o.pos.y;
        o.c.y=o.pos.y/o.pos.w;
        return o;
    }
```

应进行如下所示的初始化。

```
o.c=float3(0,0,0);
```

或者也可以像下面这样初始化变量。

```
o.c.x=o.pos.y;
o.c.y=o.pos.y/o.pos.w;
o.c.z=0;
```

其次，不要使用 float3(float4)把一个四元数转换成三元数，要使用 float4.xyz 这样的实现方法。使用 float3x3 将一个 4 行 4 列的矩阵转换成 3 行 3 列的矩阵也是不对的，应该先将三元数变成四元数，做完矩阵运算后再将它转换成三元数。

第 30 章　基本的渲染概念

本章和下一章讲解渲染和优化方面的内容，这些知识既有对前面几章知识的总结，也有很多基于不同系统、不同硬件的优化方法，如桌面应用和 Android 应用、iOS 应用。

30.1 逐顶点计算和逐像素计算

30.1.1　逐顶点计算

在 vertex 函数中进行的计算就叫逐顶点计算。该计算量只和模型的顶点数量或面的数量相关，而和其他因素（如模型在屏幕上的大小）无关。在 Unity 的表面着色器中，逐像素的计算发生在 vertex:vertexfunction 所确定的函数中。

30.1.2　逐像素计算

在 fragment 函数中进行的计算就叫逐像素计算，这个计算量和模型的具体顶点数量以及面数无关，而和物体在屏幕上的大小相关。而 3 个点确定的面经过栅格化之后，往往会产生成百上千个像素，因此逐像素计算和逐顶点计算的计算量往往相差数个数量级。逐顶点计算和逐像素计算是着色器计算、渲染优化的重点所在。

30.1.3　如何在这两个概念中取舍

如果可能，尽量把计算移动到 vertex 函数中，同时，使逐像素计算的面在屏幕上尽量小。另外，在移动平台上的顶点数不要超过 10^6，在 PC 上要限制在 10^7 的级别内。

30.2 绘制调用的意义

30.2.1　绘制调用的概念

绘制调用是 CPU 为 GPU 准备渲染数据并令 GPU 进行一次渲染的操作。这是系统的一个底层操作，涉及大量的数据生成和前期准备，因此是重量级的。

30.2.2　正确理解绘制调用对开发应用的意义

绘制调用是一个重要指标，具体就是 CPU 和 GPU 交互、协同的一个重要指标，或者说是瓶颈。它终究只是 CPU 和 GPU 交互效率的一个指标，并不是一切。对于 GPU 来说，一次绘制调用的消耗还要具体看绘制调用的内容，也就是着色器的具体代码。

30.2.3 合批的概念和 Unity 为优化绘制调用所做的工作

通过把数个或数百个简单的、共用同一材质的物体合并为一个网格，Unity 仅使用一个绘制调用就能完成渲染，而不需要数十次或数百次绘制调用。有两种类型的合批：动态的和静态的。对于静态的合批，只有当物体使用同一材质并且物体不受实时阴影影响时，动态合批才会发生。对于前向渲染路径，FowardAdd 的通道也不会被合批。对于静态合批，必须将物体标记为 static 类型，但是 Unity 目前会为每一个合批的几何体创建一个几何数据的备份，这意味着需要更多的内存。因此，如果应用对内存占用很敏感，可以考虑禁用静态合批。

目前，Unity 只对网格渲染器和粒子进行了合批，对于蒙皮、布料和拖尾效果并未进行合批。对于半透明物体，由于需要从后往前进行渲染，因此也很难进行合批。

30.2.4 优化绘制调用

使用尽量少的材质，这样 Unity 可以在动态合批时尽量合并物体的网格，减少 Draw Call。当然，也可以手动合并小物体的网格。合理地布局重要的光源，使一个物体尽量少地受逐像素渲染的光源影响。

30.3 利用渲染队列的技巧

30.3.1 渲染队列的概念

渲染队列是子着色器的标签为 Queue 的值，该值告诉 Unity 使用此材质的物体的渲染优先次序。

30.3.2 设置渲染队列的技巧

如何利用渲染队列来优化渲染呢？首先考虑为场景的主要角色设置一个小一点的渲染队列，这样就可以首先渲染主要角色，从而在深度测试的时候，遮挡掉角色后面的那部分，进而减少计算。然后，为那些经常被遮挡的角色和物体设置一个大的渲染队列，这样就会在靠后的时候渲染它们，这时很可能会在深度测试的时候失败，从而又减少了一部分计算量。最后，如果游戏场景中有天空，把它们的渲染队列设置到最大，这样就有尽可能大的概率，在深度测试时剔除掉这些点。对于非透明的物体，一个正确的、系统的渲染队列排序，可以剔除掉很多像素点的渲染，所以请读者学会使用渲染队列。

第 31 章　渲染优化

31.1 渲染优化的元素

和渲染优化相关的东西很多，大致可分为网格、着色器材质、光照和阴影。相关的优化技术有相机视锥体剔除、遮挡剔除、基于层的分类剔除与合并绘制调用。LOD 降级分为着色器的 LOD 降级和 LodGroup 的 LOD 降级。在所有这些方面地形是比较特殊的，假设你使用的是 Unity 的地形。可以将这些与性能优化有关的元素整理成表 31.1。

表 31.1　与性能优化相关的元素

元素	关注点
地形	网格密度，基于距离的 LOD，动态加载（内存）
小型物体	绘制调用，合并贴图，材质，基于层的剔除，闭塞空间内的小物体
大型物体	OC，粒度和效能，LOD Group
中型物体	LOD Group，绘制调用（GPU 实例）
建模	软硬边，法线和切线需求
光照	平行光，光照贴图，光照探头
阴影	替代阴影，表现和效能
材质	表面的易用性，VF 的效能，子着色器和 LOD 的组织，函数的复用
后处理	效果，性能，和 LOD 相关的适应性接口
层	层的分类，和 LOD 控制相关的逻辑，和物理碰撞相关的逻辑
粒子	重绘
物理	计算量，计算精确度
UI	动态元素和静态元素的分离，重绘，图集的分配和绘制调用
水体	重绘
贴图	内存

本章相关的工程都可以在 Assets/Optimize/中找到。

31.2 小型物体的优化

这里讨论小型物体，小型物体不能像一堵墙或桌子那样提供遮蔽。

在一栋大房子里面的小型物体，和在空旷地形上的小物体，如果不考虑遮挡剔除，这两种小物体是同一概念。

按照功能，小型物体可分为非功能性的和功能性的。

对于以下非功能性的小型物体的解释如下。

- 静态物体的图集。如果图集是静态的，处在同一个角落（屋子或营地）的小型物体可以合并贴图到一个图集中，并使用同一种材质。

对于 Unity 而言，如果你使用了零散贴图也没关系，可以设置打包的标签，让 Sprite Packer 帮你打包，这样得到的也是合并的图集。

一个角落有一个图集，这种图集应该是对静态小型物体贴图的合并。

有些小型物体（如一块砖头）可能会出现在地图上的各个角落，如果出现频率不是特别高，只在五六个地方反复出现，可以考虑图集上的冗余，即保持一个角落有一个图集。

如果这个小型物体的出现频率特别高，不合并到图集上，或者合并到一个单独的高频物体的图集中也行，如子弹。

- 动态物体的图集也应该专门放到为动态物体准备的图集中，使用同一种材质来制作。

静态小型物体应该在最终发布阶段合并到一个网格中，Unity 的静态合批会建立网格的一个副本，其实这是一种浪费。

动态小型物体应该严格限制顶点数量，运行时的合批会有一定的 CPU 计算、空间转换，而且 Unity 合批的上限是 900 个与顶点相关的通道（目前）。

小型物体应该放置到一个单独的图层上（根据功能性也可以分别放到两个图层上）。

小型物体没有遮蔽功能，而且是绘制调用数量的一个主要来源，应该对其使用基于层的、较小的剔除距离。

如图 31.1（a）～（c）所示，3 个图均是基于层的剔除，剔除距离分别为（绿-0，蓝-0，红色-0）、（绿-15，蓝-0，红-25）和（绿-15，蓝-0，红-12）。0 代表使用相机的视锥体来剔除，不使用单独的层距离。

（a）

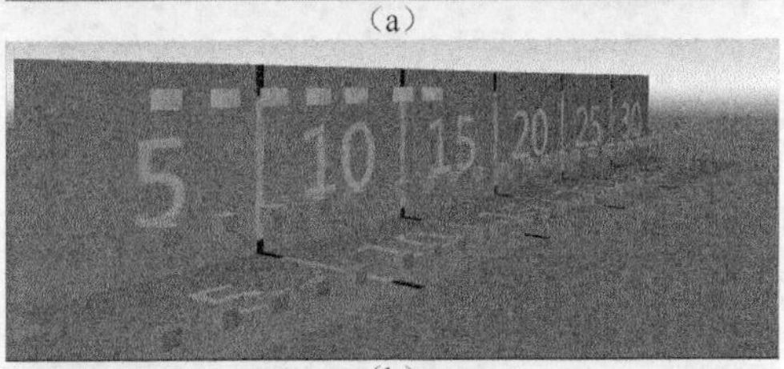

（b）

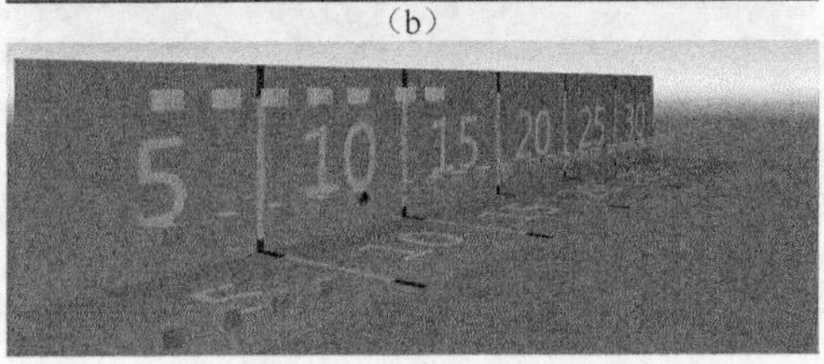

（c）

▲图 31.1　基于层的剔除

这里假定蓝色为视觉上重要的物体。

小型物体是遮挡剔除的优化重点，但也有问题，如烘焙粗细度和精确度。对于中型物体，比如汽车，在视觉上和功能上都比较重要，可以考虑 LOD Group 这种不同细节的模型，保证视觉上的存在和远距离渲染的简化。

对于小型物体，不建议使用 LOD Group。

对于处于一个闭塞空间（如房子）内使用的小物体，可以设定一个更小的剔除距离，比如设为房子大小的 3 倍距。相对于空旷的空间，从外面观察房间内一般都比较昏暗，因此看不清楚/无法发现房间内的小型物体是正常的，逻辑上可以讲得通。

如果闭塞空间内的物体可以被使用，比如被玩家带到了室外，那么就应该改变其在层上的剔除距离，如图 31.2 所示。

闭塞空间内的物体本应该用遮挡剔除来解决，但是使用遮挡剔除有代价和精度问题。如果可以用遮挡剔除来解决，我们先在层的这个概念上做好优化。

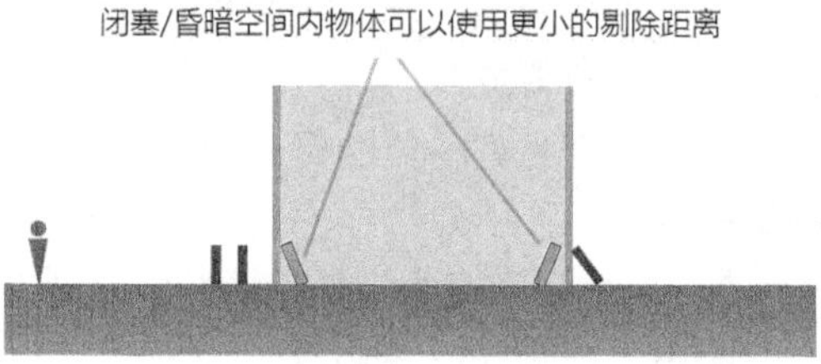

▲图 31.2　在闭塞空间内，改变物体在层上的剔除距离

31.3 中型物体的优化

对于建筑这种中型物体或者对于岩石这种网格细节密度比较大的物体，可以根据物体在屏幕上的大小使用 LODGroup，动态切换/使用不同细节的网格，从而调节渲染性能和表现效果，这需要在项目规划阶段规划好时间。

但是 LOD 的这种功能是以冗余（内存）为代价的，还会给美术增加额外的建模负担。LOD 的示例如图 31.3 所示。图 31.4 说明了 LOD 和物理引擎无关。

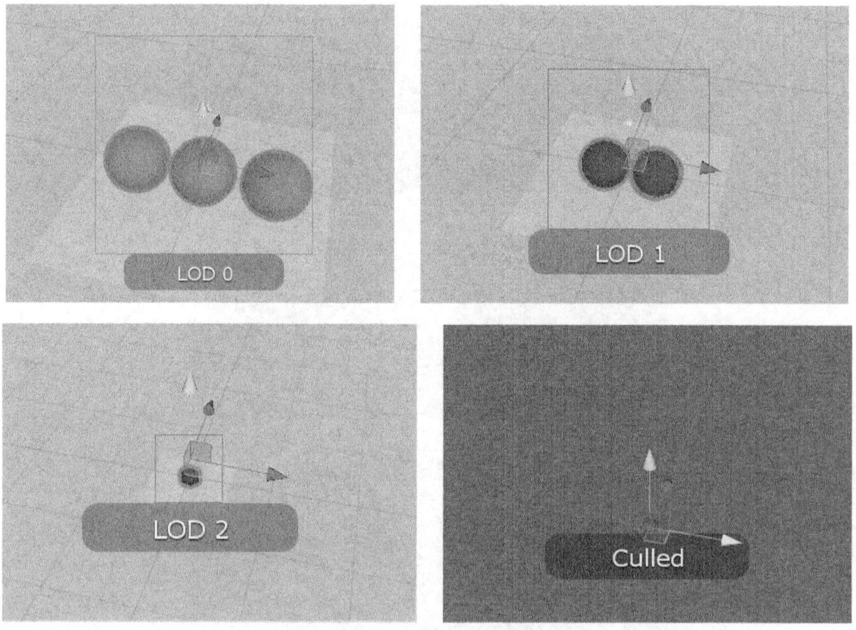

▲图 31.3　LOD 的示例

不过对于建筑这种大方块物体，在较远的距离上，可以使用一个比立方体简单的表达方式。

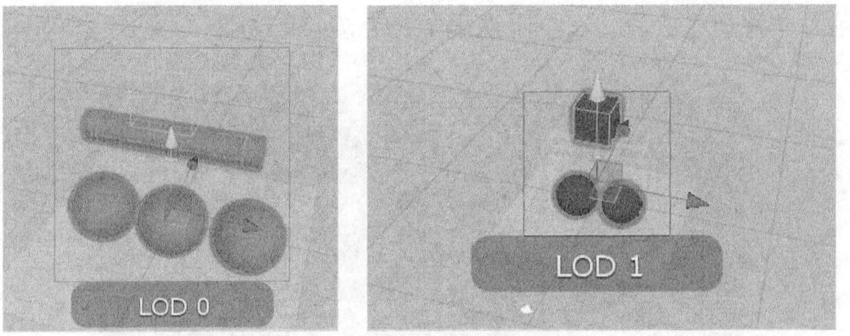

▲图 31.4 LOD 和物理引擎无关

此外，这种方式影响的只是“物体”的渲染，与物理碰撞没有关系。也就是说，不会影响看不见的运算逻辑。

31.4 大型物体的优化

Unity 的遮挡剔除和相机的剔除功能是并行的，可以在基于 View Frustum 剔除的基础上进一步剔除那些不会出现在视野内的小物体。

遮挡剔除主要靠烘焙静态物体之间的遮挡，将它们存储在一个树状结构中，然后在运行时查询，从而剔除那些被遮挡的、不会出现在视野之内的物体。

遮挡剔除前的场景如图 31.5 所示。

▲图 31.5 遮挡剔除前的场景

遮挡剔除后的场景如图 31.6 所示。

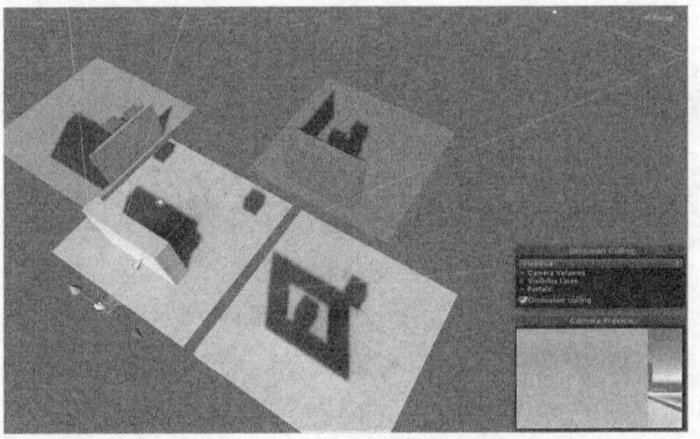

▲图 31.6 遮挡剔除后的场景

图 31.7 展示了在移动镜头后，在不同视角下将会渲染的物体。

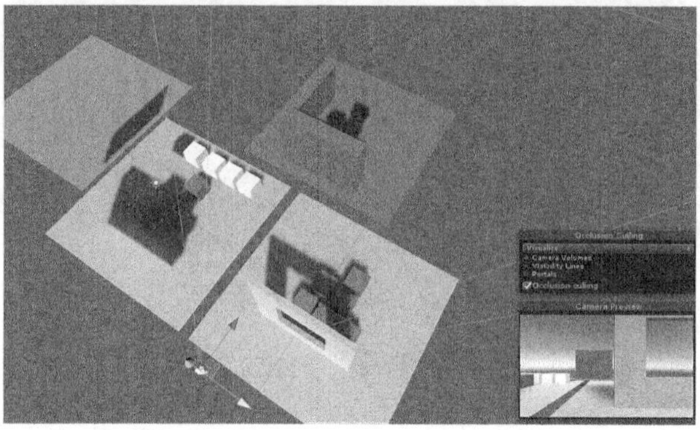

▲图 31.7　移动镜头后，在不同视角下渲染的物体

但是遮挡剔除也有问题。首先遮挡剔除会线下烘焙、生成数据，这个线下处理中的时间不是问题，问题是它所产生的数据。根据场景的大小以及烘焙的细分粒度，会产生从 10KB 到 10MB 的数据，如果遮挡剔除细分粒度太粗，就会造成遮挡剔除不准的问题。

如果遮挡剔除粒度太粗，可能会剔除失败，如图 31.8 所示，被墙挡住的方块并未被剔除掉。

▲图 31.8　OC 剔除失败

如果简单地增加遮挡剔除粒度，就会使遮挡剔除的数据膨胀，并且增加运行时 CPU 查询表结构的负担。因此，这也是一个效能和开销之间平衡的问题。

另外，从遮挡剔除角度来说，物体被分割成小块，有利于增加遮挡剔除的效率，但把散乱、不同角度的小型物体连成一个大型物体，不利于遮挡剔除。

31.5 模型的优化

下面介绍建模的相关概念。

在建模软件（比如 Max 和 Maya）中几何体的同一位置的点就是一个点。但是在 Unity 中，准确地说，在 GPU 上，点的意义对应于三角面和相邻的三角面。如果定义它们的顶点的法线不一致，就是不能共享一个顶点。软边就是指相邻三角面共享同一个顶点，它的法线以及所有和顶点相关的性质（如切线、顶点色）和 UV 都共享。而硬边则意味着相邻的面具有不同的顶点，对同一个位置顶点的切割意味着更多的数据、内存，以及提交到 GPU 的数据。

角色建模大多涉及的是软边，像剑这种切割武器则涉及的是硬边。

当然，不能为了更少的数据要求降低模型精度，这只是一个值得注意的东西。如果有些东西用软边可以表达，就不必使用硬边了，比如杯子，你可以说它是一个带棱的杯子，也可以说它是一个带弧的杯子（这种情况下就选择软边）。模型的软边和硬边如图 31.9 所示。

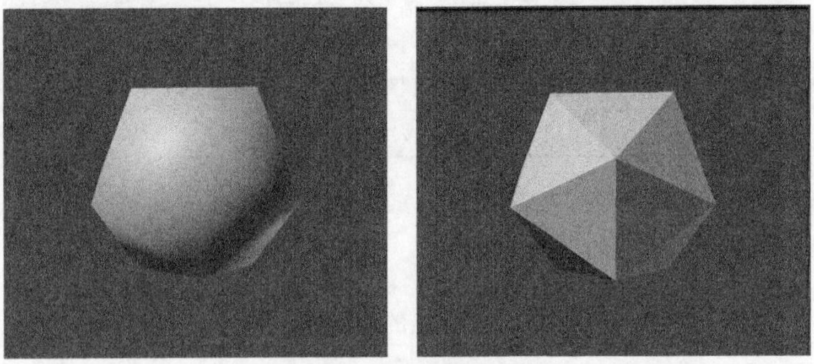

▲图 31.9　模型的软边和硬边

对于模型来说，为了计算光照，法线一般是必须有的，但是切线不是必须有的。同时具备切线和法线一般是为了计算切空间内的数据，比如法线凹凸。对于渲染，这并不是一个必选项。在 Unity 中切线是一个 Vector4，如果是一个有 1024 个顶点的模型，就可以省下 16KB 的内存。

对于一个模型来说，一般顶点位置、法线，以及一套 UV 是必须有的，有些情况下会使用到顶点色来配合 Shader 做表现。对于静态物体，如果使用 Unity 的光照贴图，还需要一套 UV，这个 UV 用来在一个大的光照贴图中定位贴图。如果在建模软件中烘焙，这套 UV 不是必须有的，使用与 diffuse 贴图相同的 UV 就可以（如果 diffuse 贴图没有平铺的现象）。另外，如果在拆分 UV 时同一个位置的点具有不同的 UV，也会导致产生新的顶点。

UV 是一个 2D 向量，如果假设模型有 1024 个顶点，一套 UV 是 8KB。

对于凸出的装饰物，应该避免对一个整面进行切割挤出，这样做不会减少必要的点，反而会增加面。装饰物应该尽量使用软边，烤箱是没办法使用硬边的。

删除或者合并在视觉上过小的面。

避免过大的面，插入必要的线进行分割，这个分割操作考虑光照和面剔除的因素。

如果使用 Max，建议使用厘米作为单位，这样在 Max 里 100 个单位是 1 米。如果使用默认的英制单位，在导入时的单位转换就不会这么直观了。

可以考虑为角色刷一套顶点色，用于控制/加权实时照明和环境光。

31.6 地形的优化

为什么说地形是个“怪物”呢？因为地形的数据和运行时细节管理都是通过 Unity 的 Terrain Engine 来完成的，Unity 提供了一套基于距离的内置 LOD 控制系统，可以提供各种细节调整。

地形的 LOD 控制有 3 个方面：

- 地形自身的网格、网格细分密度；
- 地形的渲染复杂度、阴影、材质和光照；
- 地形上的修饰物（树木、草）。

对于这 3 个方面 Unity 均提供了相关优化或性能和效果的平衡参数。

下面这些参数在运行时可修改。

地形网格的密度参数如表 31.2 所示

表 31.2 地形网格的密度参数

参 数	说 明
drawHeightmap	直接关闭，不渲染地形
heightmapPixelError	这个不是错误，而是网格的细节，调大这个值可以渲染出一个低分辨率的地形网格（1～200），默认值为 5
heightmapMaximumLOD	调整网格密度，值越大，网格越粗糙
BasemapDistance	默认值为 1000，大于这个值会使用一个低分辨率的高度图来生成网格

上面这些参数的功能在表现效果上有重复，或者说内部实现途径不一样。

地形网格的渲染复杂度如表 31.3 所示。

表 31.3 网格的渲染复杂度

参 数	说 明
CastShadows	打开/关闭地形的阴影
Material	材质的 LOD 机制
光照	主要是光照探头，和实时 GI 有关

地形上的修饰物（树木、花草）参数如表 31.4 所示。

表 31.4 地形上的修饰物参数

参 数	说 明
drawTreesAndFoliage	显示/关闭修饰物、植被
detailObjectDensity	草的密度，这是一个乘数
detailObjectDistance	根据距离剔除草
treeBillboardDistance	树木是一个复杂的网格，在远距离上用一个面片（Billboard）来代替树木
treeCrossFadeLength	这是上面操作距离的淡入参数
treeDistance	大于这个距离树木将不可见

这些参数有些是开关式的，如 castShadows、drawHeightmap 以及 drawTreesAndFoliage，不过大多数参数是与距离相关的，这给了我们很多连续性调节性能和效果的空间，尤其是我们将地形分块的时候，如图 31.10 所示距离和 LOD 的关系如图 31.11 所示。

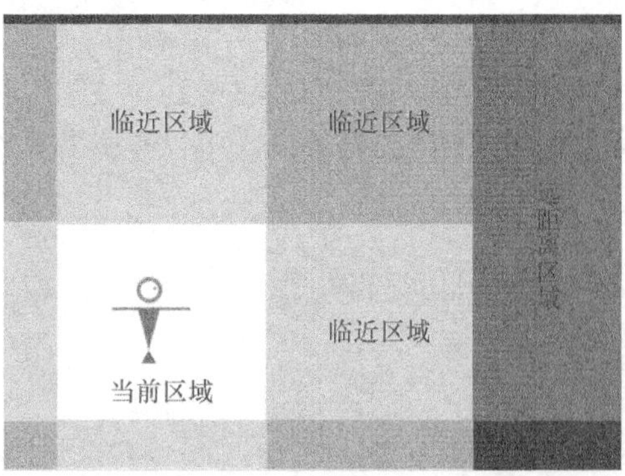

▲图 31.10 基于距离的区块

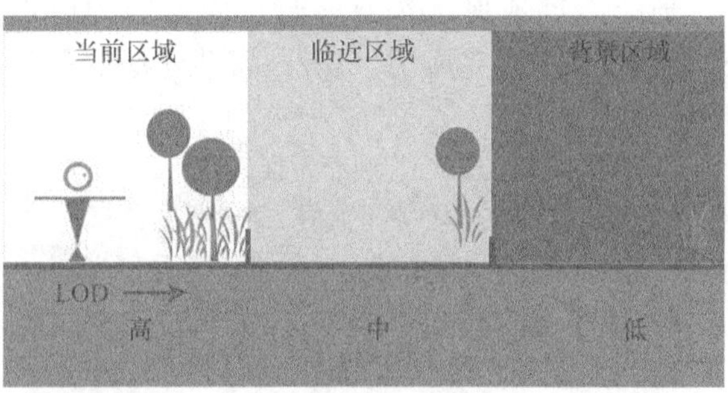

▲图 31.11 距离和 LOD 的关系

根据当前角色的位置，找出当前那块地形，然后依次找出临近的地形块，以及远处地形块（当前地形可能多至 4 块，或恰好在 4 块地形的交界处）。

对地形分块，并且根据距离角色的位置分类之后，就可以对不同的地形块应用不同的 LOD 参数，在空间距离上调整细节。

将上面的参数整合，写成一个类或结构 TerrainLod（见表 31.5），作为地形 LOD 控制的一个整体参数，预制 3 个 LOD（当然，可以更多，不过 3～4 个细节层级应该足够了）。

表 31.5 结构 TerrainLod①

变量	功能	高 LOD	中 LOD	低 LOD
isDrawHeightmap	关闭地形	True	True	True
isDrawPlants	渲染植被	True	True	False
isCastShadow	产生阴影	True	True	False
pixelTollerance	像素敏感阈值	5	20	80
MaxLod	地形网格密度	0	1	2
BasemapDistance	对于标准高度图，显示距离	500	300	100
detailDensity	花草密度	1.0	0.6	0
detailDistance	花草的剔除距离	100	50	0
TreeBillDistance	用树木替代距离	50	20	0
TreeFadeLength	用树木替代渐进	20	0	0
TreeDistance	树木的剔除距离	100	50	0
isCollectDetailPatches	花草的内存回收	true	true	true
TreeLodMul	树木自身 LOD	10	5	0
MaxFullLodTree	完整渲染的高细节树木			此参数适应于有 Lod Group 的树木

① 以上参数有些和地图具体大小有关，比如 detailDistance 和 treeDistance。

图 31.12（a）和（b）所示是和地形网格细分 LOD 调整相关的例子。假设区域 1 是当前区域，2 为临近区域，3 为较远的背景区域，图 31.12（b）相对于（a）进行了网格细分的降级调整。

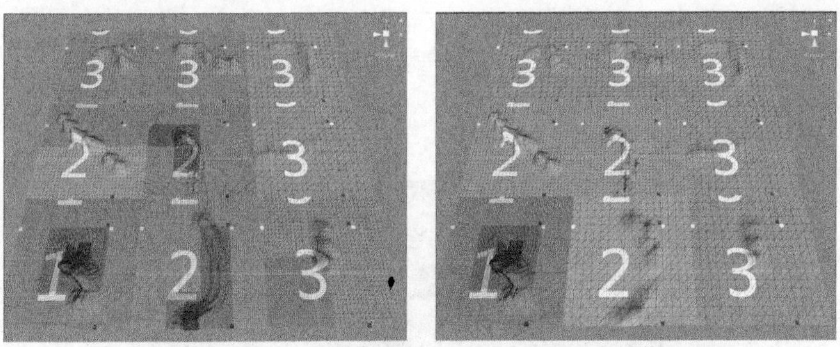

（a）　　（b）

▲图 31.12 地形网格的 LOD

地形上有很多细节，但是 Unity 的地形为我们提供了现成的接口来做自适应的网格细分降级、细节的 LOD 降级、视距上的渲染剔除。这些和我们自己创建的物体不同（比如剑、枪和食物等），我们自己创建物体需要在设计时就考虑合并贴图到图集，放置到合适的图层，设置相机在这个图层的剔除距离等。

对于地形的优化，可以考虑分块，这个可以用第三方插件，如 T4M，以及地形的动态加载/

卸载（当地图面积很大时）。如果地图面积不大，只有几个区块，并且不论什么情况下都会出现在视野内，就没有必要做动态加载/卸载这块，只需要考虑 LOD 调整就行了。

31.7 UI 的优化

UI 的优化关注的是图集的合理切分、Overdraw 和网格的刷新，也就是动态元素和静态元素的分离。

1. 动态的 UI 元素

尤其是那些高频、几乎每帧都会更新 Position、Rotation 或者 Scale 的 UI 元素，应该单独放在一个画布下面，避免更新静态的 UI 元素，使 Canvas.BuildBatch 的 CPU 开销最小化。

如果动态 UI 元素无法避免，应该将其放置到 RectTransform 层级的最底层；否则，会级联触发 OnTransformChanged 事件。

2. UI 元素产生的绘制调用

每一个独立的画布和图集都会打断对 UI 元素的批处理，产生额外的绘制调用，在 UI 上使用自定义材质（见图 31.3），也会打断对 UI 元素的批处理，增加绘制调用次数。

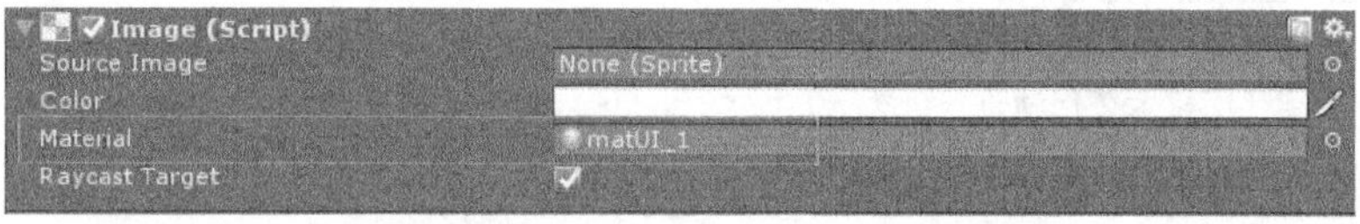

▲图 31.13　使用自定义材质的 UI 元素

对于 UI 的绘制调用开销的关注应该是相对的、有条件的。比如，在绘制调用比较紧张的地方（游戏的战斗场景），应该注意 UI 的性能以及绘制调用。但是在一个独立的、只以 UI 元素为主的地方，比如游戏选择界面或加载时等地方，UI 的性能和绘制调用就不会这么敏感，因为这个时候不会有挤占 CPU 或 GPU 时间的问题。

3. UI 的图集划分

应该尽量确保一个情境下的 UI 元素使用一个图集。即使有偶尔的几个精灵在多个 UI 情景下出现，如果这些精灵并不大，应该使用冗余的方式保证图集的独立，而不是企图在一个 UI 情境下使用多个图集，仅仅是为了复用几个小小的精灵，这不利于内存和资源的管理。

最后，在创建 UI 元素的时候，会使用 Unity 内置的一套默认图集，这个图集应该在所有 UI 元素上弃用。UI 上的重绘问题如图 31.14 所示。

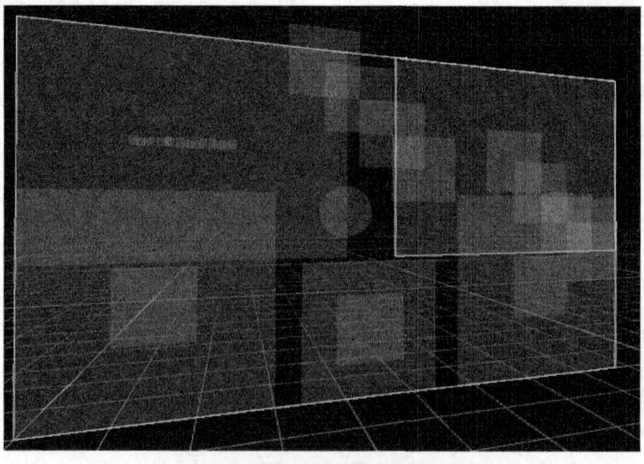

▲图 31.14　UI 上的重绘问题

4. 避免 UI 元素上的重绘

UI 元素是按照透明物体的模式，从后往前渲染的，而不论具体 UI 元素是否透明，所以当 UI 面板展开，UI 元素一层叠一层的时候，重绘在很多情况下是不可避免的，但是对于静态的元素重绘则可以优化。

因为透明物体的正确渲染需要严格按照从后往前的顺序，所以在两个 UI 元素之间插入一个异类（使用了不同的图集、材质等方式）会打断 UI 元素的合批，产生额外的绘制调用。

5. UI 上的文字

一个字母使用一个 Quad 渲染，所以界面上的文字要言简意赅。UGUI 对字体很敏感，如果两个文字大小不同，或者样式不一致，字体文件中就会包含一个字母的多种形式。所以不要使用 Text 组件的 Best Fit 特性，这会在字体文件中存放大小各异的字形。

Font 文件可以根据需要分成两类，即静态字体文件和动态字体文件。第一类主要是有 UI 标题和 Label 等，而第二类主要是姓名输入、即时消息。第一类可以做到极大的优化，只包含那些已经使用的字符。而第二类对于 Unity 来说则是一个动态维护字形（glyphs）的贴图，如图 31.15 所示。

▲图 31.15　动态维护字形

6. 小心区块格式

这个格式会根据源精灵的大小产生网格，如果平铺的精灵像素很小，平铺的区块会产生很多顶点和三角面，如图 31.16 所示。

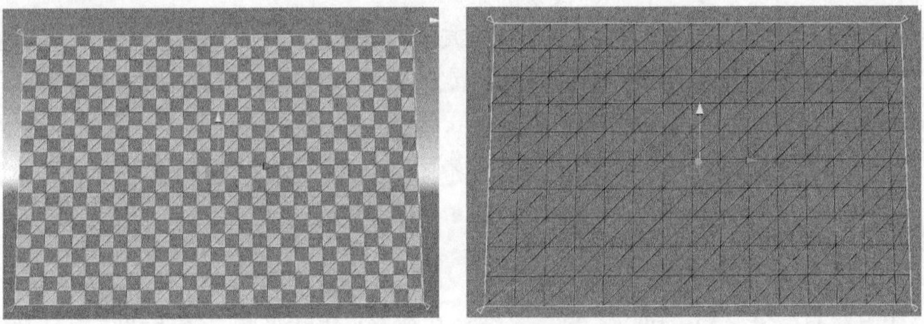

▲图 31.16　平铺的区块产生的顶点和三角面

7. UI 和完美像素

在 ScreenOverlay 模式下会强制 UI 元素的边界和像素对齐，这会产生额外的 CPU 计算，应该慎用。

8. UI 上的物理属性

对于物理属性，也需要避免遮盖。对于静态的 UI 元素，如果存在遮盖现象，应该只保留其中的一个 Raycast Target 属性，不然每一个重叠的 UI 元素都会调用 Raycast 方法。如果没有交互需求，则应该关闭其 Raycast Target 属性。UI 上的物理属性如图 31.17 所示。

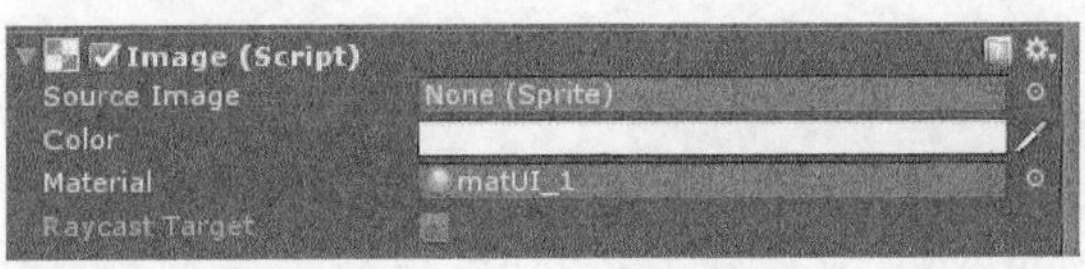

▲图 31.17　UI 上的物理属性

9. **其他**

如果有大面积的渐变色，首先，一般的压缩会破坏这种线性渐变色，其次，会产生很大的贴图。对于这种需求，可以考虑继承 UI 中的 Graphic 类，通过自定义顶点色和 GPU 的线性插值产生渐变色。当然，这种方式不太直观和方便。

31.8 物理引擎

实现物理碰撞时要做好层的划分，设置好 FixedUpdate 的频率、平衡物理引擎的性能。另外，如果游戏要进行多人联机，一定要注意物理引擎的使用。

考虑不同平台浮点运算单元的差异，如在计算浮点数时可能会产生极其微小的差异。如果使用状态同步产生的差异还可以接受（受制于需要同步的状态量，如果玩家需要控制同屏的许多个角色或对象，状态同步的数据量是不可接受的）。如果使用帧同步（受制于同步的指令量，同场的几百个玩家一起玩，则玩家的网络环境差异造成的体验也不太好），这种差异很可能会被不断放大，造成执行效果在不同设备上完全不同。对于这种情况，需要禁止使用 Unity 的物理引擎的部分或禁用全部功能，而自己实现一套基于整数的物理引擎（部分数学计算通过查表和放大几百倍、几千倍实现），这样不同平台下的计算结果就不会存在差异。一般而言，整数计算速度也比浮点数高。

31.9 慎用后期效果

不推荐使用后期效果，这是一个逐像素的全屏操作。

如果要，使用小一点的渲染纹理，且尽可能减少片元着色器的计算量。对于不同性能的目标平台，建议在系统设置当中暴露接口或者使用一定的条件判断，允许玩家手动取消或者游戏自动取消某些后期效果。

如果可能，则把最终效果所需要的计算尽量集中到一个通道中完成。

31.10 慎用透明效果

不建议使用透明效果。如果可以，尽量多添加几个点来表达形状，透明意味着 Unity 要排序，在 GPU 中逐像素地渲染，所以要尽量避免。

如果必须使用，一定要尽可能将多个透明图层进行合并，因为透明必将带来重绘问题。对于透明物体尽可能剔除正面/背面，减少渲染的像素数量。

尽可能减少对深度测试、剔除极不友好的操作，比如剪切、Alpha 测试等操作，这些操作会直接使 Early-Z、隐藏面消除等技术作废。同时，对于现代的并行优化的 GPU 而言（进行上一个物体的光栅化过程的同时可能还可以利用剩余的处理能力进行下一个物体的几何过程），这些操作也会造成这些优化失效。如果可能，使用混合来实现透明效果，但是即使使用混合，也要尽量避免透明物体的叠加，因为每一个透明物体的渲染都会迫使 GPU 对于每个像素执行一次片元着色器。

31.11 其他

粒子关注的重点则是重绘，美术人员对效果的追求是毫无节制的，但是对性能则是不敏感的，所以对美术人员提交的粒子特效需要重点关注。

关于阴影，阴影的 Caster 一般是不输出颜色的，对于不同的材质的角色/物体，其产生阴影的材质是可以相同的。也就是说，可以合批，这点可以参见关于阴影的内容。

关于贴图，Unity 为我们提供的压缩选项都是硬件压缩，也就是贴图资源，它们在内存中都处于压缩状态，但需要注意的是一旦平台硬件不支持当前贴图的压缩格式，Unity 就会把贴图解压缩到内存中。通常使用 Unity 默认的压缩格式解决绝大多数问题。

31.12 移动平台的特点

相对于 PC 来说，移动平台不论是内存还是运算速度，都相差了至少一个数量级，而且移动平台一般使用的是电池，因此其最大负荷是有限的，这就使我们不得不考虑如何最大化地优化着色器中的代码，使其提高运行效率。

31.12.1 一些指令的运算速度

首先，对于现代的 PC 显卡，它们已经足够“智能”，能够识别出一个 $x*x*x*x$ 为 pow(x，4)，并对应地做优化，比如优化为两个 $x*=x$、$x*=x$，这样就可把运算从 4 次减少为 3 次。但是移动平台目前还无法做到这一点，因此你可能不得不使用 pow 指令，或者在着色器的代码中手动进行数学运算上的优化。

其次，在现代的 PC 显卡上，数学运算指令是非常快的，基本上不用考虑几条数学运算指令的代价，但是移动平台的情况不是这样。pow、sin、cos 这些数学函数在移动平台上的运算速度很慢，因此要尽量避免使用它们，把这些计算移到 vertex 函数中，或者使用一张小的贴图，通过查表来代替一些复杂的数学运算。如果某些运算确定只需要执行一次，那么把它移动到 CPU 端计算并传给 GPU，性能会得到提升。即使把这种计算交给顶点着色器而不是片元着色器，也比 CPU 计算一次节约计算力。除此之外还要注意，noise()这个在标准 Cg 函数库中的函数，在绝大多数主流平台上未实现。在大多数使用这个函数的情形下，使用噪声贴图替代是个更好的方法。

对于 tex2D/texCUBE 指令，在移动平台上，一个读取贴图的指令和一个普通的数学运算指令消耗大概相差至少一个数量级；在 PC 平台上，这个差别更大，大概在两个数量级以上，这是因为在 PC 平台上，数学运算指令比 tex2D 的速度快了更多。

31.12.2 几何复杂度

顶点数量可以成为一个影响渲染效率的重要阈值，在 iOS 上，一个参考值是每一帧渲染的物体，当前视口内的顶点总数不要超过 10^6 个，因为这是一个 iOS 底层驱动默认的顶点数据缓冲区的大小，超过这个数字，很可能会导致底层驱动做一些开销巨大的分割操作。通常而言，将这个数值保持在 10^4～2×10^4 是比较理想的值，因为如果考虑做跨平台游戏开发，这个数字对于绝大多数的 Android 设备也能接受，实际生产中，建议采用 LOD Group 和遮挡剔除等技术来减少顶点数。

31.12.3 贴图的问题

此外，对于贴图，其大小应该尽量是 2 的幂次方，因为所有的计算和存储最终都要以 2 的幂次方为单位。尽管平台可能支持非 2 幂次方的贴图，而且可能支持得很好，但是它存储和查找的效率总不会超过其最接近的 2 的幂次方贴图。

在各种移动平台上，能支持的最大贴图是多少？实际开发中应该使用多大的贴图呢？平台能支持的最大贴图和硬件密切相关，即使同为 Andriod 平台，因为硬件不同，所支持的最大贴图也是不一样的。这里有一组数据，读者可自己比较一下，PowerVR SGX540 所支持的最大贴图为 2048 × 2048，Tegra 2 为 2048 × 2048，Adreno 200 为 4096 × 4096，Mali 400MP 为 4096 × 4096。

那么 GPU 所支持的最大贴图是不是最佳的贴图尺寸呢？对于这个问题，为了应用在平台间移植的可能性，建议以 1024 为标杆，最大不要超过 2048。在 iOS 游戏《无尽之剑》内，场景内的角色模型大概使用了 3000 个顶点，角色的贴图却高达 2048 个，但是对于移动应用来说，3000 个顶点的模型怎么能叫低模呢？这是因为在《无尽之剑》游戏内，任何时刻最多只会出现两个角色，所以才可能把角色的顶点数设置得这么多。

对于贴图的 mipmaps 选项，如果读者的游戏是 3D，记得一定要打开 mipmaps 选项。如果关闭了该选项，在 iPad 上只会导致大概 3ms 的性能损失，但是在三星的 Tegra 上可能是宕机。

当把所有的贴图类型导入 Unity 中时，都会把它们处理为 Unity 所支持的格式，这种处理包括分类、纹理压缩、mipmap 的制作等。使得任何贴图文件的原始尺寸和类型与最终发布时的尺寸和类型完全无关，这意味着可以使用自己的格式和尺寸大小来保存贴图文件，而在发布应用时使用一个平台相关的大小和类型。

ETC、DXT 和 PVRTC 都是硬件压缩，如果硬件不支持，而你又使用了它们，那么将在贴图加载时由 CPU 来解压缩。建议使用 Unity 默认的压缩方式，它会自动针对平台进行适配并压缩纹理，可以在图像的质量、硬件处理效率和图像大小之间得到良好的平衡。

ETC 是在 Android 平台上硬件普遍支持的一种压缩格式，推荐在 Andriod 上使用 ETC 的压缩格式，但是 ETC 不支持 Alpha 通道。因此当贴图含有 Alpha 通道时，Unity 默认在贴图大小、质量以及渲染速度之间的平衡格式是 RGBA-16 bit。不过对于硬件 Tegra，最好使用 DXT5 的贴图压缩方式。

如果你的目标平台是 iOS 或者 PowerVR，应选择 PVRTC 的贴图压缩格式。

31.12.4　数据类型的使用方式

fixed 或者说 lowp 的精度是 8 位，在 OpenGL ES 2.0 上拥有的最小值域为[–2，2]，适合作为颜色和其他单位化的方向矢量。half 或者说 mediump 的精度为 16 位，比较适合用作 UV 的坐标或二维的矢量。float 或者说 highp 的精度依赖于硬件的不同，在 24～32 位，比较适合表示三维空间的坐标和，用于进行数学运算的标量。尽管在大多数现代 PC 的 GPU 当中，fixed 直接被当成 half 来处理，但移动 GPU 基于能耗的考虑仍然保留并处理 fixed 精度。所以一旦确定了特定变量的变化范围在某个精度允许的范围内，尽可能使用这种精度来进行处理。

不论是 PC 还是移动的 GPU（用于高性能计算的专业计算显卡除外，但游戏玩家很少买专业计算显卡的），其双精度（double）的处理效率相比单精度直接降低了一个数量级，所以尽可能不要使用双精度来处理。

在移动平台上面，关于这些数据类型的运算效率，你可以基本上这样考虑，half/mediump 是 float/highp 的两倍，fixed/lowp 又是 half/mediump 的两倍。除此之外，请读者尽量避免在这 3 个数据类型之间进行转换，也避免在 fixed/lowp 上做调配操作。这些操作都会引起性能和精度的损失。最后，Adreno 是个例外，Adreno 的硬件对这类精度并不敏感。

31.12.5 变量的使用

大多数 GPU 上会尽量减少从 vertex 函数传递到 fragment 函数的参数数量，把变量包装起来，比如把两个 fixed2 打包到一个 fixed4 中。但是在 PowerVR 上，也就是 iOS 的 GPU 上不是这样。首先，PowerVR 对变量的数量不敏感。其次，如果变量是用来读取贴图的 UV 变量，尽量使用独立的 UV 变量，不要使用一个四元数来包装两个二元数。在进入 fragment 函数前，如果可能，确定 UV，这样 PowerVR 就能提前读取贴图的值，从而避免在 fragment 函数中读取贴图。而在移动平台上，tex2D 是一个消耗性能的操作。

附录　相关资源

1. GitHub 工程文件

本书的工程文件存储在 GitHub 上。

2. Cg/HLSL 的学习资源

考虑到 NVIDIA 放弃维护 Cg 语言，推荐读者阅读 Microsoft 的文档。Cg 和 HLSL 两门语言本质上是同一门语言。

NVIDIA 官方的 Cg 语言教程见 NVIDIA 官方网站。

NVIDIA 官方的 Cg 的标准函数库见 NVIDIA 官方网站。

关于 Cg/HLSL 在 ShaderLab 中应用的例子见 Wikibooks 官方网站。

HLSL 文档见 Microsoft 网站。

HLSL 标准函数库见 Microsoft 网站。

3. Unity Shader 的学习资源

Unity Shader 的官方论坛非常活跃，有问题可以到 Unity 网站发帖提问。

Wiki.unity3d 网站上有很多有用的资源。

从 Unity3d 网站上可以下载 Unity 的各个版本的着色器源文件。Unity3d 网站上也有 Unity Shader 的官方线上帮助文档，并且总是有新的文档。